国家电网有限公司
技能人员专业培训教材

节能服务

国家电网有限公司　组编

图书在版编目（CIP）数据

节能服务 / 国家电网有限公司组编. —北京：中国电力出版社，2020.11（2022.5重印）
国家电网有限公司技能人员专业培训教材
ISBN 978-7-5198-4456-1

Ⅰ. ①节…　Ⅱ. ①国…　Ⅲ. ①电力工业–节能–技术培训–教材　Ⅳ. ①TM92

中国版本图书馆 CIP 数据核字（2020）第 041466 号

出版发行：中国电力出版社
地　　址：北京市东城区北京站西街 19 号（邮政编码 100005）
网　　址：http://www.cepp.sgcc.com.cn
责任编辑：杨淑玲（010-63412602）
责任校对：黄　蓓　王海南
装帧设计：郝晓燕　赵姗姗
责任印制：杨晓东

印　　刷：北京天宇星印刷厂
版　　次：2020 年 11 月第一版
印　　次：2022 年 5 月北京第二次印刷
开　　本：710 毫米×980 毫米　16 开本
印　　张：22
字　　数：422 千字
印　　数：2001—3000 册
定　　价：68.00 元

本书编委会

前　言

为贯彻落实国家终身职业技能培训要求，全面加强国家电网有限公司新时代高技能人才队伍建设工作，有效提升技能人员岗位能力培训工作的针对性、有效性和规范性，加快建设一支纪律严明、素质优良、技艺精湛的高技能人才队伍，为建设具有中国特色国际领先的能源互联网企业提供强有力人才支撑，国家电网有限公司人力资源部组织公司系统技术技能专家，在《国家电网公司生产技能人员职业能力培训专用教材》（2010 年版）基础上，结合新理论、新技术、新方法、新设备，采用模块化结构，修编完成覆盖输电、变电、配电、营销、调度等 50 余个专业的培训教材。

本套专业培训教材是以各岗位小类的岗位能力培训规范为指导，以国家、行业及公司发布的法律法规、规章制度、规程规范、技术标准等为依据，以岗位能力提升、贴近工作实际为目的，以模块化教材为特点，语言简练、通俗易懂，专业术语完整准确，适用于培训教学、员工自学、资源开发等，也可作为相关大专院校教学参考书。

本书为《节能服务》分册，由左强、尹金章、周红勇、王暑、万刚、王风霞、曹爱民、战杰、高广玲、支叶青编写。在出版过程中，参与编写和审定的专家们以高度的责任感和严谨的作风，几易其稿，多次修订才最终定稿。在本套培训教材即将出版之际，谨向所有参与和支持本书籍出版的专家表示衷心的感谢！

由于编写人员水平有限，书中难免有错误和不足之处，敬请广大读者批评指正。

目 录

第二部分　常用节能技术原理及方案拟订

第三部分　节能项目诊断及方案拟订

第四部分　新能源及高耗能产业节能

第一部分

营 业 用 电

第一章

业务咨询与变更用电

模块1 低压电力客户业务咨询（Z32E1001Ⅰ）

【模块描述】本模块包含用电业务咨询的主要内容、服务规范要求、居民客户用电业务咨询，低压电力客户用电咨询及注意事项。通过以上内容的介绍，使节能服务工作人员掌握低压电力客户用电业务咨询的内容和方法。

【模块内容】

一、用电业务咨询的主要内容

（1）申请用电业务的渠道和相关业务流程咨询。

（2）申请新装、增容用电的业务咨询。

（3）申请双电源、自备电源的业务咨询。

（4）供电方案制订及答复的业务咨询。

（5）电价政策及规定的业务咨询。

（6）电能计量与电费计收的咨询。

（7）受电工程委托设计和施工的业务咨询。

（8）受电工程设计审查的业务咨询。

（9）受电工程设备选用的业务咨询。

（10）受电工程检查验收的业务咨询。

（11）供用电合同签订的业务咨询。

（12）供电设施产权分界点的业务咨询。

（13）违约责任及处理规定的业务咨询。

（14）供电设施上发生事故的责任划分咨询。

（15）变更用电业务咨询。

（16）电能计量装置申请校验的业务咨询。

（17）申请执行分时电价的业务咨询。

（18）停电原因及故障报修的业务咨询。

（19）迁移供用电设施的业务咨询。

（20）申请停送电的业务咨询。

（21）无功补偿配置的业务咨询。

（22）进网作业电工管理咨询。

（23）电力设施保护的业务咨询。

（24）违章用电与窃电规定的咨询。

（25）避峰限电和安全保供电的咨询。

（26）安全用电、节约用电常识咨询。

二、业务咨询基本服务规范要求

1. 社会公德

爱国守法、明礼诚信、团结友爱、勤俭自强、敬业奉献。

2. 职业道德

爱岗敬业、诚实守信、遵章守纪、安全优质、客户至上、尽心服务、学习创新、尽力先行、勤俭创业、无私奉献、顾全大局、团结协作。

3. 技能规范

使用规范化文明用语，熟悉本岗位的业务知识和业务技能，岗位操作规范熟练，具有合格的相应业务技能资格和水平。

三、居民客户业务咨询主要内容及注意事项

1. 居民客户申请新装、增容用电的业务咨询

（1）客户应提供与申请的用电地址一致的房屋产权有效证明材料。

（2）对于农村无房产证而提供土地使用证和身份证的客户，也可给予办理开户。

（3）对于农村自建房屋而无产权证明的客户，可由申请客户提供身份证，由居住地镇级政府及以上房屋建设管理部门出具建设许可证明，也可给予办理开户。

（4）新装、增容业务工程可委托具有相关资质的安装单位施工。

2. 居民客户申请执行分时电价的业务咨询

（1）应向客户介绍分时电价政策及现行分时电价，以便客户根据用电情况，分析是否有必要执行分时电价。

（2）告知客户分时电能表安装的工程改造费用收取规定和应交纳的相关费用。

（3）对于新装客户要求执行分时电价的，应由客户在用电申请书中予以明确。

（4）对于老客户应携带与电费发票客户一致的居民身份证到供电企业办理。

3. 居民客户电费缴纳业务咨询

（1）向客户说明缴费方式、缴费地点、缴费时间、逾期缴费的违约责任。

（2）根据客户不同需求，帮助客户选择合理的缴费方式，以方便客户缴费。

（3）对于客户反映电费计算差错，应与电费结算部门认真沟通核实，必要时应派员到客户现场核查负荷情况、计量装置情况、电能表指数等。

4. 居民客户过户用电业务咨询

（1）办理过户业务前，应当先结清电费。

（2）提供双方居民身份证。

（3）提供新客户房屋产权有效证明。

5. 居民客户用电故障报修和家用电器损坏理赔咨询

（1）向客户介绍用电故障报修的途径和服务的有关规定。

（2）产权分界点以上的供电企业资产，应由供电企业负责维护；产权分界点以下的客户内部故障应由客户负责维护，如果客户确实无维修能力并向供电企业提出援助时，供电企应开展有偿服务，帮助客户解决问题。

（3）居民客户反映家用电器损坏，应在规定的时限内派员到现场调查核实，并按照居民家用电器损坏处理办法的有关规定处理。

6. 居民客户申请校验电能表业务咨询

注意引导客户讲明申请校表的可能原因、告知客户申请校表程序、缴纳有关业务费用、检验结果的处理、对检验结果存在异议的申诉途径。

7. 居民客户电能表烧坏或丢失的业务咨询

如因供电企业责任或不可抗力致使计费电能表出现或发生故障的，供电企业应负责换表，不收费用；由其他原因引起的，客户应负担赔偿费或修理费，并以客户正常月份的用电量为准，退补电量，退补时间按抄表记录确定。

8. 居民客户停电原因咨询

停电原因主要有检修停电、事故停电、限电停电、欠费停电等。帮助客户分析造成客户停电的可能原因，必要时通知有关人员现场调查情况，针对有关规定给与解释答复。

9. 安全用电和节约用电咨询

主要是向客户解释安全用电常识和家用电器的安全使用常识，以及防止人身触电、电气火灾的处理措施和应急处理方法；家用电器节约用电常识。

10. 居民客户用电业务费用项目及规定的业务咨询

以各省市级及以上物价部门批复的收费文件为准。

四、低压电力客户业务咨询主要内容及注意事项

1. 申办用电业务的渠道和相关业务流程咨询

根据供电企业服务规定，告知客户受理和办理业务的渠道、相关业务流程，并提供业务服务指南材料。

2. 申请新装、增容用电的业务咨询

告知并向客户解释办理新装、增容用电、临时用电、转供电等业务所要提供的相关材料、相关政策规定、办理程序及要求、收费标准等，并提供相关业务服务指南材料。

3. 申请双电源、自备电源的业务咨询

告知并向客户解释申请办理双电源（多电源）、自备电源的条件、相关材料、办理流程，以及并网条件、收费标准等，提供相关业务服务指南材料。

4. 供电方案制订及答复的业务咨询

按照国家电网有限公司承诺的供电方案答复方式、时限要求给予答复，同时告知客户供电方案有效期限和办理延期的有关规定。

5. 电价政策及规定的业务咨询

按照国家电价政策和各省、市的电价政策及其说明给予相关内容的答复和解释。主要内容包括电价构成、国民经济行业分类、电力用途、用电性质与电价分类、单一制电价、两部制电价、目录电价、综合电价、分时电价、差别电价、功率因数调整电费执行标准等。

6. 电能计量与电费计收的咨询

咨询内容主要有计量点的设置、计量方式、计量装置配置、各类计量方式的电费计算的方法、故障电费（故障计量接线、电费计算差错）的计算与退补等。

7. 受电工程委托设计和施工的业务咨询

客户受电工程设计与施工，由客户委托具有相应资质的设计、施工单位承担，客户应将委托的设计、施工单位的资质证明文件和有关资料送至供电公司进行验资，资质符合者方可委托。受电工程的设计单位必须具备电力行业的相应设计资质，其他行业的资质只能根据业务范围进行客户用电侧内部配电网的设计。受电工程施工单位必须具有相应的施工资质，还必须取得承装（修、试）电力设施许可证。

8. 受电工程设计审查的业务咨询

主要告知客户如何将受电工程设计进行报审、报审应提供的设计文件及资料、审查程序及时限、审查意见的答复、意见的整改及如何报复审等内容。

9. 受电工程设备选用的业务咨询

客户受电工程设备不得使用国家明令淘汰的电力设备和技术。客户工程主设备及装置性材料生产厂家的资质均应报送供电企业审查。客户应提供的生产厂家资质证明文件有：国家发改委颁发的推荐目录厂家文件及确定的相应产品的型号规范（复印件）；国家权威检定机构出具的主设备及装置性材料检测报告、相关认证和生产许可证。

10. 受电工程检查验收的业务咨询

主要包括中间检查、竣工检查的报验申请、应提供的相关资料、检查程序、检查内容、检查结果答复、意见整改、启动方案制订、装表送电程序，以及需要配合完成的其他工作等。

11. 供用电合同签订的业务咨询

主要咨询供用电合同签订应具备的条件、签约人资格、合同内容协商与约定、签字与盖章；电费结算协议和电力调度协议等补充协议的签订；合同变更、续签、终止等业务的办理。

12. 供电设施产权分界点的业务咨询

产权分界点应按照《供用电营业规则》第四十七条规定，并结合各地区具体规定以及供用电合同的实际约定给予客户答复。

13. 违约责任及处理规定的业务咨询

供用电任何一方违反供用电合同，给对方造成损失的，应当依法承担违约责任。主要有电力运行事故责任、电压质量责任、频率质量责任、电费滞纳的违约责任、违约用电、窃电的违约责任等，针对以上有关责任按照相关规定给予解释。

14. 供电设施上发生事故的责任划分咨询

责任划分应按照《供用电营业规则》第五十一条规定给予客户答复。

15. 变更用电业务咨询

低压电力客户变更用电主要有迁址、移表、暂拆、更名或过户、分户、并户、销户、改压、改类 9 种业务。具体按照《供用电营业规则》第二十二条至三十六条有关规定给予解释和说明。

16. 电能计量装置申请校验的业务咨询

应按照《供用电营业规则》第七十九条规定给予客户答复。

17. 申请执行分时电价的业务咨询

100kW 及以上的一般工商业客户、执行蓄热式电锅炉、蓄冷式空调电价的客户，全面执行峰谷分时电价。

峰谷分时电价的具体执行办法，按照国家发改委关于峰谷分时电价实施办法的批复和各省市电网峰谷分时电价实施细则的有关规定执行和解释。

18. 停电原因及故障报修的业务咨询

停电原因主要有事故停电、检修停电、限电停电、欠费停电等。帮助客户分析造成客户停电的可能原因。检修停电、限电停电、欠费停电均应按规定事先告知客户，事故停电要分清是供电事故停电还是客户事故停电，必要时通知有关人员现场调查并予以解释，协助客户现场处理。供电事故停电应由供电企业负责处理，客户事故停电应由客户负责处理。

19. 迁移供用电设施的业务咨询

应注意分清需要迁移的供电设施产权属于谁，建设先后，并按照《供用电营业规则》第五十条规定给予客户答复。

20. 申请办理停送电的业务咨询

客户检修、维护电气设备，改建或扩建、迁移供配电设施等需要供电企业配合停电的业务，均应按照规定向供电企业提出书面申请，供电企业应予以受理，并按照有关规定和程序联系停送电工作。应向客户说明办理停送电的具体要求和程序，引导客户正确办理。

21. 无功补偿配置的业务咨询

主要说明哪些用电客户应装设无功补偿装置、为什么要配置无功补偿装置，无功补偿配置的相关规定，功率因数调整电费的执行标准等。

22. 进网作业电工管理咨询

主要说明进网作业电工管理办法的有关规定，电工配备、业务培训、资格取证及续注册要求等。

23. 电力设施保护的业务咨询

主要说明《电力设施保护条例》的有关规定，注意针对客户咨询的内容进行对照解释。

24. 违章用电与窃电规定的咨询

主要按照国家相关法律法规和《供用电营业规则》第一百条至一百零四条有关规定进行解释，只注重解释告知客户违章用电、窃电的行为，相关处理规定，严禁告知客户违章用电、窃电的方法。

25. 避峰限电和安全保供电的咨询

对于避峰限电，应注意解释避峰限电的原因、有关政策、方案措施、现场实施及相互支持等。对于重要活动的安全保供电工作，要向客户说明如何提出业务申请、办理程序、方案制订、现场实施及供用电双方如何进行配合工作等内容。

26. 安全用电、节约用电常识咨询

安全用电主要包括安全用电管理、设备安全运行维护、事故处理、应急方案及应急措施、防止触电的技术措施、触电急救知识、安全工器具规范使用等。节约用电主要有合理安排生产有效用电、峰谷用电合理调整、无功补偿合理配置和投运、节能降耗和提高设备利用率等知识。

【思考与练习】

1. 居民客户电能表烧坏或丢失应如何处理？

2. 居民客户申请校表应如何处理?

3. 停电原因及故障报修业务咨询的主要内容有哪些?

模块2 高压电力客户电力咨询(Z32E1002Ⅰ)

【模块描述】本模块包含高压电力客户业务咨询的主要内容和注意事项。通过高压电力客户业务咨询的示例,使节能服务工作人员掌握高压电力客户业务咨询的内容和方法。

【模块内容】

一、高压业务咨询的主要内容和注意事项

1. 申请用电业务的渠道和相关业务流程咨询

根据供电企业服务规定,告知客户受理和办理业务的渠道、相关业务流程,并提供业务服务指南材料。

2. 申请新装、增容用电的业务咨询

告知并向客户解释办理新装、增容用电、临时用电、转供电、趸售电等业务所要提供的相关材料、相关政策规定、办理程序及要求、收费标准等,并提供相关业务服务指南材料。

3. 申请双电源、自备电源的业务咨询

告知并向客户解释申请办理双电源(多电源)、自备电源的条件、相关材料、办理流程,以及并网条件、收费标准等,提供相关业务服务指南材料。

4. 供电方案制订及答复的业务咨询

按照国家电网有限公司承诺的供电方案答复方式、时限要求给予答复,同时告知客户供电方案有效期限和办理延期的有关规定。

5. 用电业务收费项目及规定的咨询

相关业务费用主要有高可靠性供电费、临时接电费、校表费、赔表(互感器)费等(以各省市级及以上物价部门批复的收费文件为准)。对应客户咨询的业务费用按照相关规定给予明确答复。

6. 电价政策及规定的业务咨询

按照国家电价政策和各省、市的电价政策及其说明给予相关内容的答复和解释。主要内容包括电价构成、国民经济行业分类、电力用途、用电性质与电价分类、单一制电价、两部制电价、目录电价、综合电价、分时电价、差别电价、功率因数调整电费执行标准等。

7. 电能计量与电费计收的咨询

咨询内容主要有计量点的设置、计量方式、计量装置配置、各类计量方式的电费计算的方法、故障电费（故障计量接线、电费计算差错）的计算与退补等。

8. 受电工程委托设计和施工的业务咨询

客户受电工程设计与施工，由客户委托具有相应资质的设计、施工单位承担，客户应将委托的设计、施工单位的资质证明文件和有关资料送至供电公司进行验资，资质符合者方可委托。受电工程的设计单位必须具备电力行业的相应设计资质，其他行业的资质只能根据业务范围进行客户用电侧内部配电网的设计。受电工程施工单位必须具有相应的施工资质，还必须取得承装（修、试）电力设施许可证。

9. 受电工程设计审查的业务咨询

主要告知客户如何将受电工程设计进行报审、报审应提供的设计文件及资料、审查程序及时限、审查意见的答复、意见的整改及如何报复审等内容。

10. 受电工程设备选用的业务咨询

客户受电工程设备不得使用国家明令淘汰的电力设备和技术。客户工程主设备及装置性材料生产厂家的资质均应报送供电企业审查。客户应提供生产厂家资质证明文件有：国家发改委颁发的推荐目录厂家文件及确定的相应产品的型号规范（复印件）；国家权威检定机构出具的主设备及装置性材料检测报告、相关认证和生产许可证。

11. 受电工程检查验收的业务咨询

主要包括中间检查、竣工检查的报验申请、应提供的相关资料、检查程序、检查内容、检查结果答复、意见整改、启动方案制订、装表送电程序，以及需要配合完成的其他工作等。

12. 供用电合同签订的业务咨询

主要咨询供用电合同签订应具备的条件、签约人资格、合同内容协商与约定、签字与盖章；电费结算协议和电力调度协议等补充协议的签订；合同变更、续签、终止等业务的办理。

13. 供电设施产权分界点的业务咨询

产权分界点应按照《供用电营业规则》第四十七条规定，并结合各地区具体规定以及供用电合同的实际约定给予客户答复。

14. 违约责任及处理规定的业务咨询

供用电任何一方违反供用电合同，给对方造成损失的，应当依法承担违约责任。主要有电力运行事故责任、电压质量责任、频率质量责任、电费滞纳的违约责任、违约用电、窃电的违约责任等，针对以上有关责任按照相关规定给予解释。

15. 供电设施上发生事故的责任划分咨询

责任划分应按照《供用电营业规则》第五十一条规定给予客户答复。

16. 变更用电业务咨询

高压电力客户变更用电主要有减容、暂停、暂换、迁址、移表、暂拆、更名或过户、分户、并户、销户、改压、改类12种业务。具体按照《供用电营业规则》第二十二条至三十六条有关规定给予解释和说明。

17. 电能计量装置申请校验的业务咨询

应按照《供用电营业规则》第七十九条规定给予客户答复。

18. 申请执行分时电价的业务咨询

峰谷分时电价的具体执行办法，按照国家发展和改革委关于峰谷分时电价实施办法的批复和各省市电网峰谷分时电价实施细则的有关规定执行和解释。

19. 停电原因及故障报修的业务咨询

停电原因主要有事故停电、检修停电、限电停电、欠费停电等。帮助客户分析造成客户停电的可能原因。检修停电、限电停电、欠费停电均应按规定事先告知客户，事故停电要分清是供电事故停电还是客户事故停电，必要时通知有关人员现场调查并予以解释，协助客户现场处理。供电事故停电应由供电企业负责处理，客户事故停电应由客户负责处理。

20. 迁移供用电设施的业务咨询

应注意分清需要迁移的供电设施产权属于谁，建设先后，并按照《供用电营业规则》第五十条规定给予客户答复。

21. 申请办理停送电的业务咨询

客户检修、维护电气设备，改建或扩建、迁移供配电设施等需要供电企业配合停电的业务，均应按照规定向供电企业提出书面申请，供电企业应予以受理，并按照有关规定和程序联系停送电工作。应向客户说明办理停送电的具体要求和程序，引导客户正确办理。

22. 无功补偿配置的业务咨询

主要说明哪些用电客户应装设无功补偿装置、为什么要配置无功补偿装置，无功补偿配置的相关规定，功率因数调整电费执行的标准等。

23. 进网作业电工管理咨询

主要说明进网作业电工管理办法的有关规定，电工配备、业务培训、资格取证及续注册要求等。

24. 电力设施保护的业务咨询

主要说明《电力设施保护条例》的有关规定，注意针对客户咨询的内容进行对照解释。

25. 违章用电与窃电规定的咨询

主要按照国家相关法律法规和《供用电营业规则》第一百条至一百零四条有关规定进行解释，只注重解释告知客户违章用电、窃电的行为，相关处理规定，严禁告知客户违章用电、窃电的方法。

26. 避峰限电和安全保供电的咨询

对于避峰限电，应注意解释避峰限电的原因、有关政策、方案措施、现场实施及相互支持等。对于重要活动的安全保供电工作，要向客户说明如何提出业务申请、办理程序、方案制订、现场实施及供用电双方如何进行配合工作等内容。

27. 安全用电、节约用电常识咨询

安全用电主要包括安全用电管理、设备安全运行维护、事故处理、应急方案及应急措施、防止触电的技术措施、触电急救知识、安全工器具规范使用等。节约用电主要有合理安排生产有效用电、峰谷用电合理调整、无功补偿合理配置和投运、节能降耗和提高设备利用率等知识。

二、高压用电业务咨询主要内容及注意事项

1. 客户咨询办理临时用电的规定

根据《供电营业规则》规定：对基建工地、农田水利、市政建设等非永久性用电，可供给临时电源。临时用电期限除经供电企业准许外，一般不得超过 6 个月，逾期不办理延期或永久性正式用电手续的，供电企业应终止供电。使用临时电源的客户不得向外转供电，也不得转让给其他客户，供电企业也不受理其变更用电事宜。如需改为正式用电，应按新装用电办理。

因抢险救灾需要紧急供电时，供电企业应迅速组织力量，架设临时电源供电。架设临时电源所需的工程费用和应付的电费，由地方人民政府有关部门负责从救灾经费中拨付。临时用电的客户，应安装用电计量装置。对不具备安装条件的，可按其用电容量、使用时间、规定的电价计收电费。

2. 高压客户受电工程设计报审应向供电企业提供的资料

高压客户受电工程的设计文件和有关资料应一式二份送交供电企业审核。资料包括：① 受电工程的设计及说明书。② 用电负荷分布图。③ 负荷组成、性质及保安负荷。④ 影响电能质量的用电设备。⑤ 主要电气设备一览表。⑥ 高压受电装置一、二次接线图和平面布置图。⑦ 主要生产设备、生产工艺耗电情况及允许中断供电时。⑧ 用电功率因数计算及无功补偿方式。⑨ 继电保护、过电压保护及电能计量装置方式。⑩ 隐蔽工程设计资料。⑪ 配电网络布置图。⑫ 自备电源及接线方式。⑬ 供电企业认为还应提供的其他资料。供电企业对高压客户设计审核的时间最长不超过 1 个月。

【思考与练习】

1. 客户申请新装正式用电应提供哪些资料？

2. 电设施产权分界点是如何划分的？

3. 如何办停送电业务？

模块 3 低压电力客户变更用电（Z32E1003Ⅱ）

【模块描述】本模块包含变更用电的定义、分类、办理流程及注意事项。通过以上内容的介绍，使用电检查人员掌握变更用电业务的内容、流程和处理方法。

【模块内容】

一、定义与分类

1. 变更用电的定义

变更用电指客户要求改变供用电合同中供用电双方约定的有关用电事宜的行为。变更用电业务是指客户在不增加用电容量和供电回路的情况下，由于自身经营、生产、建设、生活等变化而向供电企业申请，要求改变原供用电合同中约定的用电事宜的业务。

2. 变更用电的分类

客户需要变更用电时，应事先提出申请，并携带有关证明文件，到供电企业用电营业场所办理手续，变更供用电合同。《供用电营业规则》规定有下列情况之一者，为变更用电：

（1）减少合同约定的用电容量（简称减容）。

（2）暂时停止全部或部分受电设备的用电（简称暂停）。

（3）临时更换大容量变压器（简称暂换）。

（4）迁移受电装置用电地址（简称迁址）。

（5）移动用电计量装置安装位置（简称移表）。

（6）暂时停止用电并拆表（简称暂拆）。

（7）改变客户的名称（简称更名或过户）。

（8）一户分列为两户及以上的客户（简称分户）。

（9）两户及以上客户合并为一户（简称并户）。

（10）合同到期终止用电（简称销户）。

（11）改变供电电压等级（简称改压）。

（12）改变用电类别（简称改类）。

二、低压变更用电业务办理总流程（图 1–3–1）

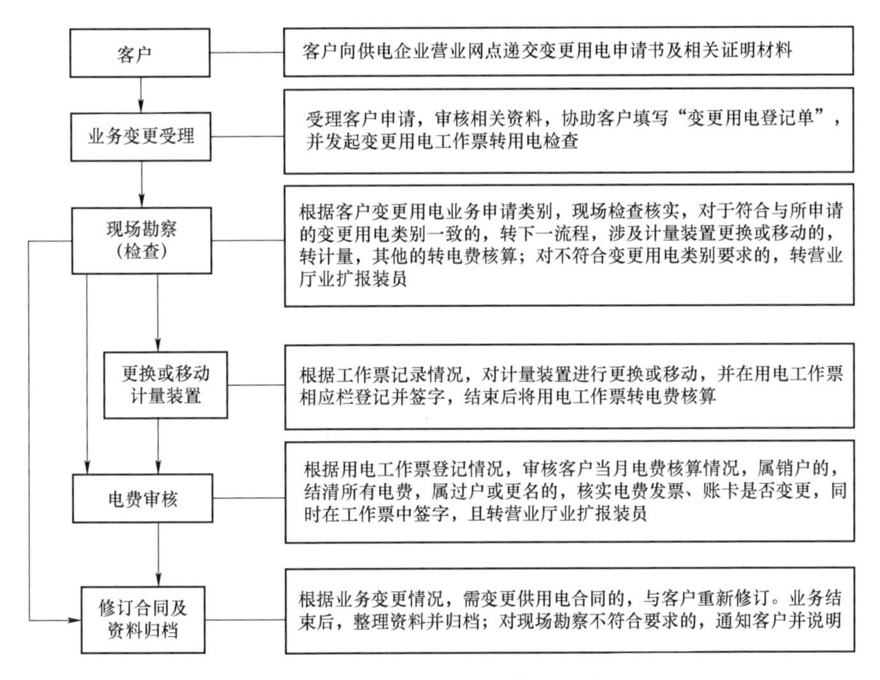

图 1–3–1　低压变更用电业务办理总流程

三、低压变更用电业务分类及业务办理注意事项

低压客户变更用电业务主要有迁址、移表、暂拆、更名或过户、分户、并户、销户、改压、改类 9 种业务。

1. 迁址

客户因扩建改造或市政发展规划，需改变用电地址，将原用电设备迁移他址的一种变更用电业务，即为迁址。客户申请迁址，应在 5 天前向供电企业提出申请，供电企业应按下列规定办理：

（1）原址按终止用电办理，供电企业予以销户。新址用电优先受理。

（2）迁移后的新址不在原供电点供电的，新址用电按新装办理。

（3）迁址后的新址在原供电点且新址用电容量不超过原址容量的，新址用电不按新装办理，但新址用电引起的工程费用由客户承担。

（4）迁移后的新址仍在原供电点，但新址用电容量超过原址用电容量的，超过部分按增容办理。

（5）私自迁移用电地址而用电者，除按《供电营业规则》第一百条第 5 项处理外，自迁新址不论是否引起供电点变动，一律按新装用电办理。

2. 移表

客户在原用电地址内，因修缮房屋、变（配）电室改造或其他原因，需移动用电计量装置安装位置的业务，即为移表。客户办理移表变更业务时，首先应向供电企业提出书面申请，供电企业按下列规定办理：

（1）在用电地址、用电容量、用电类别、供电点等不变的情况下，可办理移表手续。

（2）移表所需的费用由客户负担。

（3）客户不论何种原因，不得自行移动计量装置位置，否则，属违约行为，可按《供电营业规则》第一百条第5项规定处理：私自迁移供电企业的用电计量装置者，属于居民客户的，应承担每次500元的违约使用电费；属于其他客户的，应承担每次5000元的违约使用电费。

3. 暂拆

客户因修缮房屋或变（配）电站改造等原因需暂时停止用电并拆表的业务，即为暂拆。客户在办理暂拆业务时，应持有关证明向供电企业提出书面申请，供电企业按下列规定办理：

（1）客户办理暂拆手续后，供电企业应在5日内执行暂拆。

（2）暂拆时间最长不得超过6个月。暂拆期间，供电企业保留该客户原有容量的使用权。

（3）暂拆原因消除后，客户要求复装接电时，需向供电企业办理复装接电手续并按规定缴纳费用。上述手续完成后，供电企业应在5日内为该户复装接电。

（4）超过暂拆规定时间要求复装接电者，按新装手续办理。

4. 更名或过户

更名是原客户不变，只是因客户原名称改变而变更客户名称的业务；过户是客户发生了变化，由原客户变为另一客户的一种变更业务。客户不论办理哪种业务，在书面申请书上，都必须有原客户法人的签字和章印，并根据业扩管理要求，提供相应的资料，方可办理更名或过户手续，供电企业应按下列规定办理：

（1）在用电地址、用电容量、用电类别不变的情况下，允许办理更名或过户。

（2）原客户应与供电企业结清债务，才能解除原供用电关系。

（3）不申请办理过户手续而私自过户者，新客户应承担原客户所有债务。经供电企业检查发现客户私自过户时，供电企业应通知该户补办过户手续，必要时可中止供电。

5. 分户

客户因生产经营方式改变或其他原因，由一个电力客户变为两个或两个以上的电力客户的业务，即为分户。客户申请分户时，应根据业扩管理要求，向供电企业提供相应的证明资料和书面申请，供电企业按下列规定办理：

（1）在用电地址、供电点、用电容量不变，且其受电装置具备分装的条件时，允许办理分户。

（2）在原客户与供电企业结清债务的情况下，再办理分户手续。

（3）分立后的新客户应与供电企业重新建立供电关系。

（4）原客户的用电容量由分户者自行协商分割，需要增容者，分户后另行向供电企业办理增容手续。

（5）分户引起的工程费用由分户者负担。

（6）分户后受电装置应经供电企业检验合格，由供电企业分别装表计费。

6. 并户

客户生产经营方式发生改变或因其他原因，需两个或两个以上客户合并为一个电力客户的业务，即为并户。客户申请并户时，应根据供电企业业扩管理要求，提供相应的证明资料和书面申请，供电企业按下列规定办理：

（1）同一供电点、同一用电地址的相邻两个及两个以上的客户允许办理并户。

（2）原客户在并户前向供电企业结清债务。

（3）新客户用电容量不得超过并户前各户用电容量之和。

（4）并户引起的工程费用由并户者承担。

（5）并户的受电装置应经检验合格，由供电企业重新装表计费。

7. 销户

销户是指客户合同到期、企业破产、国家产业政策明令禁止等原因而终止供电的业务，或供电企业强制终止客户用电的业务，即供用电双方解除供用电关系的业务。供电企业在办理销户时，应按下列规定办理：

（1）销户必须停止全部用电容量的使用。

（2）客户与供电企业结清电费和其他债务。

（3）检验用电计量装置完好性后，拆除接户线和用电计量装置。

（4）解除供用电合同关系。

（5）在销户客户的原址上用电的，应按新装用电办理。

（6）属破产客户分离出来的新客户，必须在偿还清原破产客户电费和其他债务后，方可办理用电业务。

8. 改压

客户因自身原因，需要改变供电电压等级的一种变更用电业务，即为改压。客户申请改压时，应向供电企业提供书面申请，供电企业应按下列规定办理：

（1）客户改压，且容量不变者，供电企业按业扩管理要求予以办理，如果超过原有容量者，超过部分按增容办理。

（2）改压引起的工程费用由客户负担，但由供电企业原因引起客户供电电压发生变化的，客户的外部供电工程费用由供电企业负担。

9. 改类

由于客户生产和经营发生变化，引起其电力用途改变从而导致用电类别发生变化即用电电价发生变化的一种变更用电业务，即为改类。改类可以是原计费表内所带负荷用电性质发生变化，也可以是原计费表所带负荷中部分负荷用电性质发生变化，即调整用电类别比例。客户申请改类，需向提供企业提供证明和出具书面申请，供电企业应按下列规定办理：

（1）在同一受电装置内，电力用途发生变化而引起用电电价类别改变时，允许办理改类手续。

（2）客户私自改变用电类别，应按照《供电营业规则》第一百条规定办理：在电价低的供电线路上，擅自接用电价高的用电设备或私自改变用电类别的，应按实际使用日期补交其差额电费，并承担 2 倍差额电费的违约使用电费。使用起讫日期难以确定的，实际使用时间按 3 个月计算。

【思考与练习】

1. 什么是变更用电？变更用电分为哪几类？
2. 低压电力客户申请移表业务应如何办理？
3. 低压电力客户申请改类业务应如何办理？

模块 4 高压电力客户变更用电（Z32E1004 Ⅱ）

【模块描述】本模块包含高压电力客户变更用电的分类流程及注意事项。通过以上内容的介绍，使节能服务工作人员掌握高压电力客户变更用电的分类流程和处理方法。

【模块内容】

高压变更用电业务主要有减容、暂停、暂换、迁址、移表、暂拆、更名或过户、分户、并户、销户、改压、改类 12 种业务。

一、高压变更用电业务办理总流程及办理注意事项（图 1–4–1）

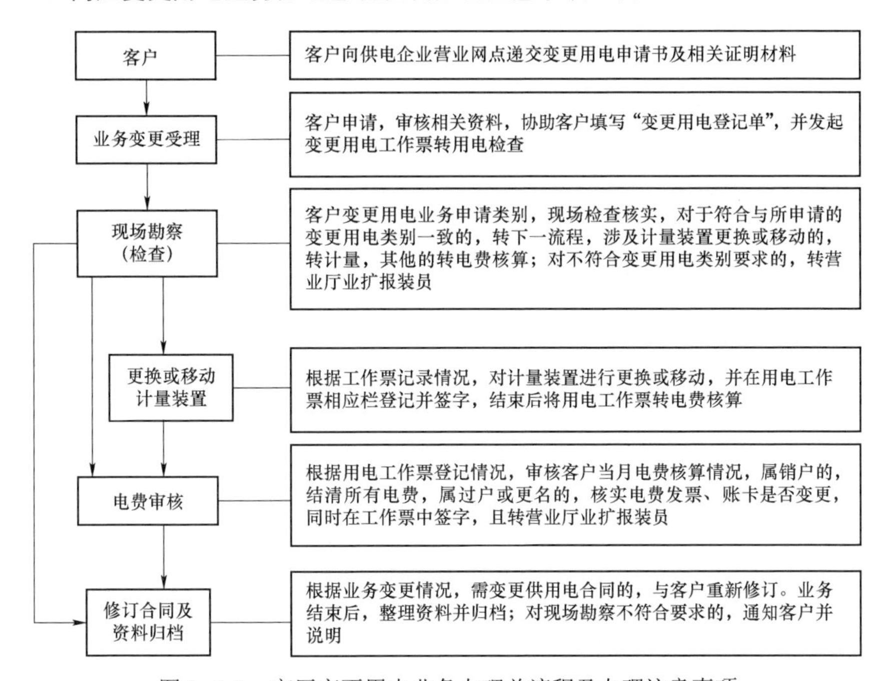

图 1–4–1　高压变更用电业务办理总流程及办理注意事项

二、高压变更用电业务流程及办理注意事项

（一）减容

1. 业务流程

减容业务流程如图 1–4–2 所示。

2. 办理注意事项

客户在正式用电后，由于生产经营情况发生变化，用电负荷减少，原有容量过大，为减少电费，节约开支，需减少供用电合同中约定容量的一种变更用电事宜，即为减容。客户减容，应在 5 日前向供电企业提出书面申请。供电企业应按下列规定办理：

（1）电力用户（含新装、增容用户）可根据用电需求变化情况，提前 5 个工作日向供电企业申请减容用电，减容必须是整台或整组变压器的停止或更换小容量变压器用电。

（2）在减容期限内，供电企业应保留客户减少容量的使用权。电力用户减容 2 年内恢复的，按减容恢复办理；超过 2 年的按新装或增容手续办理。

（3）在减容期限内要求恢复用电时，应在 5 日前向供电企业办理恢复用电手续，基本电费从启封之日起计收。

（4）减容后容量达不到实施两部制电价规定容量标准的，应改为相应类别的单一制电价计费，并执行相应的分类电价标准。减容后执行最大需量计量方式的，合同最大需量按照减容后总容量申报。

（二）暂停

1. 业务流程

暂停业务流程如图 1–4–3 所示。

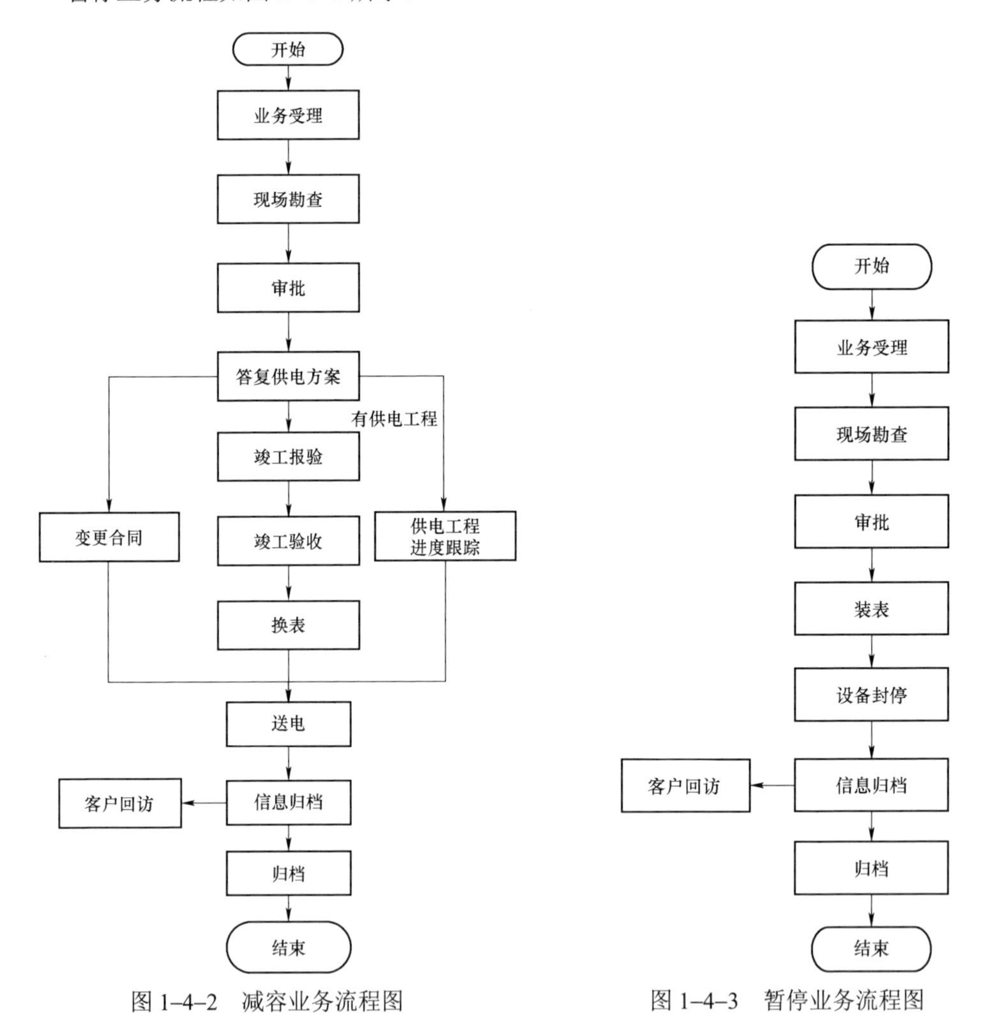

图 1–4–2 减容业务流程图 图 1–4–3 暂停业务流程图

2. 办理注意事项

客户由于生产、经营情况发生变化，如客户设备检修、产品滞销、季节性用电等原因，用电负荷减少，为减少电费支出，需短时间停止全部或部分用电设备容量的一种变更用电业务，即为暂停。客户申请暂停用电，必须在 5 日前向供电企业提出申请。供电企业应按下列规定办理：

（1）电力用户（含新装、增容用户）可根据用电需求变化情况，提前 5 个工作日向电网企业申请暂停用电，暂停用电必须是整台或整组变压器停止运行。

（2）电力用户申请暂停时间每次应不少于 15 日，每一个日历年内累计时间不得超过 6 个月。超过 6 个月的可由用户申请办理减容。减容期限不受时间限制。

（3）暂停后容量达不到实施两部制电价规定容量标准的，应改为相应类别的单一制电价计费，并执行相应的分类电价标准。暂停后执行最大需量计量方式的，合同最大需量按照减容暂停后总容量申报。

（4）在暂停期限内，客户申请恢复暂停用电容量时，须在预定恢复日前 5 日向供电企业提出申请。暂停用电时间少于 15 日者，暂停期间基本电费照收。

（三）暂换

1. 业务流程

暂换业务流程如图 1–4–4 所示。

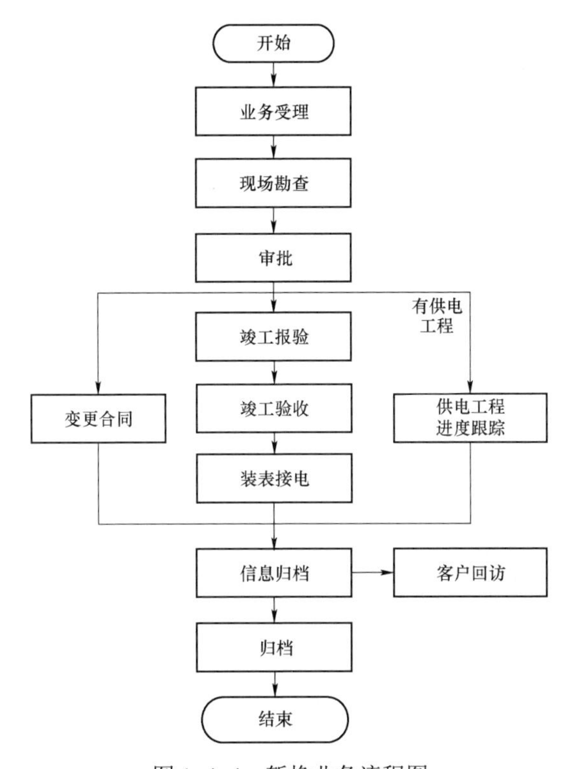

图 1–4–4　暂换业务流程图

2. 办理注意事项

客户因受电变压器发生故障或计划检修，无相同容量变压器替代，需临时更换大容量变压器代替运行的业务，即为暂换。客户申请暂换需在更换前向供电企业提出申请。供电企业应按下列规定办理：

（1）必须在原受电地点内整台暂换受电变压器。

（2）暂换变压器的使用时间，10kV 及以下的不得超过 2 个月，35kV 及以上的不得超过 3 个月。逾期不办理手续的，供电企业可中止供电。

（3）暂换的变压器经检验合格后才能投入运行。

（4）对执行两部制电价的客户须在暂换之日起，按替换后的变压器容量计收基本电费。

（四）迁址

1. 业务流程

迁址业务流程如图 1–4–5 所示。

2. 办理注意事项

客户因扩建改造或市政发展规划，需改变用电地址，将原用电设备迁移他址的一种变更用电业务，即为迁址。客户申请迁址，应在 5 日前向供电企业提出申请，供电企业应按下列规定办理：

（1）原址按终止用电办理，供电企业予以销户。新址用电优先受理。

（2）迁移后的新址不在原供电点供电的，新址用电按新装办理。

（3）迁址后的新址在原供电点且新址用电容量不超过原址容量的，新址用电不按新装办理，但新址用电引起的工程费用由客户承担。

（4）迁移后的新址仍在原供电点，但新址用电容量超过原址用电容量的，超过部分按增容办理。

（5）私自迁移用电地址而用电者，除按《供电营业规则》第一百条第 5 项处理外，自迁新址不论是否引起供电点变动，一律按新装用电办理。

（五）移表

1. 业务流程

移表业务流程如图 1–4–6 所示。

2. 办理注意事项

客户在原用电地址内，因修缮房屋、变（配）电室改造或其他原因，需移动用电计量装置安装位置的业务，即为移表。客户办理移表变更业务时，首先应向供电企业提出书面申请，供电企业按下列规定办理：

手续。

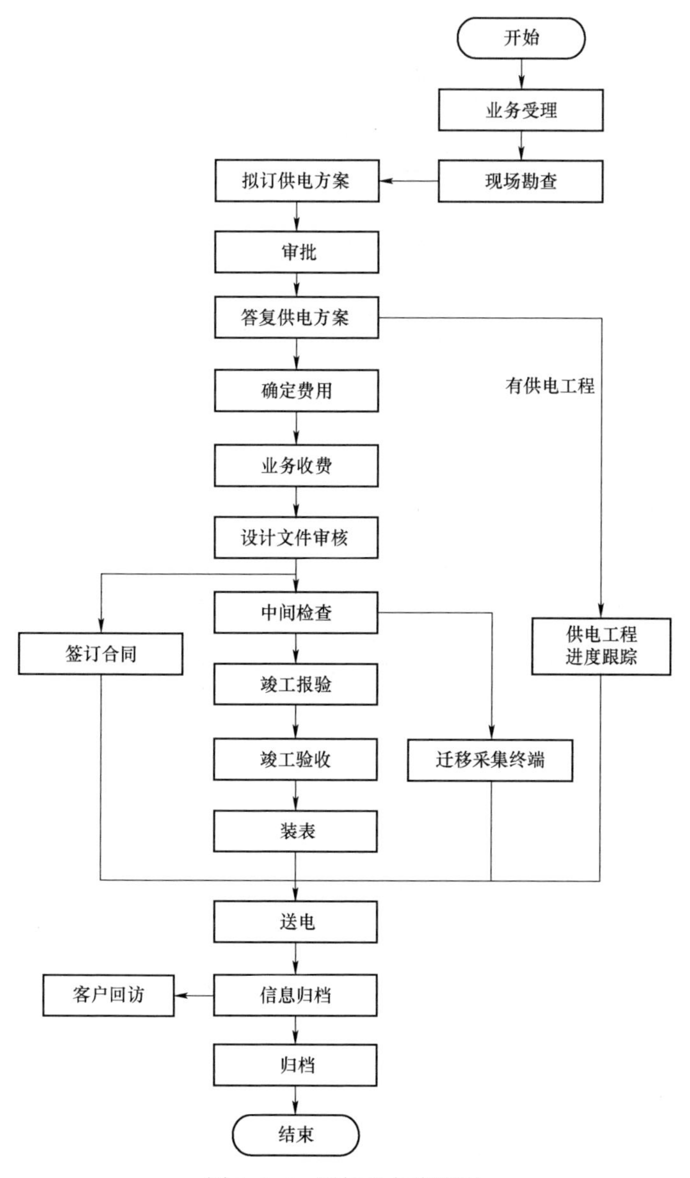

图 1–4–5　迁址业务流程图

（1）在用电地址、用电容量、用电类别、供电点等不变的情况下，可办理移表手续。

（2）移表所需的费用由客户负担。

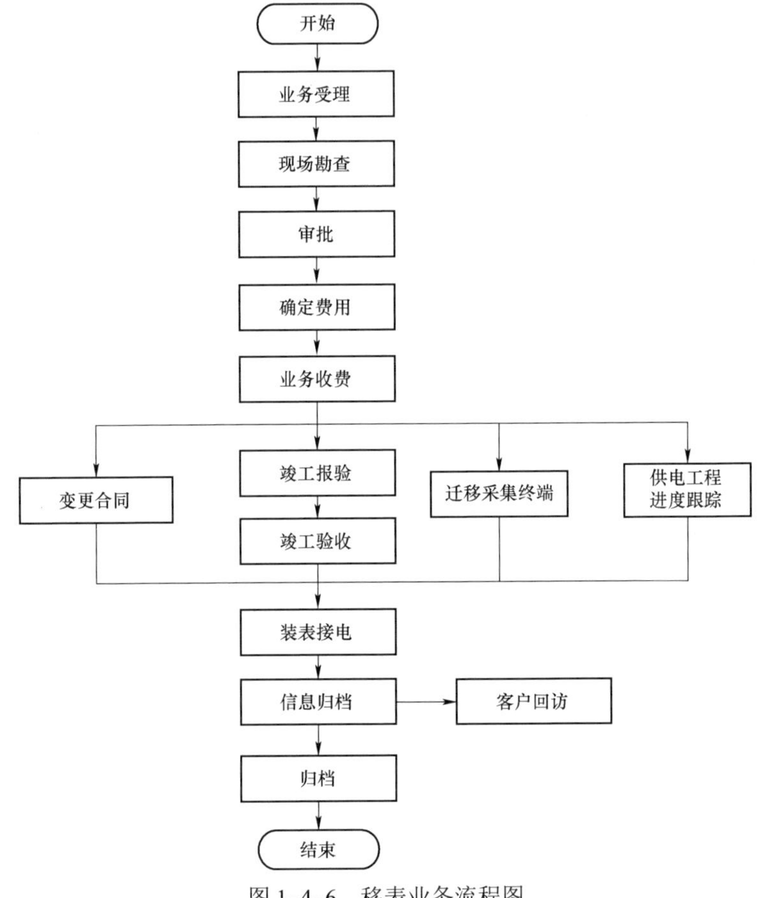

图 1–4–6 移表业务流程图

（3）客户不论何种原因，不得自行移动计量装置位置，否则，属违约行为，可按《供电营业规则》第一百条第 5 项规定处理：私自迁移供电企业的用电计量装置者，属于居民客户的，应承担每次 500 元的违约使用电费；属于其他客户的，应承担每次 5000 元的违约使用电费。

（六）暂拆

1. 业务流程

暂拆业务流程如图 1–4–7 所示。

2. 办理注意事项

客户因修缮房屋或变（配）电站改造等原因需暂时停止用电并拆表的业务，即为暂拆。客户在办理暂拆业务时，应持有关证明向供电企业提出书面申请，供电企业按下列规定办理：

（1）客户办理暂拆手续后，供电企业应在 5 日内执行暂拆。

（2）暂拆时间最长不得超过 6 个月。暂拆期间，供电企业保留该客户原有容量的使用权。

（3）暂拆原因消除后，客户要求复装接电时，需向供电企业办理复装接电手续并按规定交付费用。上述手续完成后，供电企业应在 5 日内为该户复装接电。

（4）超过暂拆规定时间要求复装接电者，按新装手续办理。

（七）更名或过户

1. 业务流程

更名或过户业务流程如图 1–4–8 所示。

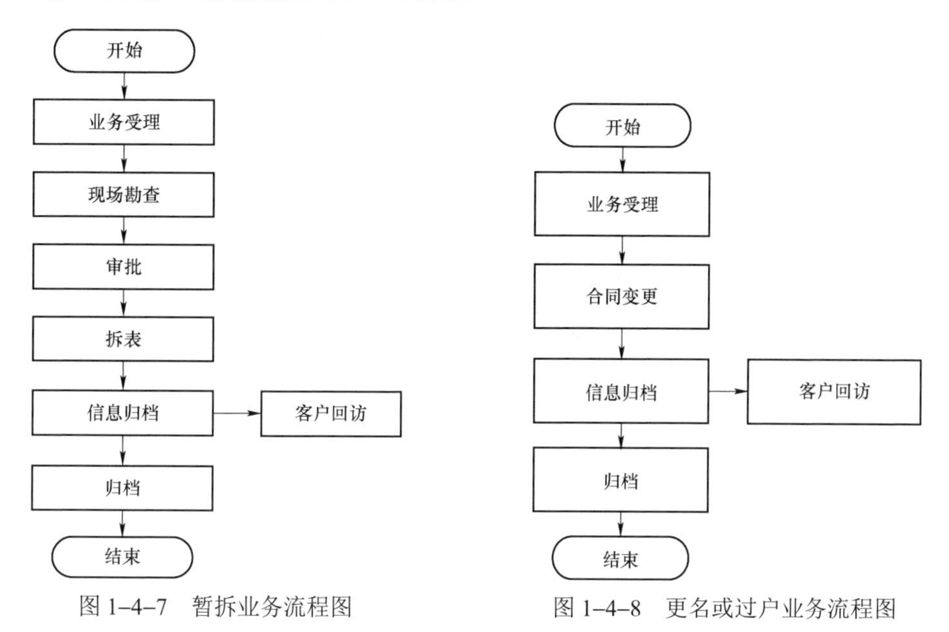

图 1–4–7　暂拆业务流程图

图 1–4–8　更名或过户业务流程图

2. 办理注意事项

更名是原客户不变，只是因客户原名称改变而变更客户名称的业务；过户是客户发生了变化，由原客户变为另一客户的一种变更业务。客户不论办理哪种业务，在书面申请书上，都必须有原客户法人的签字和章印，并根据业扩管理要求，提供相应的资料，方可办理更名或过户手续，供电企业应按下列规定办理：

（1）在用电地址、用电容量、用电类别不变的情况下，允许办理更名或过户。

（2）原客户应与供电企业结清债务，才能解除原供用电关系。

（3）不申请办理过户手续而私自过户者，新客户应承担原客户所有债务。经供电企业检查发现客户私自过户时，供电企业应通知该户补办过户手续，必要时可中止供电。

（八）分户

1. 业务流程

分户业务流程如图 1–4–9 所示。

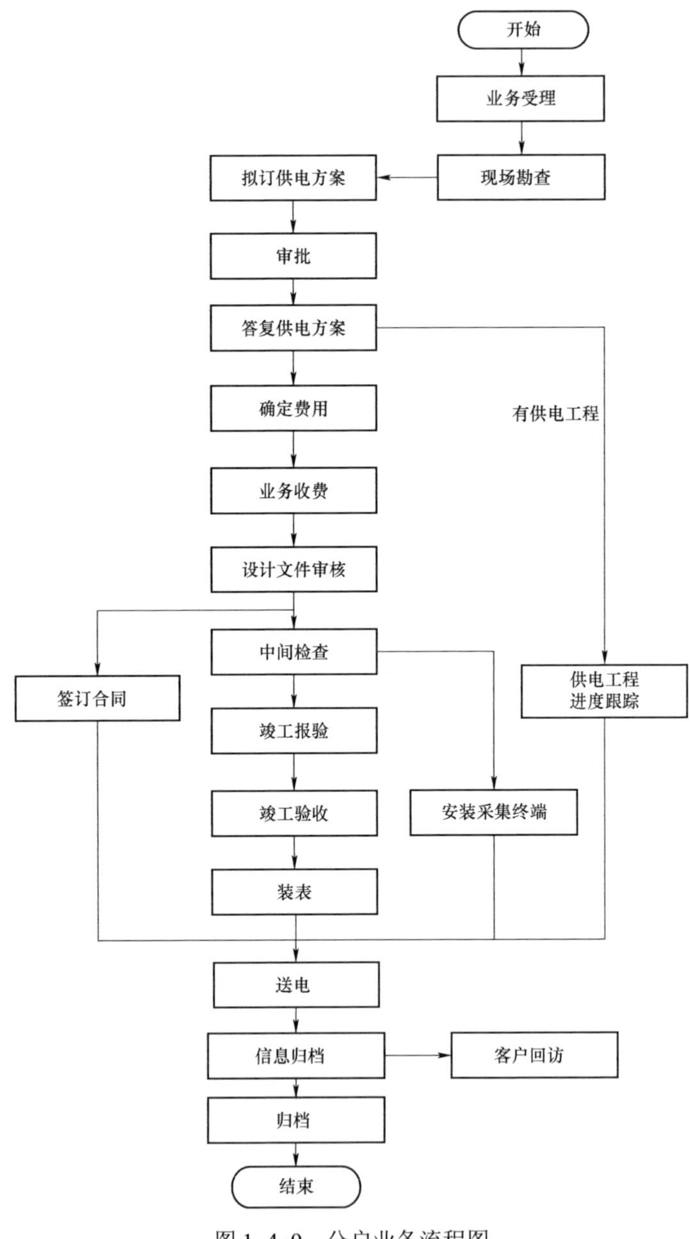

图 1–4–9　分户业务流程图

2. 办理注意事项

客户因生产经营方式改变或其他原因，由一个电力客户变为两个或两个以上的电力客户的业务，即为分户。客户申请分户时，应根据业扩管理要求，向供电企业提供相应的证明资料和书面申请，供电企业按下列规定办理：

（1）在用电地址、供电点、用电容量不变，且其受电装置具备分装的条件时，允许办理分户。

（2）在原客户与供电企业结清债务的情况下，再办理分户手续。

（3）分立后的新用户应与供电企业重新建立供电关系。

（4）原客户的用电容量由分户者自行协商分割，需要增容者，分户后另行向供电企业办理增容手续。

（5）分户引起的工程费用由分户者负担。

（6）分户后受电装置应经供电企业检验合格，由供电企业分别装表计费。

（九）并户

1. 业务流程

并户业务流程如图 1–4–10 所示。

2. 办理注意事项

客户生产经营方式发生改变或因其他原因，需两个或以上客户合并为一个电力客户的业务，即为并户。客户申请并户时，应根据供电企业业扩管理要求，提供相应的证明资料和书面申请，供电企业按下列规定办理：

（1）同一供电点、同一用电地址的相邻两个及两个以上的客户允许办理并户。

（2）原客户在并户前向供电企业结清债务。

（3）新客户用电容量不得超过并户前各户用电容量之和。

（4）并户引起的工程费用由并户者承担。

（5）并户的受电装置应经检验合格后，由供电企业重新装表计费。

（十）销户

1. 业务流程

销户业务流程如图 1–4–11 所示。

2. 办理注意事项

销户是指客户合同到期、企业破产、国家产业政策明令禁止等原因而终止供电的业务，或供电企业强制终止客户用电的业务，即供用电双方解除供用电关系的业务。供电企业在办理销户时应按下列规定办理：

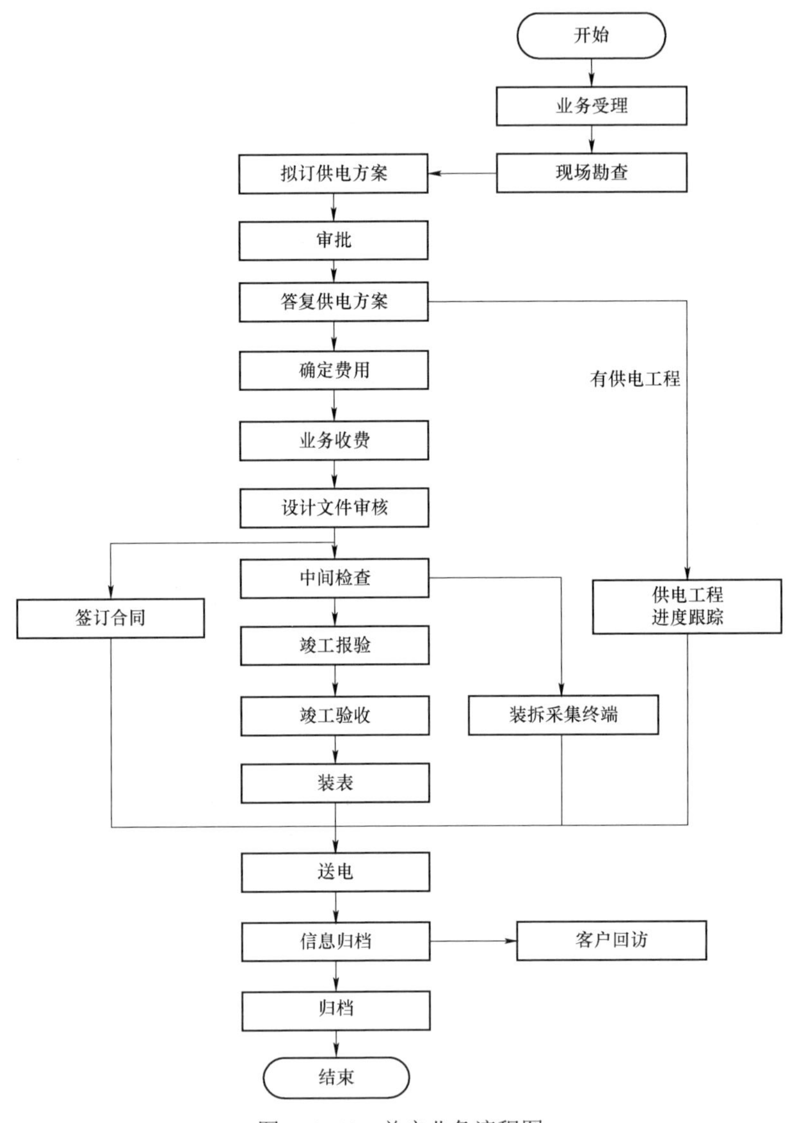

图 1-4-10 并户业务流程图

（1）销户必须停止全部用电容量的使用。

（2）客户与供电企业结清电费和其他债务。

（3）检验用电计量装置完好性后，拆除接户线和用电计量装置。

（4）解除供用电合同关系。

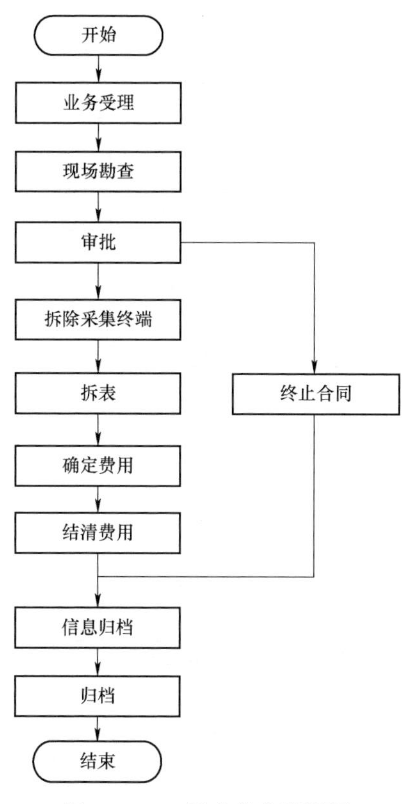

图 1–4–11　销户业务流程图

（5）在销户客户的原址上用电的，应按新装用电办理。

（6）属破产客户分离出的新客户，必须在偿还清原破产客户电费和其他债务后，方可办理用电业务。

（十一）改压

1. 业务流程

改压业务流程如图 1–4–12 所示。

2. 办理注意事项

客户因自身原因，需要改变供电电压等级的一种变更用电业务，即为改压。客户申请改压时，应向供电企业提供书面申请，供电企业应按下列规定办理：

（1）客户改压，且容量不变者，供电企业按业扩管理要求予以办理，如果超过原有容量者，超过部分按增容办理。

（2）改压引起的工程费用由客户负担，但由供电企业原因引起客户供电电压发生变化的，客户的外部供电工程费用由供电企业负担。

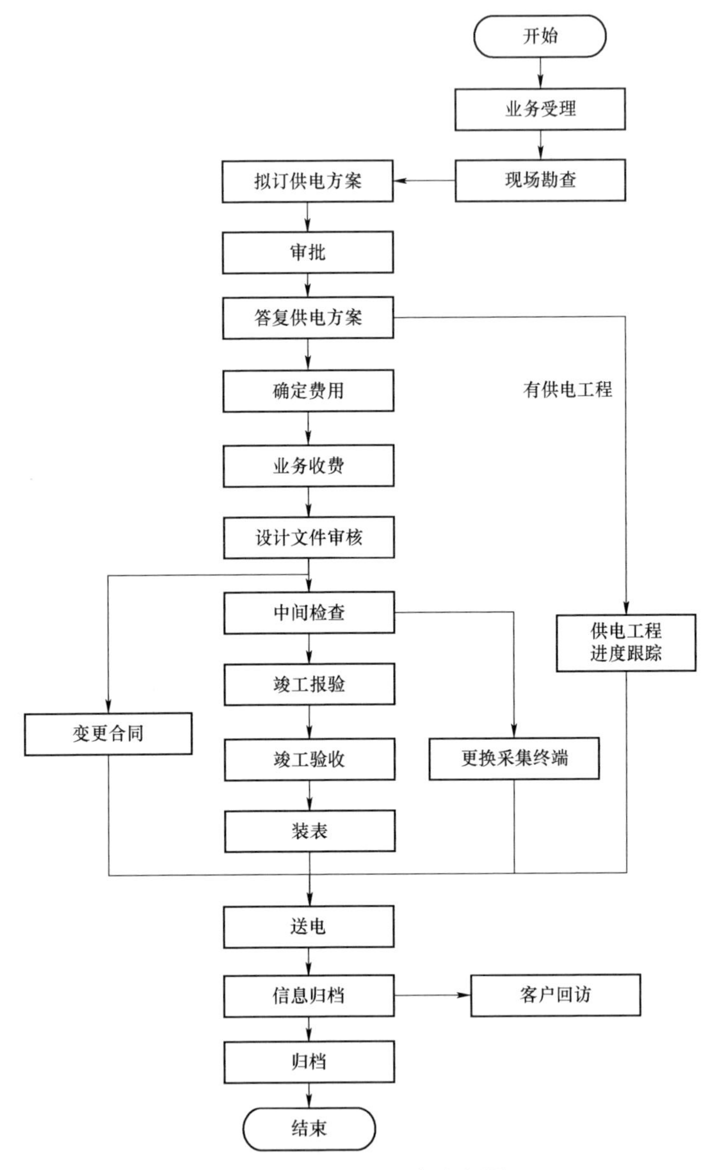

图 1–4–12 改压业务流程图

（十二）改类

1. 业务流程

改类业务流程如图 1–4–13 所示。

2. 办理注意事项

由于客户生产和经营发生变化，引起其电力用途改变从而导致用电类别发生变化即用电电价发生变化的一种变更用电业务，即为改类。改类可以是原计费表内所带负荷用电性质发生变化，也可以是原计费表所带负荷中部分负荷用电性质发生变化，即调整用电类别比例。客户申请改类，需向提供企业提供证明和出书面申请，供电企业应按下列规定办理：

（1）在同一受电装置内，电力用途发生变化而引起用电电价类别改变时，允许办理改类手续。

（2）客户私自改变用电类别，应按照《供电营业规则》第一百条规定办理：在电价低的供电线路上，擅自接用电价高的用电设备或私自改变用电类别的，应按实际使用日期补交其差额电费，并承担2倍差额电费的违约使用电费。使用起讫日期难以确定的，实际使用时间按3个月计算。

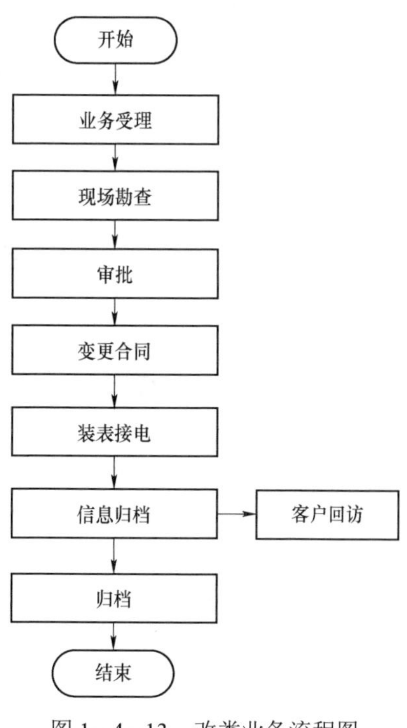

图1-4-13 改类业务流程图

【思考与练习】

1. 高压电力客户申请减容业务应如何办理？
2. 高压电力客户申请暂停业务应如何办理？
3. 高压电力客户申请销户业务应如何办理？

第二章

营 销 业 务 应 用

模块 1　业务子程序（Z32E2001Ⅱ）

【模块描述】本模块介绍电力营销管理信息系统中的业务子程序。通过操作流程及步骤讲解，使节能服务工作人员掌握业务受理等操作技能。

【模块内容】

典型流程详解如下：

1. 低压居民新装

本业务适用于电压等级为 220/380V 低压居民用户的新装用电。低压居民新装流程图如图 2–1–1 所示。

2. 高压新装

本业务适用于电压等级为 10（6）kV 及以上客户的新装用电。高压新装流程图如图 2–1–2 所示。

（1）签订合同（图 2–1–3）。

（2）装表（图 2–1–4）。

3. 减容

减容是指客户在正式用电后，由于生产经营情况发生变化，考虑到原用电容量过大，不能全部利用，为了减少基本电费的支出或节能的需要，提出减少供用电合同约定的用电容量的一种变更用电业务。减容分为暂时性减容和永久性减容。减容流程图如图 2–1–5 所示。

4. 销户

本流程适用于因客户拆迁、停产、破产等原因申请停止全部用电容量的使用，和供电部门终止供用电关系，如图 2–1–6 所示。

终止合同流程图如图 2–1–7 所示。

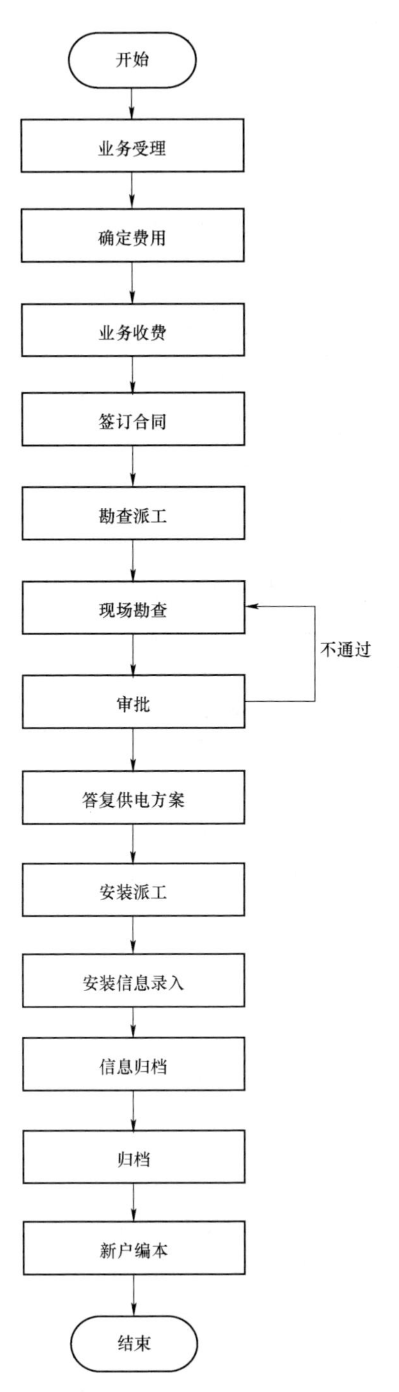

图 2–1–1　低压居民新装流程图

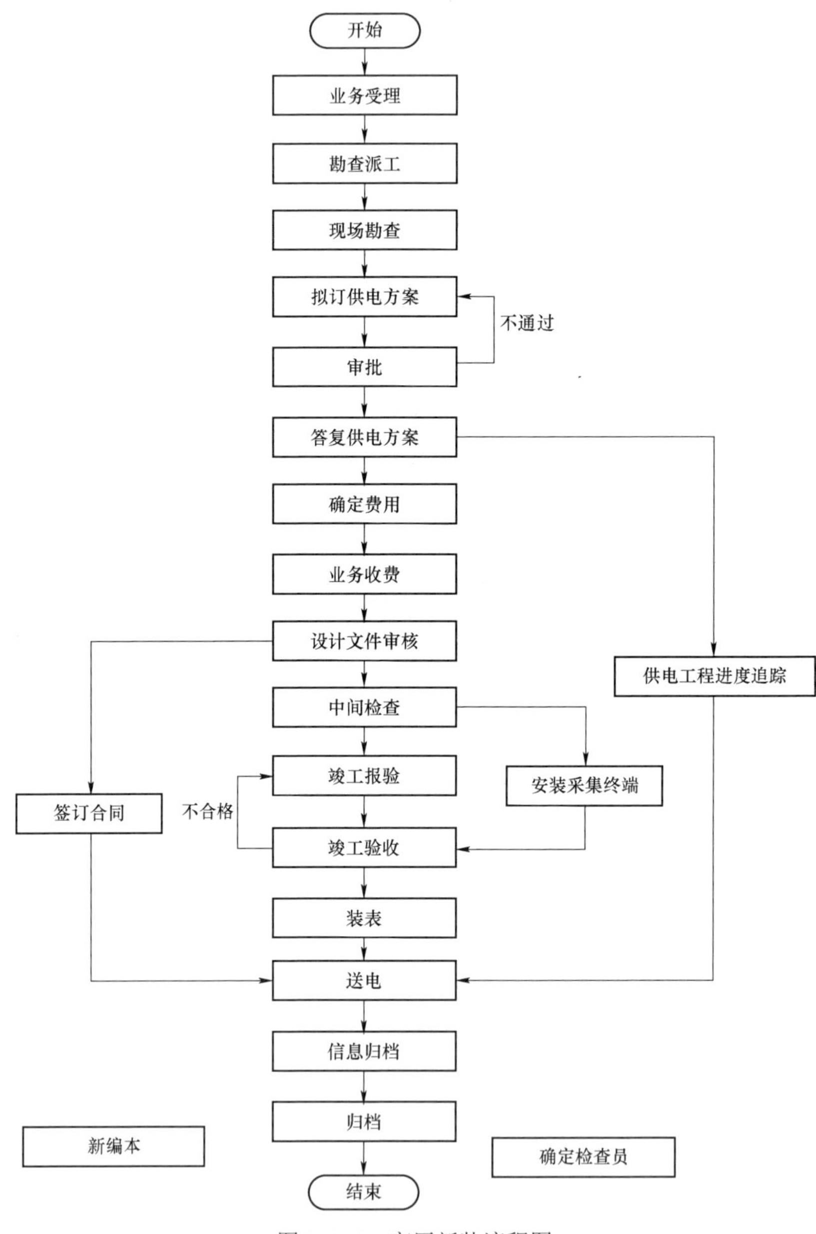

图 2-1-2　高压新装流程图

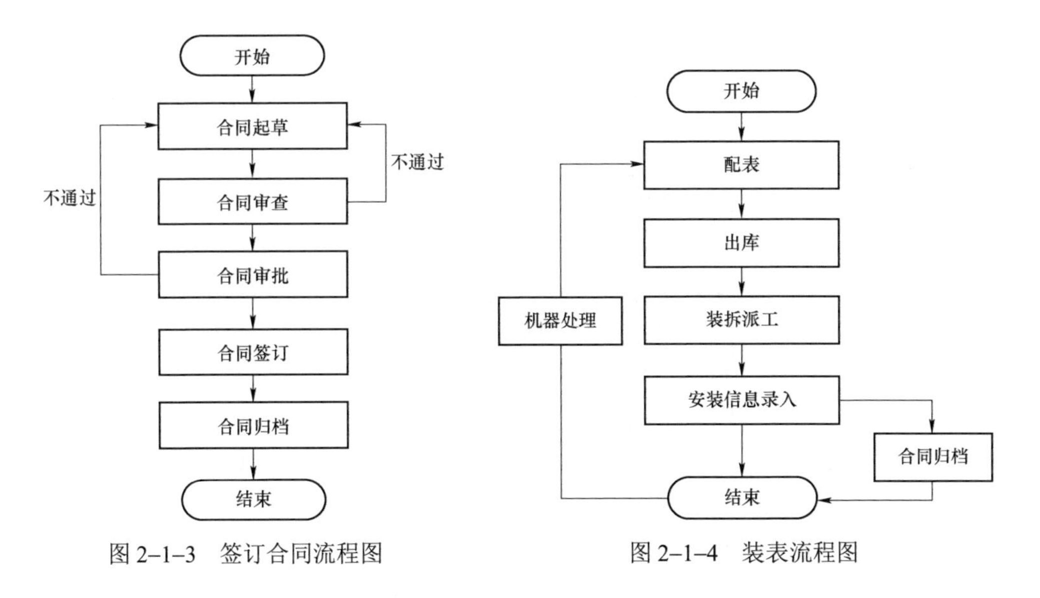

图 2-1-3　签订合同流程图

图 2-1-4　装表流程图

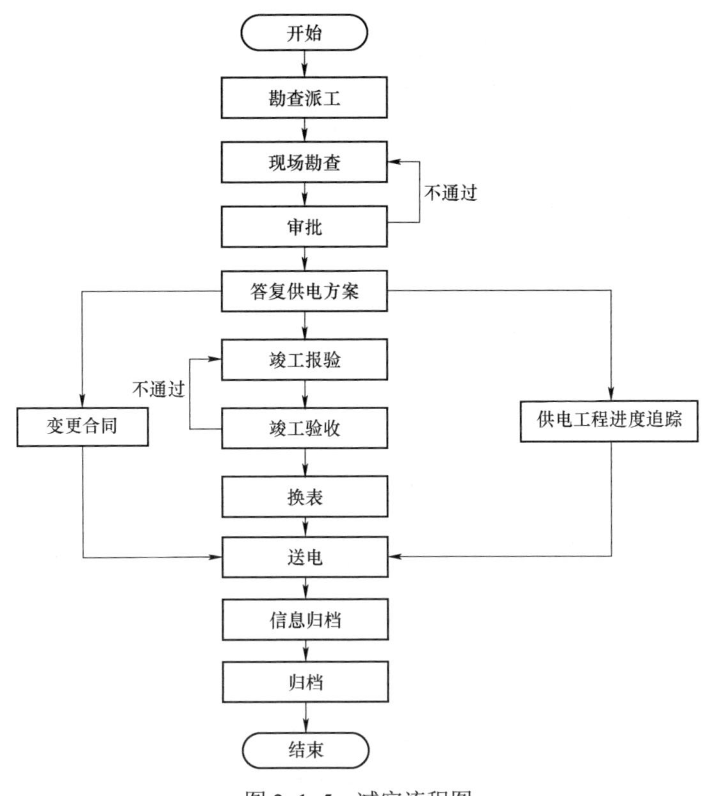

图 2-1-5　减容流程图

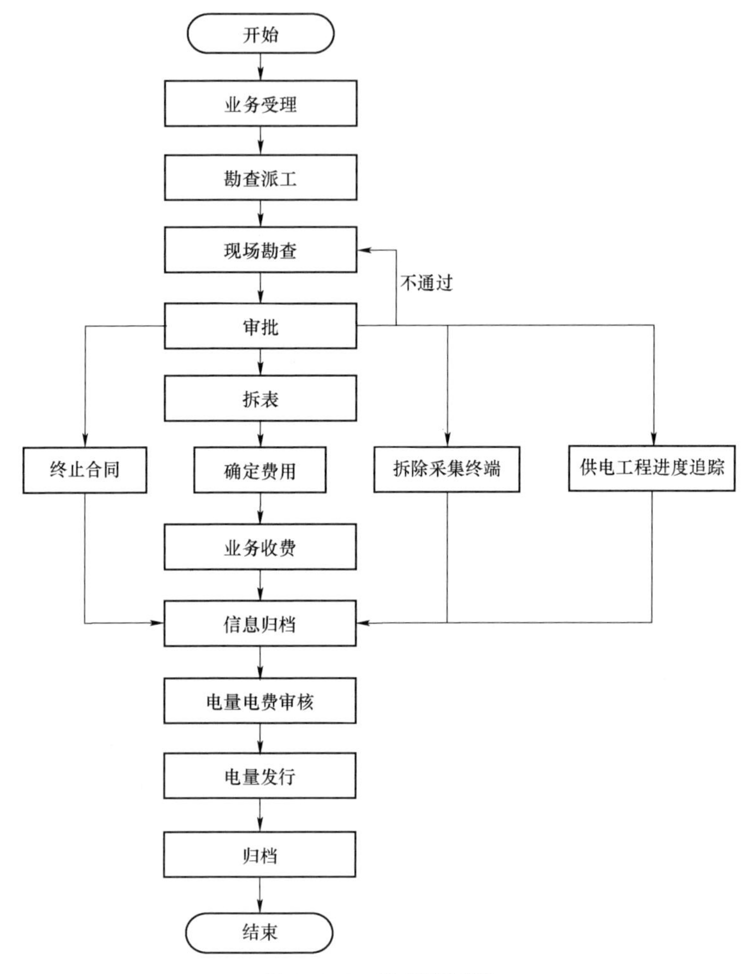

图 2-1-6 销户流程图

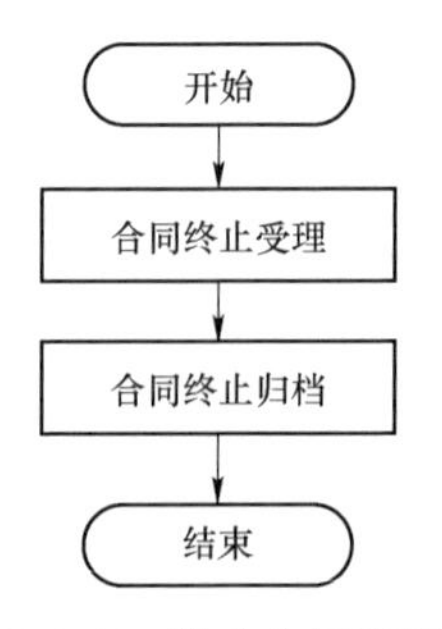

图 2-1-7 终止合同流程图

【思考与练习】

1. 简述新装增容业务流程。
2. 简述变更用电业务流程。
3. 简述减容业务流程。

模块 2　系统综合查询（Z32E2002Ⅱ）

【模块描述】本模块介绍电力营销管理信息系统中各种查询类菜单。通过操作流程及步骤讲解，掌握各种查询操作技能。本模块还重点介绍了电力需求侧管理平台的系统功能，通过功能介绍和讲解，使节能服务工作人员掌握电力需求侧管理平台的应用。

【模块内容】

一、电力营销管理信息系统

电力营销管理信息系统中有很多查询类功能模块，其中传票查询、客户统一视图，这两个查询功能主要涵盖了查询各项类别。例如：流程实例查询→传票查询、活动实例查询→传票查询、业扩传票查询条件→传票查询、电费传票查询条件→传票查询；常规条件查询选择→客户统一视图、专业查询条件选择→客户统一视图。由于篇幅有限，仅以江苏省电力公司流程实例查询→传票查询、业扩传票查询条件→传票查询、常规条件查询选择→客户统一视图为例，对其操作流程和操作方法摘要描述，详细以各网省公司营销管理信息系统实情为准。

1. 流程实例查询

（1）主要功能：流程实例查询，可以依据流程的名称、流程的状态、流程的开始时间和结束时间对系统内的流程进行查询。

（2）菜单位置：客户档案管理—传票查询，如图 2-2-1 所示。

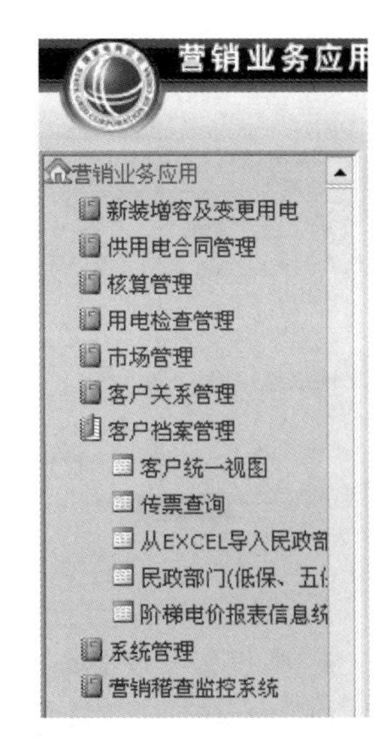

图 2-2-1　菜单位置

（3）操作介绍：操作员单击“客户档案管理”的“传票查询”选项单击“更多查询条件”（图 2-2-2）。在各个查询条件中填入需要的条件，单击“查询”按钮，在下边的查询列表中将会显示符合条件的工作单，选中想要查询的工作单，单击下方的按钮查看与其对应的流程信息。

图 2–2–2　操作介绍

2. 业扩传票查询

（1）主要功能：业扩传票查询，可以对营销系统内的流程按照需要组合条件进行多项查询。

（2）菜单位置：客户档案管理—传票查询，如图 2–2–1 所示。

（3）操作介绍：操作员单击“客户档案管理”的“传票查询”选项单击“更多查询条件”，在单击“业扩传票查询条件”（图 2–2–3）。在各个查询条件中选择需要的条件组合，单击“查询”按钮，在下边的查询列表中将会显示符合条件的工作单，选中想要查询的工作单，单击下方的按钮查看与其对应的流程信息。

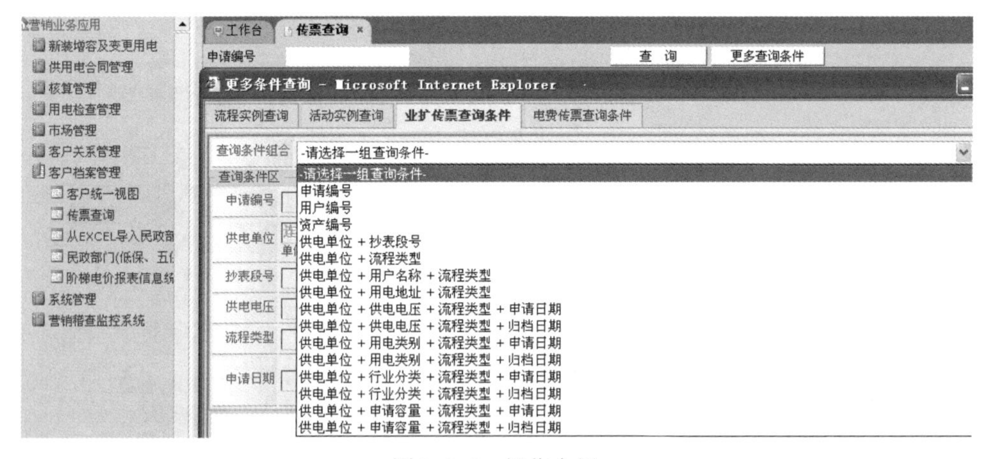

图 2–2–3　操作介绍

3. 常规条件查询选择

（1）主要功能：对客户档案信息资料的查询。

（2）菜单位置：客户档案管理—客户统一视图，如图 2–2–4 所示。

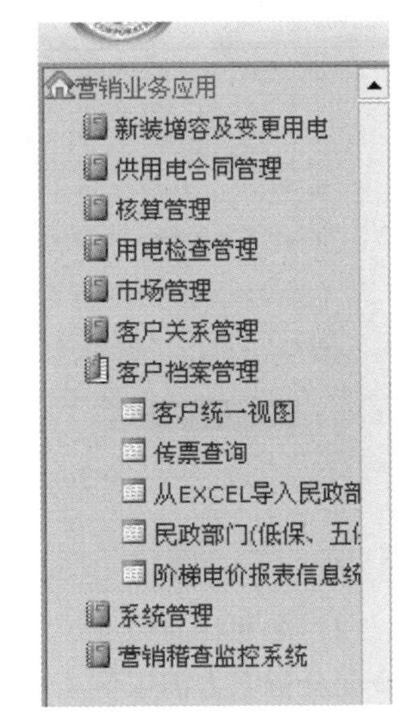

图 2-2-4　菜单位置

（3）操作介绍：操作员单击“客户档案管理”的“客户统一视图”选项，点击“更多”后进入“常规查询条件选择”，如图 2–2–5 所示。

在各个查询条件中填入需要的条件，单击“查询”按钮，在下边的到期列表中将会显示符合条件的信息（图 2–2–6）。

输入用户编号，单击“电量账务信息”—“电量电费”将会显示近期电量电费情况，如图 2–2–7 所示。

单击“电量账务信息”—“抄表台账”将会显示近期抄表情况。

二、电力需求侧管理平台

1. 电力需求侧管理平台目标

（1）面向公众：通过公共网络向大众传播需求侧管理基础知识、典型案例、有序用电方案、国家政策法规等，起到宣传、引导、鼓励全社会共同节约资源和保护环境的目的。

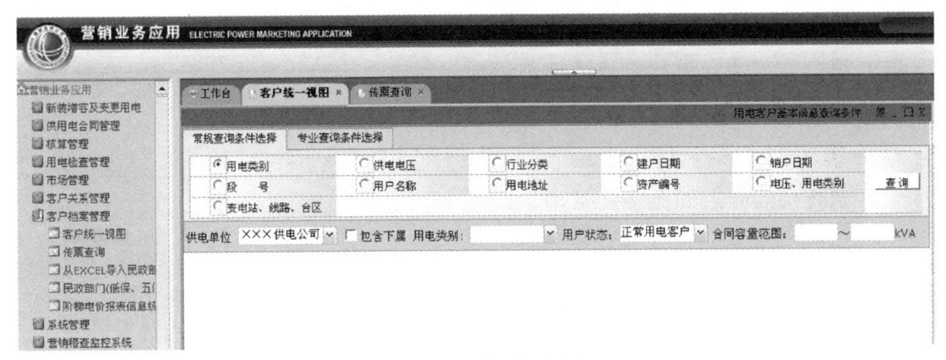

图 2–2–5　操作介绍

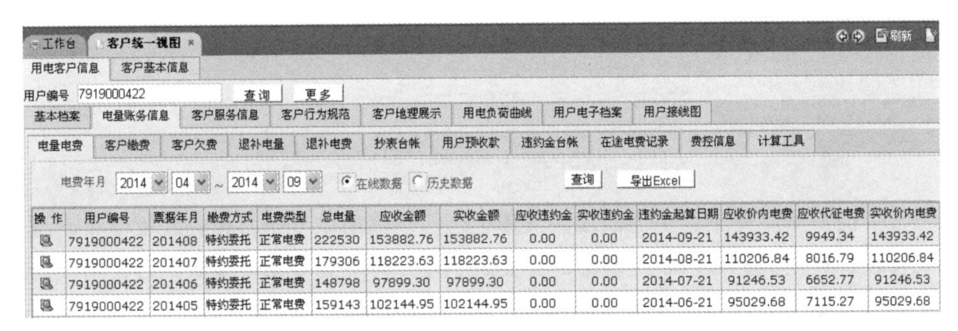

操 作	用户编号	票据年月	缴费方式	电费类型	总电量	应收金额	实收金额	应收违约金	实收违约金	违约金起算日期	应收价内电费	应收代征电费	实收价内电费
	7919000422	201408	特约委托	正常电费	222530	153882.76	153882.76	0.00	0.00	2014-09-21	143933.42	9949.34	143933.42
	7919000422	201407	特约委托	正常电费	179306	118223.63	118223.63	0.00	0.00	2014-08-21	110206.84	8016.79	110206.84
	7919000422	201406	特约委托	正常电费	148798	97899.30	97899.30	0.00	0.00	2014-07-21	91246.53	6652.77	91246.53
	7919000422	201405	特约委托	正常电费	159143	102144.95	102144.95	0.00	0.00	2014-06-21	95029.68	7115.27	95029.68

图 2–2–6　电量电费信息查询

资产编号	表类别	表类型	示数类型	综合倍率	抄见位数	装表日期	拆表日期	计量点名称
J102495081	多功能表	电子式-多功能	反无功峰	80	5.3	2010-08-25		计量点 1
J102495081	多功能表	电子式-多功能	正有功总	80	5.3	2010-08-25		计量点 1
J102495081	多功能表	电子式-多功能	正有功平	80	5.3	2010-08-25		计量点 1
J102495081	多功能表	电子式-多功能	正有功尖峰	80	5.3	2010-08-25		计量点 1
J102495081	多功能表	电子式-多功能	正有功谷	80	5.3	2010-08-25		计量点 1
J102495081	多功能表	电子式-多功能	正有功峰	80	5.3	2010-08-25		计量点 1
J102495081	多功能表	电子式-多功能	正无功总	80	5.3	2010-08-25		计量点 1

示数类型	上次示数	本次抄见示数	本次抄见电量	本次抄表日期	抄表状态	计算日期	抄表异常类别	实际抄表方式	抄表方式	抄表员	计量
正有功总	1039.3	1066.38	2166	2014-08-25 00:10:00	已计算	2014-09-01	无异常	负控终端	负控终端	王暑	计量
正有功总	1015.66	1039.3	1891	2014-07-25 00:10:00	已计算	2014-07-28	无异常	负控终端	负控终端	王暑	计量
正有功总	993.68	1015.66	1758	2014-06-25 00:10:00	已计算	2014-06-25	无异常	负控终端	负控终端	王暑	计量

图 2–2–7 抄表台账信息查询

（2）面向政府：完成经济分析、有序用电、需求侧管理示范项监管等功能，为政府全面分析电力需求侧工作，开展经济分析、政策调整提供决策依据。

（3）面向企业电能服务：引导、鼓励用电企业接入平台，为企业分析不同设备用电情况及合理用电提供技术支撑。

（4）面向电能服务商：为电能服务商创造流畅的电能服务渠道，形成与用能企业间信息沟通、传递的桥梁。

（5）第三方评测：进行项目改造前后数据对比，为分析需求侧管理实施效果提供数据支撑。

2. 系统功能

（1）系统功能导航如图 2–2–8 所示。

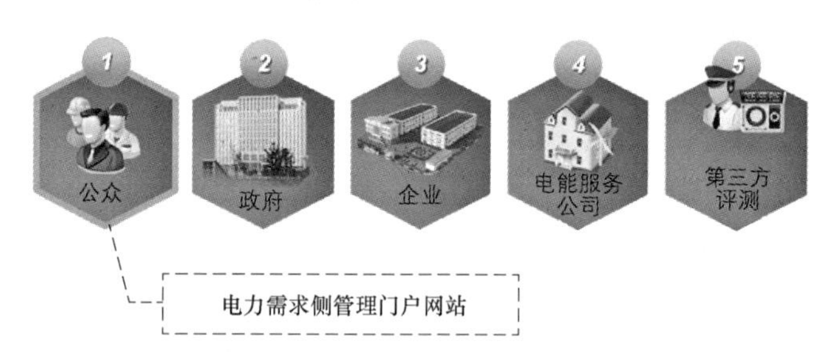

图 2–2–8 系统功能导航

（2）门户网站介绍。电力需求侧管理平台门户网站主要包含相关政策发布、基础知识普及、典型案例分析、电能服务企业展示、业务专家咨询等模块，旨在向公众公示电力需求侧相关政策法规、宣传节电技术，为注册用户提供个性化、专业化的指导和建议。

电力需求侧管理平台门户网站提供进入管理平台入口，并根据不同类型用户提供针对性的业务应用视图。电力需求侧管理平台划分为政府版、企业版、电能服务商版、第三方评测版。

（3）电力需求侧管理平台——政府版如图 2–2–9 所示。

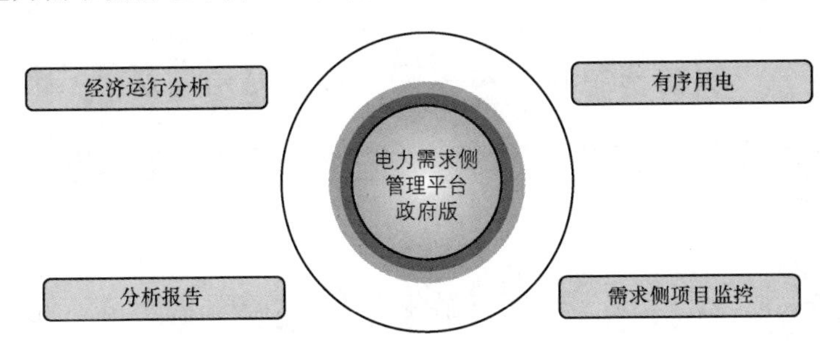

图 2–2–9　电力需求侧管理平台——政府版

1）经济运行分析。

① 全网用电负荷情况：全网用电负荷监测直观展示出了全网当日及上一日的实时用电负荷情况，并能够对各区县的用电情况进行实时监测与分析，如图 2–2–10 所示。

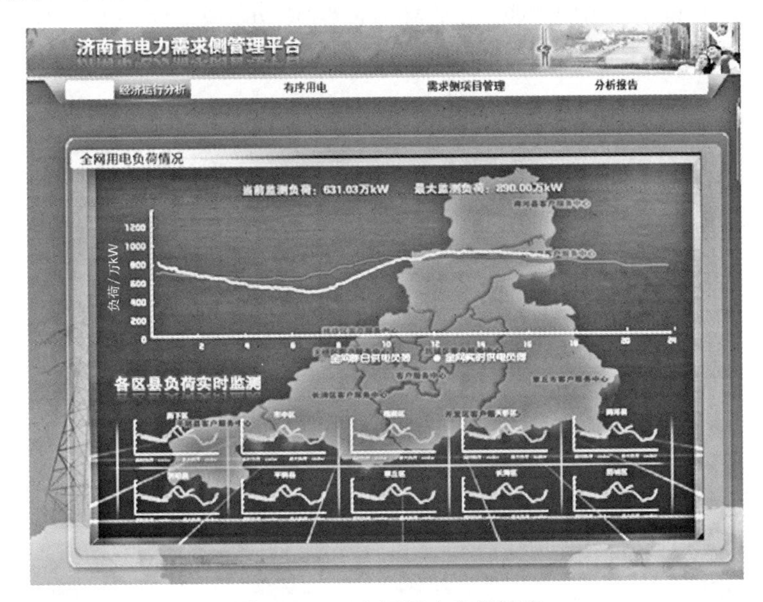

图 2–2–10　全网用电负荷情况

② 全社会用电分析：主要实现对全社会用电量及同比增长率的趋势分析，在此基础之上，还能够分地区、分时段（利用企业样本）对用电量进行对比分析，如图 2–2–11 所示。

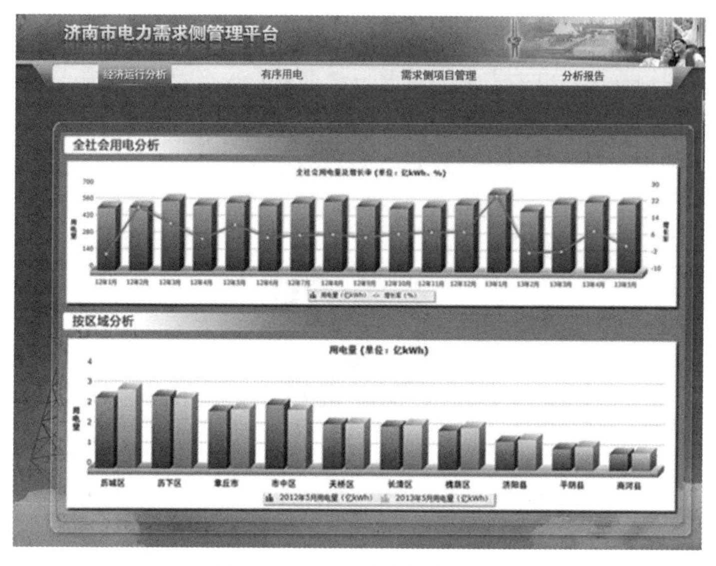

图 2–2–11 全社会用电分析

③ 产业行业用电分析：对不同产业、行业的用电情况进行分析，既能够分析不同产业用电量占比情况、不同产业用电户数分布情况，也能够针对具体行业，进行电量对比分析，如图 2–2–12 所示。

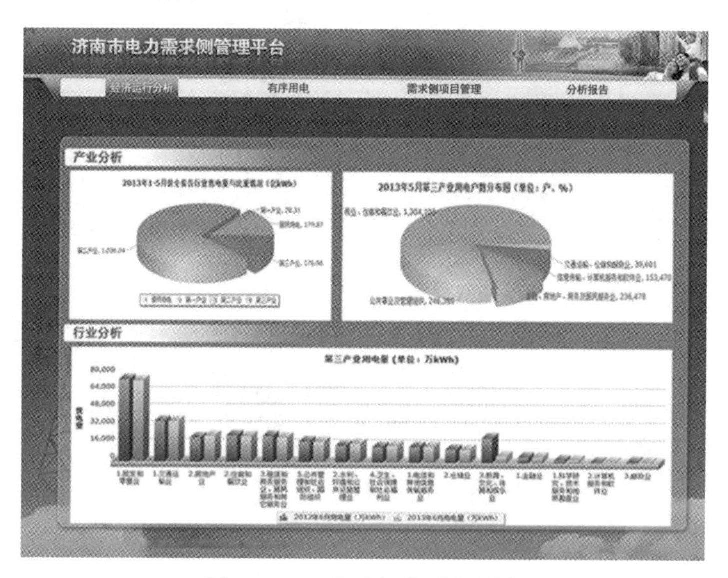

图 2–2–12 产业行业用电分析

④ 重点企业用电分析：对部分重点企业进行分析，主要包括重点企业排名分析、

波动原因占比分析以及具体企业的用电情况分析等，如图 2–2–13 所示。

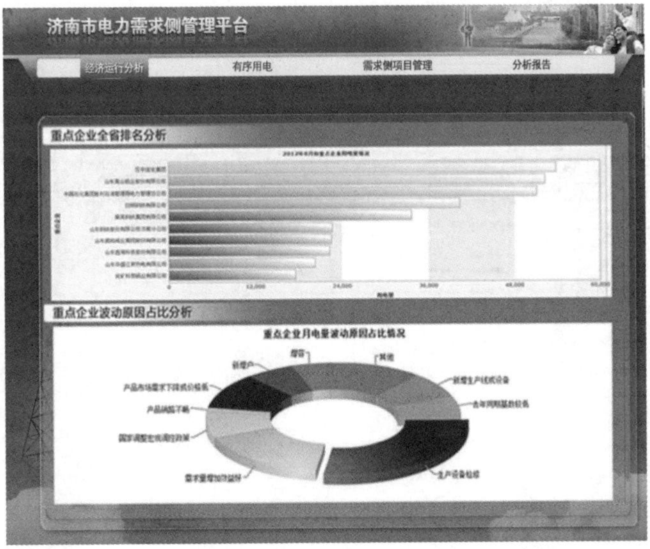

图 2–2–13　重点企业用电分析

⑤ 负荷特性分析：主要是从负荷率、峰谷差、最大负荷、最小负荷、平均负荷等角度对地区、行业的用电负荷情况进行分析，对于使用电负荷平均化，提升综合资源规划提供决策依据，如图 2–2–14 所示。

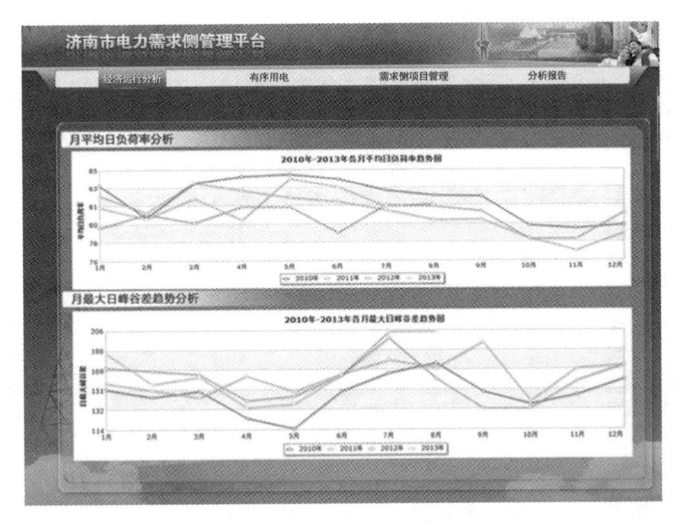

图 2–2–14　负荷特性分析

2）有序用电。

① 有序用电管理流程：展示了有序用电的工作流程及不同部门的协调分工制度，如图 2–2–15 所示。

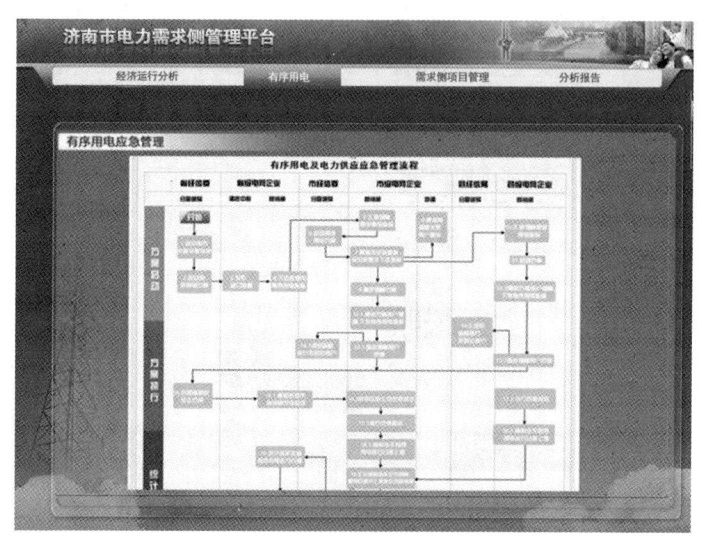

图 2–2–15 有序用电管理流程

② 有序用电指标管理：对有序用电指标按区县进行分解，并对指标完成情况实施监测、考核，如图 2–2–16 所示。

图 2–2–16 有序用电指标管理

③ 方案效果分析：展示出了某一地市参与有序用电的用户及限电指标完成情况，并可以具体展示出某一户内部负荷控制执行效果，如图 2–2–17 所示。

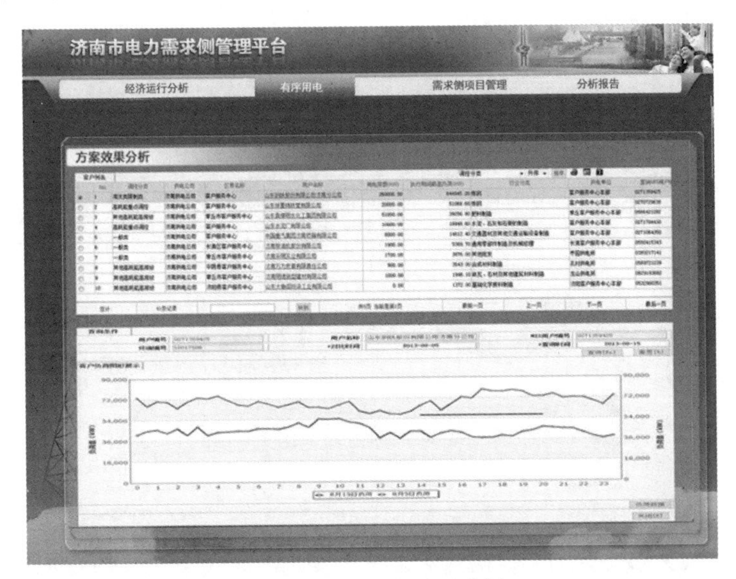

图 2–2–17　方案效果分析

④ 保电用户典型负荷分析：有序用电期间，对重点用户电力供应保障情况与正常用电期间的负荷进行对比，确保重点用户电力可靠供应，如图 2–2–18 所示。

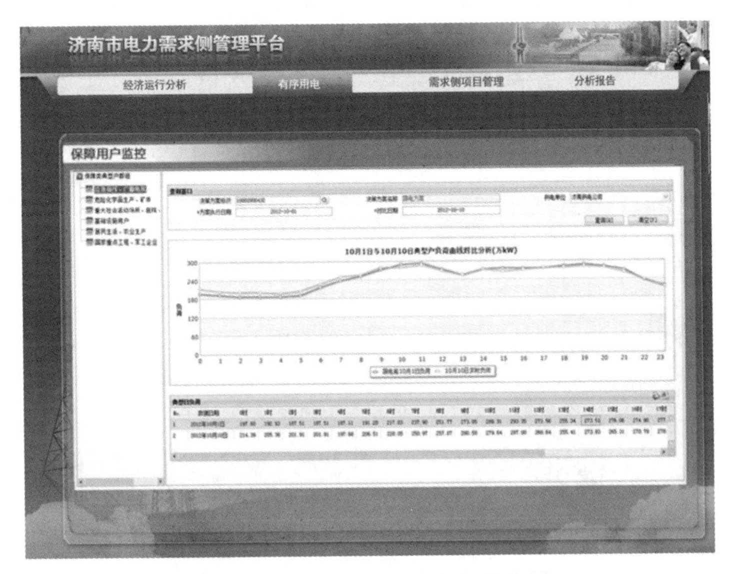

图 2–2–18　保电用户典型负荷分析

3）需求侧项目

① 需求侧项目管理：对不同类型的项目开展情况进行汇总统计，可按行业、地市等角度分别分析，如图 2–2–19 所示。

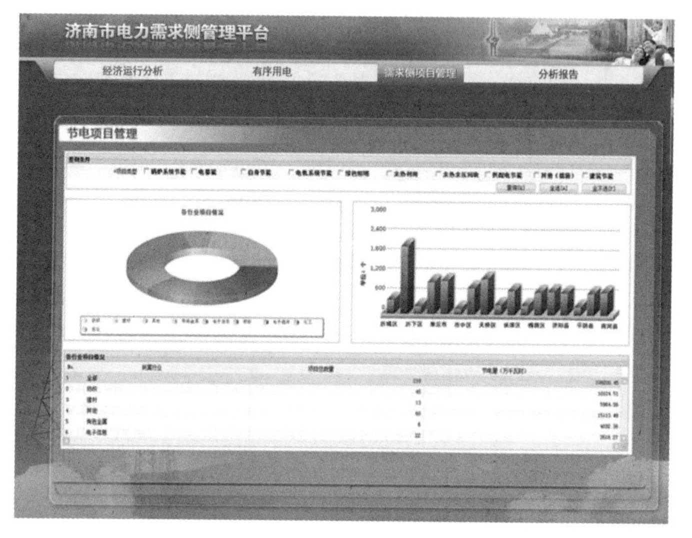

图 2–2–19　需求侧项目管理

② 效果评估及展示：通过对项目实施需求侧管理前后的用电量、负荷曲线等内容进行展示，实现对整体效果评估及对指标完成情况的跟踪，如图 2–2–20 所示。

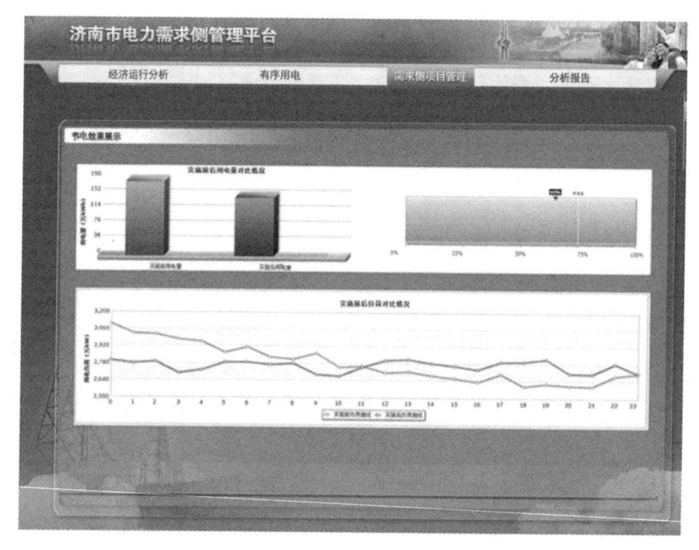

图 2–2–20　效果评估及展示

4）分析报告。

可根据业务需求，自动生成各种类型及统计口径的分析报告，如图 2–2–21 所示。

图 2–2–21　分析报告

（4）企业。

1）企业用电整体分析。监测主要用电设备用电情况，包括负荷曲线、电能示值曲线、电能质量等，为企业实现管理需求侧管理、制定考核指标提供依据，并进行节约和转移负荷的潜力分析，如图 2–2–22 所示。

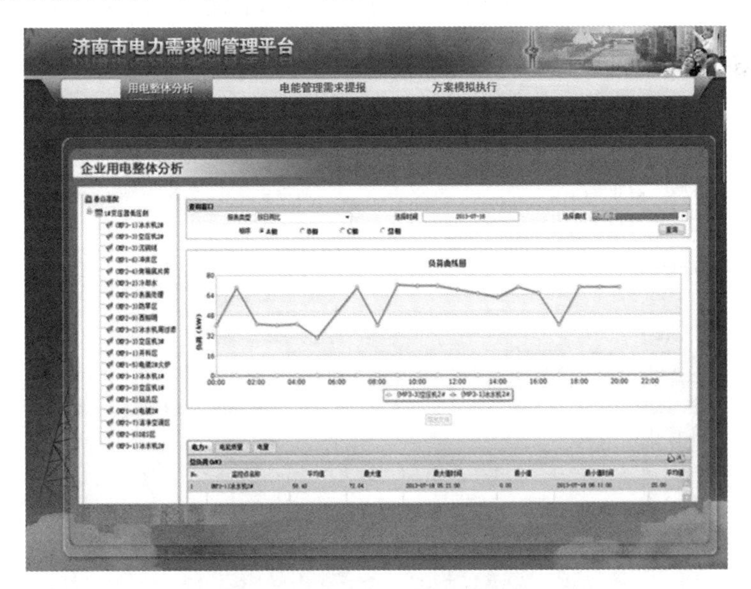

图 2–2–22　企业用电整体分析

2）电能管理需求提报。企业在平台登记自身基本情况及重要设备信息，并可以向电能服务商发送相关信息，电能服务商获取企业信息后，为企业提供电能管理方案，如图 2–2–23 所示。

图 2–2–23 电能管理需求提报

3）需求响应。协助企业对自身负荷开展分类分级管理，根据自身生产情况调配不同等级负荷，为开展电力需求响应工作提供数据依据，如图 2–2–24 所示。

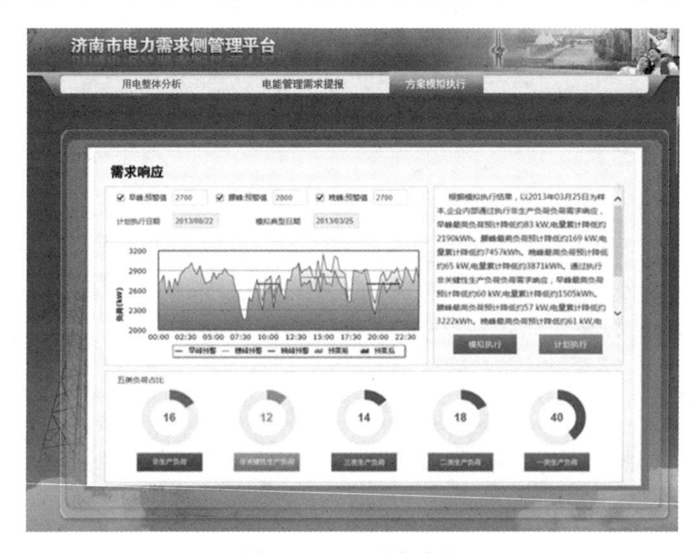

图 2–2–24 需求响应

（5）电能服务公司

1）电能管理诊断及服务。为电能服务商提供硬件、软件平台租赁服务，根据企业重点工艺、用电设备的用电情况，进行诊断分析，并提出优化改进方案，如图 2–2–25 所示。

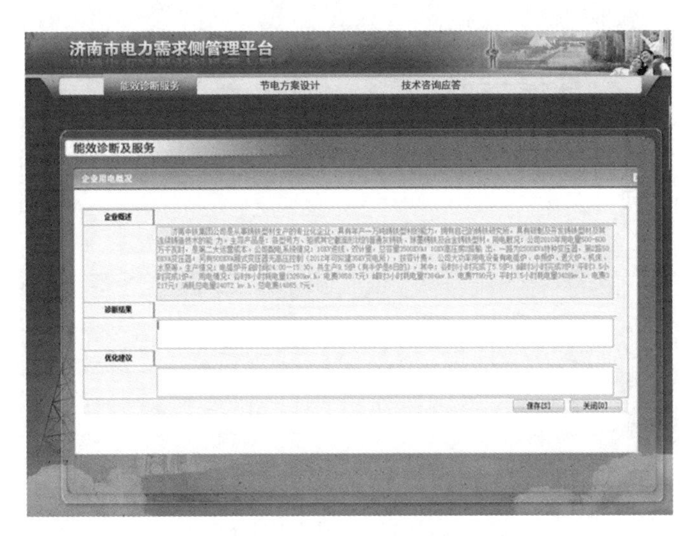

图 2–2–25　电能管理诊断及服务

2）方案设计。根据初步诊断结果，分析客户详细能效数据，为客户进行需求侧管理方案设计并上传；对用户提出的技术咨询服务进行应答，如图 2–2–26 所示。

图 2–2–26　方案设计

（6）第三方评测。

1）负荷对比分析。根据负荷曲线的变化，分析实施需求侧管理项目后企业的用电负荷的变化情况，分析负荷转移效果，如图 2–2–27 所示。

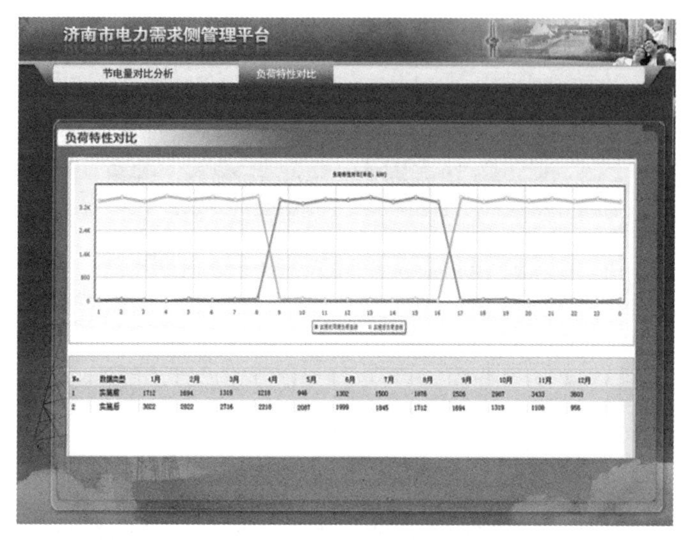

图 2–2–27 负荷对比分析

2）节约和转移负荷、电量分析。通过对需求侧项目实施前后用电量的监控分析，实现需求侧管理在线监测、评估，如图 2–2–28 所示。

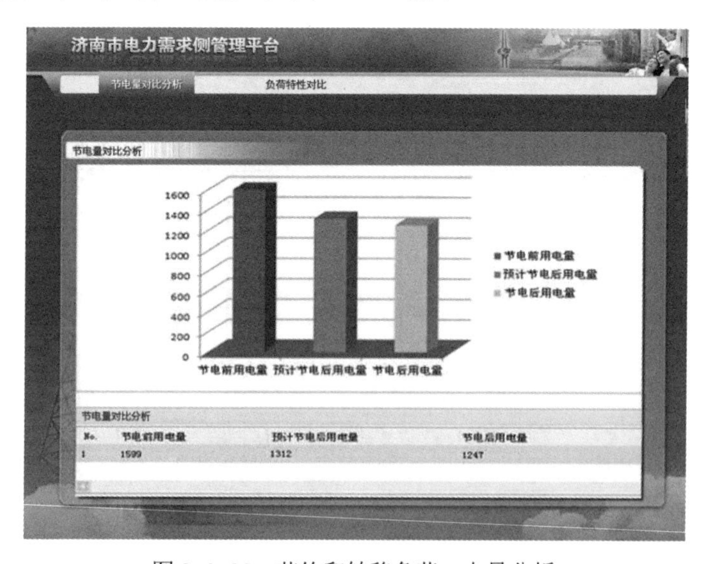

图 2–2–28 节约和转移负荷、电量分析

【思考与练习】

1. 对于客户服务工作人员，在营销系统中应了解哪些信息？
2. 模拟业扩传票的查询。
3. 模拟客户统一视图的查询。
4. 电力需求侧管理平台有哪几方面内容？

第三章

无　功　补　偿

模块 1　电力用户功率因数要求（Z32E3001Ⅱ）

【模块描述】本模块包含功率因数的基本概念、功率因数对供配电系统的影响、功率因数调整电费管理办法等内容。通过概念描述、术语说明、公式介绍、条文解释、要点归纳，使节能服务工作人员熟悉对电力用户功率因数的要求。

【模块内容】

一、功率因数的基本概念

在交流电路中，电压与电流之间的相位差（φ）的余弦叫作功率因数，用 $\cos\varphi$ 表示，在数值上，功率因数是有功功率和视在功率的比值，即 $\cos\varphi = P/S$。

功率因数的大小与电路的负荷性质有关，是电力系统的一个重要的技术数据，也是衡量电气设备效率高低的一个重要参数。

一台用电设备（如电动机），其铭牌上标出的功率因数是指额定负载下的功率因数值。用电负荷的功率因数是随着负荷性质的变化及电压的波动而变动的。

1. 瞬时功率因数

瞬时功率因数的数值可由功率因数表（又叫相位表）随时直接读出，或者根据电流表、电压表及有功功率表在同一个时间的读数 I、U、P 代入下式求得

$$\cos\varphi = \frac{P}{\sqrt{3}UI} \tag{3-1-1}$$

观察瞬时功率因数的变化情况可借以分析及判断企业或者车间在生产过程中无功功率的变化规律，以便采取相应的补偿措施。

2. 月平均功率因数

根据有功电能表和无功电能表记载每月用电量，可计算月平均功率因数，即

$$\cos\varphi = \frac{W_a}{\sqrt{W_a^2 + W_r^2}} \tag{3-1-2}$$

式中　W_a、W_r——有功电能表和无功电能表的月积累值，单位分别为 kW 和 kvar。

如果企业尚未投产，企业的平均功率累数可通过计算负荷求得，即

$$\cos\varphi=\frac{\alpha P_{ca}}{\sqrt{(\alpha P_{ca})^2+(\beta Q_{ca})^2}}=\frac{1}{\sqrt{1+\left(\frac{\beta Q_{ca}}{\alpha P_{ca}}\right)^2}} \tag{3-1-3}$$

式中　α、β——有功与无功月平均负荷系数，通常取 $\alpha=0.7\sim0.8$，$\beta=0.76\sim0.82$；

P_{ca}、Q_{ca}——有功与无功计算负荷。

月平均功率因数是电力部门每月征收电费时，作为功率因数调整电费的依据。

3. 自然功率因数

凡未装设任何补偿装置时的功率因数称为自然功率因数。自然功率因数分为瞬时功率因数和月平均功率因数两种。

4. 总功率因数

企业装设人工补偿装置后，车间或企业月平均总功率因数同样分为瞬时功率因数和月平均功率两种。

当装设补偿装置后，车间或企业月平均总功率因数可由下式求得

$$\cos\varphi=\frac{W_a}{\sqrt{W_a^2+(W_r-W_c)^2}}=\frac{1}{\sqrt{1+\left(\frac{W_r-W_c}{W_a}\right)^2}} \tag{3-1-4}$$

或

$$\cos\varphi=\frac{1}{\sqrt{1+\left(\frac{\beta Q_{ca}-Q_c}{\alpha P_{ca}}\right)^2}} \tag{3-1-5}$$

式中　W_c——补偿装置所补偿的无功电能，kvar • h；

Q_c——补偿装置所补偿的无功电能，kvar。

二、功率因数对供配电系统的影响

在供电系统中，绝大多数电气设备如变压器、电动机、感应电炉等均属于感性负荷。这些电气设备在运行中不仅消耗有功功率 P，而且还消耗相当数量的无功功率 Q。如果无功功率过大，会使供电系统的功率因数过低，从而给电力系统带来下列不良影响：

（1）增大线路和变压器的功率和电能损耗。如果功率因数小，在有功功率 P 一定时，则线路（或变压器）的功率损耗和电能损耗也随之增大。

（2）使网络中的电压损失增大，造成供电质量降低。在 P 一定时，无功功率增大（即功率因数降低），必然引起电网电压损失随之增加，供电电压质量下降。

（3）使供电设备的供电能力降低。供电设备的供电能力（容量）是一定的，由于有功功率 $P=S\cos\varphi$，功率因数越低，一定容量的供电设备所能提供给的有功功率就越小，于是使供电设备的供电能力有所降低。

从上面的分析得知，电感设备耗用的无功功率越大，功率因数就越低，引起的后果也越严重。不论是从节约的电能、提高供电质量，还是从提高供电设备的供电能力出发，都必须采取补偿无功功率的措施来改善功率因数。

GB/T 3485—1998《评价企业合理用电技术导则》规定：企业应在提高自然功率因数的基础上，合理装置无功补偿设备，企业的功率因数应达到0.9以上。

根据《供电营业规则》，电力用户功率因数要求为：无功电力应就地平衡。用户应在提高用电自然功率因数的基础上，按有关标准设计和安装无功补偿设备，并做到随其负荷和电压变动及时投入或切除，防止无功电力倒送。除电网有特殊要求的用户外，用户在当地供电企业规定的电网高峰负荷时的功率因数，应达到下列规定：

1）100kVA及以上高压供电的用户功率因数为0.90以上。

2）其他电力用户和大、中型电力排灌站、趸购转售电企业，功率因数为0.85以上。

3）农业用电，功率因数为0.80以上。

凡功率因数不能达到上述规定的新用户，供电企业可拒绝接电。对已送电的用户，供电企业应督促和帮助用户采取措施，提高功率因数。对在规定期限内仍未采取措施达到上述要求的用户，供电企业可中止或限制供电。功率因数调整电费办法按国家规定执行。

【思考与练习】

1. 什么是功率因数？
2. 功率因数过低对供电系统有何影响？
3. 根据《供电营业规则》，电力用户功率因数要求内容是什么？
4. 名词解释：

（1）瞬时功率因数；（2）月平均功率因数；（3）自然功率因数；（4）总功率因数。

模块2 提高功率因数方法（Z32E3002Ⅱ）

【模块描述】本模块包含提高功率因数的意义、低压网无功补偿的一般方法等内容。通过概念描述、术语说明、公式介绍、计算举例，使节能服务工作人员掌握提高功率因数的方法。

【模块内容】

一、功率因数对供配电系统的影响

在供电系统中，由于绝大多数的用电设备均属于感性负荷，这些用电设备在运行时除了从供电系统取用有功功率外，还取用相当数量的无功功率。有些生产设备（轧钢机、电弧炉等）在生产过程中还经常出现无功冲击负荷，这种冲击负荷比正常取用的无功功率可能增大5～6倍。从电路理论知道，无功功率的增大使供电系统的功率因数降低。功率因数降低给供电系统带来下述不良影响。

1. 增大功率损耗

以一回线路为例，设该线路每相导线的电阻 R，线电流为 I，则该线路的功率损耗为

$$\Delta P = 3I^2R\times10^{-3} = \left(\frac{P^2}{U_N^2}+\frac{Q^2}{U_N^2}\right)R\times10^{-3} \tag{3-2-1}$$

损耗中的后一项表示由于输送无功功率而引起的无功损耗。当企业需用的有功功率 P 一定时，无功功率 Q 越大，则网络中的功率损耗就越大。如果按需用有功功率 P 一定，将耗损计算公式换写为

$$\Delta P = 3I^2R\times10^{-3} = \frac{P^2R\times10^{-3}}{U_N^2\cos^2\varphi} \tag{3-2-2}$$

由式（3–2–2）可以看出，当线路的额定电压和输送的有功功率 P 均为定值时，则线路的有功损耗与功率因数的二次方成反比，功率因数越低，线路功率损耗越大。

2. 增大电压损失

由供电线路的电压损失基本计算公式可以看出

$$\Delta U = \frac{PR+QX}{U_N} \tag{3-2-3}$$

当功率因数越低时，说明通过线路的无功功率 Q 越大，则线路电压损耗将越大，从而使用设备的电压偏移增大，供电质量下降。

3. 降低供电设备的供电能力，提高电能成本

供电设备的供电能力（容量）是以视在功率 S 来表示的，由 $S^2=\sqrt{P^2+Q^2}$ 可知，由于无功功率 Q 增大，功率因数降低，使同样容量的供电设备所能供给的有功功率 P 减少，没有发挥应有的供电潜力，从而降低了供电能力。

二、低压网提高功率因数的一般方法

功率因数也是电力系统的一项重要技术经济指标。为了奖励企业提高功率因数，在按两部电价制收费时，规定了依照企业功率因数的高低而调整所收电费额定的附加奖惩制度。按照这个制度，对月平均功率因数高于规定值的企业，相应减收部分电费；而当功率因数低于规定值时，则增收部分电费。在《供电营业制度》中明确规定，功率因数低于0.7时，可不予以供电，采取这些办法的目的是引起企业对改善功率因数、

节约电能的重视。

提高功率因数的办法通常是采用无功补偿设备，补偿设备的性质和补偿容量的大小决定于电力负荷的性质及大小，以及补偿前、后电力负荷的功率因数值。下面给出确定补偿容量的一般方法：

（1）按照功率因数确定补偿容量。

（2）按照降低线损量确定补偿容量。

（3）按照提高运行电压值来确定补偿容量。

【思考与练习】

1. 提高功率因数的意义是什么？

2. 无功补偿的方法有哪些？

3. 无功补偿的原理是什么？

第四章

营 业 业 务

模块1 用户计算负荷确定（Z32E4001Ⅱ）

【模块描述】本模块包含计算负荷的概念及需用系数法、二项式系数法、单耗法、单位面积耗电量法等计算方法。通过概念描述、术语说明、公式解析、计算举例，使节能服务工作人员掌握确定用户计算负荷的方法。

【模块内容】

一、计算负荷的概念

计算负荷是按发热条件选择电气设备的一个假定的持续负荷，计算负荷产生的热效应和实际变动负荷产生的最大热效应相等。所以根据计算负荷选择导体及电器时，在实际运行中，导体及电器的最高温升不会超过允许值。

计算负荷是确定供电系统、选择变压器容量、电气设备、导线截面和仪表量程的依据，也是整定继电保护的重要依据。计算负荷确定得是否合理，直接影响到电器和导线的选择是否经济合理。如果计算负荷确定过大，将使电器和导线截面选择过大，造成投资和有色金属的浪费；如果计算负荷确定过小，将使电器和导线运行时增加电能损耗，并产生过热，引起绝缘过早老化，甚至烧坏，以致发生事故，同样给国家造成损失。为此，正确进行负荷计算与预测是供电设计的前提，也是实现供电系统安全、经济运行的必要手段。

负荷计算的基本方法见表4–1–1。

表4–1–1　负荷计算的基本方法

序号	计算方式	适用范围
1	需用系数法	用电设备台数较多、各台设备容量相差不太悬殊时，特别在乡镇的计算负荷时采用
2	二项式系统法	用电设备台数较少、各台设备容量相差悬殊时，特别在干线和分支线的计算负荷时采用
3	单位产品耗电量法	乡镇的初步的设计中估算负荷时采用

续表

序号	计算方式	适用范围
4	单位面积耗电量法	建筑的初步设计中估算照明负荷时采用
5	典型调查及实测法	有特别使用要求的用户采用

二、需用系数法

1. 单组用电设备的负荷计算

单组用电设备的负荷计算时，需用系数法是将设备的额定容量加起来，再乘以需用系数就得出计算负荷，计算方法如下：

（1）计算有功：

$$P_{js}=K_x\sum P_n=K_tK_f\sum P_n(\mathrm{kW}) \tag{4-1-1}$$

式中 K_x——需用系数，见表 4–1–2；

K_f——负荷系数；

K_t——同时系数；

$\sum P_n$——所有负荷的总和，kW。

（2）计算无功：

$$Q_{js}=P_{js}\tan\varphi\ (\mathrm{kvar}) \tag{4-1-2}$$

（3）计算容量：

$$S_{js}=\sqrt{P_{js}^2+Q_{js}^2}\ (\mathrm{kVA}) \tag{4-1-3}$$

（4）计算电流：

$$J_{js}=\frac{S_{js}}{\sqrt{3U}}\ (\mathrm{A}) \tag{4-1-4}$$

表 4–1–2 用电负荷及部分乡镇企业的需用系数和功率因数

序号	用电设备名称	需用系数 K_x	功率因数 $\cos\varphi$	序号	用电设备名称	需用系数 K_x	功率因数 $\cos\varphi$
1	机械加工	0.2～0.25	0.6	9	粮库	0.25～0.4	0.85
2	木器加工	0.25	0.65	10	工厂及办公室	0.81～1.0	1.0
3	机修厂	0.2～0.25	0.6	11	生活区照明	0.6～0.8	1.0
4	电镀厂	0.4～0.6	0.85	12	街道照明	1	1.0
5	变压器厂	0.3～0.4	0.65	13	电气开关厂	0.35	0.75
6	开关厂	0.25～0.3	0.7	14	电机厂	0.33	0.65
7	煤气站	0.5～0.7	0.65	15	电线厂	0.35	0.73
8	水厂	0.5～0.65	0.8	16	煤矿机械厂	0.32	0.71

【例 4–1–1】有一机械加工厂，其用电设备均为接于 380V 线路上的三相交流电动机，功率为 5kW 的 6 台，4.5kW 的 8 台，2.8kW 的 15 台，求此线路的总负荷。

解：通过查表取需用系数 $K_x=0.25$，$\cos\varphi=0.6$，$\tan\varphi=1.33$，则

$$\sum P_n=5\times6+4.5\times8+2.8\times15=108\text{（kW）}$$

$$P_{js}=0.25\times108=27\text{（kW）}$$

$$Q_{js}=27\times1.33=36\text{（kvar）}$$

$$S_{js}=\sqrt{27^2+36^2}=45\text{（kVA）}$$

2. 多组用电设备的负荷计算

用需用系数法计算是将设备的多组用电设备的计算负荷加起来，再乘以综合需用系数就得出计算负荷，计算方法如下：

（1）计算有功：

$$P_{js}=K_{\Sigma P}\sum P_{jsi}\text{（kW）} \tag{4–1–5}$$

（2）计算无功：

$$Q_{js}=K_{\Sigma Q}\sum Q_{jsi}\text{（kvar）} \tag{4–1–6}$$

（3）计算容量：

$$S_{js}=\sqrt{P_{js}^2+Q_{js}^2}\text{（kVA）} \tag{4–1–7}$$

式中 $K_{\Sigma P}$——有功综合需用系数，见表 4–1–3；

$K_{\Sigma Q}$——无功综合需用系数，见表 4–1–3。

表 4–1–3 有功（无功）综合需用系数选择表

确定车间变电所低压母线的负荷时	有功（无功）综合需用系数	确定配电所母线的负荷时	有功（无功）综合需用系数
冷加工车间	0.7～0.8	计算负荷小于 5000kW	0.9～1.0
热加工车间	0.7～0.9	计算负荷为 5000～10 000kW	0.85
动力站	0.8～1.0	计算负荷大于 10 000kW	0.8

【例 4–1–2】某村负荷情况如下，试计算其计算负荷。

（1）××村企业：

动力：300kW，需用系数 0.32，$\cos\varphi=0.7$。照明：7kW，需用系数 0.9，$\cos\varphi=1.0$。

（2）××村工厂：

动力：180kW，需用系数 0.25，$\cos\varphi=0.65$。照明：5kW，需用系数 0.85，$\cos\varphi=1.0$。

（3）××宿舍：

照明：260kW，需用系数 0.7，$\cos\varphi=1.0$。以上合计 752kW。

解：（1）××村企业：

$$P_{js1}=0.32\times300+7\times0.9=102.3\text{（kW）}$$

$$Q_{js1}=0.32\times300\tan\varphi+7\times0.9\tan\varphi=97.9\text{（kvar）}$$

$$S_{js1}=\sqrt{P_{js}^2+Q_{js}^2}=\sqrt{102.3^2+97.9^2}=141.6\text{（kVA）}$$

$$I_{js1}=\frac{S_{js1}}{\sqrt{3}U}=\frac{141.6}{\sqrt{3}\times0.38}=215\text{（A）}$$

（2）××村工厂：

$$P_{js2}=0.25\times180+5\times0.85=49.3\text{（kW）}$$

$$Q_{js2}=0.25\times180\tan\varphi+5\times0.85\tan\varphi=52.7\text{（kvar）}$$

$$S_{js2}=\sqrt{P_{js}^2+Q_{js}^2}=\sqrt{49.3^2+52.7^2}=72.2\text{（kVA）}$$

$$I_{js2}=\frac{S_{js2}}{\sqrt{3}U}=\frac{72.2}{\sqrt{3}\times0.38}=109.7\text{（A）}$$

（3）××村宿舍：

$$P_{js3}=0.7\times260=182\text{（kW）}$$

$$Q_{s3}=0\text{kvar}$$

$$S_{js3}=P_{js3}=182\text{kVA}$$

$$I_{js}=\frac{S_{js3}}{\sqrt{3}U}=\frac{182}{\sqrt{3}\times0.38}=277\text{（A）}$$

三、二项式系数法

二项式系数法是适用于容量差别大，需要考虑大容量设备的影响，如机床加工车间。将总容量和容量最大设备的容量之和分别乘以不同的系数后相加，得出计算负荷，即

$$P_{js}=c\sum P_{n\cdot\max}+b\sum P_n \qquad (4\text{–}1\text{–}8)$$

式中 $\sum P_n$——总容量；

$\sum P_{n\cdot\max}$——最大设备容量之和；

c、b——系数，见表 4–1–4。

表 4–1–4 二项式系数参考值

序号	用电设备名称	二项式系数		最大容量储备台数
		b	c	
1	小批生产的金属冷加工机床的电动机	0.14	0.40	5

续表

序号	用电设备名称	二项式系数		最大容量储备台数
		b	c	
2	大批生产的金属冷加工机床的电动机	0.14	0.50	5
3	小批生产的金属热加工机床的电动机	0.24	0.40	5
4	大批生产的金属热加工机床的电动机	0.26	0.50	5
5	通风机、水泵、空气压缩机及其电动发电机组	0.65	0.25	5
6	非连锁的连续运输机械及铸造工厂、整砂机械	0.40	0.40	5
7	连锁的连续运输机械及铸造工厂、整砂机械	0.60	0.20	5
8	锅炉房和机修、机加装配等企业的起重机	0.06	0.20	3
9	铸造车间起重机	0.09	0.30	3
10	自动连续装料的电阻炉设备	0.70	0.30	2
11	实验室用小型电热设备（电阻炉、干燥箱等）	0.70	0	—

四、单耗法

单耗法是以总产量乘以单位耗电量来求计算负荷的，单位耗电量根据统计调查而得，或按产品单位耗电量（表 4–1–5）乘以产品数量得总电量 W，再与该类负荷的最大负荷利用小时数 T_{max} 相除便得计算负荷 P_{js}

$$P_{js}=\frac{W}{T_{max}} \tag{4–1–9}$$

式中　T_{max} ——最大负荷利用小时数，可以查有关表格。

表 4–1–5　　部分产品单位耗电量

序号	产品名称	产品单位	产品单耗/（kW·h/产品单位）	序号	产品名称	产品单位	产品单耗/（kW·h/产品单位）
1	电动机	台	14	8	大米	t	25
2	变压器	台	2.50	9	玉米面	t	24.13
3	肥皂	t	16.60	10	红砖	万块	43.60
4	草报纸	t	174	11	水泥	t	82
5	水	t	0.28	12	水泥电杆	根	9.20
6	饼干	t	384	13	永泥瓦	万片	131
7	啤酒	t	92.10				

五、单位面积耗电量法

将单位建筑面积耗电量 P 乘以建筑面积 S 得计算负荷为

$$P_{js}=PS \tag{4-1-10}$$

式中 P——单位建筑面积耗电量，W/m^2，见表 4–1–6。

S——建筑面积，m^2。

表 4–1–6　　照明负荷单位建筑面积耗电量参考表

名称	单位建筑面积耗电量/（W/m^2）	名称	单位建筑面积耗电量/（W/m^2）
学校	20～30	公共食堂	25
医院	20～25	小型工厂	15～20
图书馆	15～25	仓库	2～6
商店	20～40	一般宾馆	20～30
办公楼	15～25	走廊、厕所、厨房	6～10
托儿所	15～25		

【思考与练习】

1. 负荷计算的目的是什么？计算方法有哪些？

2. 什么是计算负荷？

3. 某用户负荷情况如下：① 机床组：55kW，需用系数 0.2，$\cos\varphi=0.6$；② 水泵及通风机组：55kW，需用系数 0.75，$\cos\varphi=0.8$；③ 卷扬机组：30kW，需用系数 0.6，$\cos\varphi=0.75$。取总需用系数 $K_{EP}=K_{EQ}=0.9$。试计算该用户的计算负荷。

模块 2　用电设备常见故障、分析及处理（Z32E4002Ⅲ）

【模块描述】本模块包含用配电变压器、低压断路器、刀开关、熔断器、接触器、热继电器、启动器七种用电设备的常见故障和简单的处理方法。通过原因分析、列表对比归纳，使节能服务工作人员掌握用电设备常见故障、分析及处理方法。

【模块内容】

一、配电变压器

配电变压器常见故障、原因分析及处理方法见表 4–2–1。

表 4-2-1 配电变压器常见故障、原因分析及处理方法

序号	故障现象	原因分析	处理方法
1	声音比平时沉重，但无杂音	变压器过负荷	设法减少一些次要负荷
2	声音尖	一般由变压器电源电压过高引起	及时向有关部门报告处理
3	声音嘈杂、混乱	变压器内部结构可能有松动	及时检修
4	发出噼啪的爆裂声	可能是变压器绕组或铁心的绝缘有击穿现象	停电检修
5	很大的噪声	可能为系统短路或接地，通过大量短路电流	保护跳闸，检查是否为瞬时故障，不消失不跳闸，停电检查
6	变压器油温过高	可能是变压器过负荷、散热不好或内部故障造成的	查明原因，减负荷，增强散热
7	油位显著下降	可能是因为变压器出现了漏油、渗油现象，这往往是因为变压器油箱损坏，放油阀门没有拧紧，变压器顶盖没有盖严，油位计损坏等原因造成的	多巡视，多维护，及时添油，如渗油、漏油严重，应及时将变压器停止运行并进行检修
8	油色异常，有焦臭味	如果油色变暗，说明变压器的绝缘老化；如果油色变黑（油中含有炭质）甚至有焦臭味，说明变压器内部有故障（铁心局部烧毁，绕组相间短路等）	定期取油样进行化验，及时发现处理
9	套管对地放电	套管表面不清洁或有裂纹和破损，造成套管表面存在泄漏电流，发出“吱吱”的闪络声	发现套管对地放电时，应将变压器停止运行更换套管。若套管之间搭接有导电的杂物，可能会造成套管间放电应注重及时清理
10	变压器着火	铁心穿心螺栓绝缘损坏，铁心硅钢片绝缘损坏，高压或低压绕组层间短路，引出线混线或引线碰油箱及过负荷等均可引起着火	变压器着火时，应首先切断电源，然后灭火，若为变压器顶盖上部着火，应立即打开下部放油阀，将油放至着火点以下或全部放出，同时用不导电的灭火器（如四氯化碳、二氧化碳、干粉灭火器等）或干燥的沙子灭火，严禁用水或其他导电的灭火器灭火

二、低压断路器

低压断路器常见故障、原因分析及处理方法见表 4-2-2。

表 4-2-2 低压断路器常见故障、原因分析及处理方法

序号	故障现象	原因分析	处理方法
1	手动操作断路器不能闭合	（1）欠电压脱扣器无电压或线圈损坏 （2）储能弹簧变形，导致闭合力减小 （3）反作用弹簧力过大 （4）机构不能复位再扣	（1）检查线路，施加电压或更换线圈 （2）更换储能弹簧 （3）重新调整弹簧反力 （4）调整再扣接触面至规定值

续表

序号	故障现象	原因分析	处理方法
2	电动操作断路器不能闭合	（1）电源电压不符 （2）电源容量不够 （3）电磁铁拉杆行程不够 （4）电动机操作定位开关变位 （5）控制器甲整流管或电容器损坏	（1）调换电源 （2）增大操作电源容量 （3）重新调整 （4）重新调整 （5）更换损坏元件
3	有一相触头不能闭合	（1）一般型断路器的一相连杆断裂 （2）限流断路器拆开机构的可折连杆之间的角度变大	（1）更换连杆 （2）调整至原技术条件规定值
4	分励脱扣器不能使断路器分	（1）线圈短路 （2）电源电压太低 （3）再扣接触面太大 （4）螺钉松动	（1）更换线圈 （2）调换电源电压 （3）重新调整 （4）拧紧
5	欠电压脱扣器不能使用断路器分断	（1）反力弹簧变小 （2）如为储能释放，则储能弹簧变形或断裂 （3）机构卡死	（1）调整弹簧 （2）调整或更换储能弹簧 （3）消除卡死原因，如生锈等
6	启动电动机时断路器立即分断	（1）过电流脱扣瞬时整定值太小 （2）脱扣器某些零件损坏，如半导体橡皮膜等 （3）脱扣器反力弹簧断裂或落下	（1）重新调整 （2）更换 （3）重新装上或更换
7	断路器闭合后经一定时间自行分断	（1）过电流脱扣器长延时整定值不对 （2）热元件或半导体延时电路元件参数变动	（1）调整触头压力或更换弹簧 （2）更换触头或清理接触面，不能更换者，只好更换整台断路器
8	断路器温升过高	（1）触头压力过低 （2）触头表面过分磨损或接触不良 （3）两个导电零件连接螺钉松动 （4）触头表面油污氧化	（1）拨正或重新装好触桥 （2）更换转动杆或更换辅助开关 （3）拧紧 （4）清除油污或氧化层
9	欠电压脱扣器噪声	（1）反力弹簧太大 （2）铁心工作面有油污 （3）短路环断裂	（1）重新调整 （2）清除油污 （3）更换衔铁或铁心
10	辅助开关不通	（1）辅助开关的动触桥卡死或脱落 （2）辅助开关传动杆断裂或滚轮脱落 （3）触头不接触或氧化	（1）拨正或重新装好触桥 （2）更换转动杆或更换辅助开关 （3）调整触头，清理氧化膜
11	带半导体脱扣器的断路器误动作	（1）半导体脱扣器元件损坏 （2）外界电磁干扰	（1）更换损坏元件 （2）清除外界干扰，例如邻近的大型电磁铁的操作，接触的分断、电焊等，予以隔离或更换线路
12	漏电断路器经常自行分断	（1）漏电动作电流变化 （2）线路有漏电	（1）送制造厂重新校正 （2）找出原因，如果是导线绝缘损坏，则应更换
13	漏电断路器不能闭合	（1）操动机构损坏 （2）线路某处有漏电或接地	（1）送制造厂修理 （2）清除漏电处或接地处故障

三、刀开关

刀开关运行中常见故障、原因分析及处理方法见表 4–2–3。

表 4–2–3　　刀开关运行中常见故障、原因分析及处理方法

序号	故障现象	原因分析	处理方法
1	接线板及动静触头接触部位发热	过热原因较多，主要是压紧弹簧的弹性减弱，或压紧弹簧的螺栓松动所造成的；其次是接触部分的表面氧化，使电阻增加，温度升高，高温又使氧化加剧，循环往复会造成事故	拧紧螺栓，除锈
2	操作失灵	隔离开关分合不灵活，隔离开关的操动机构或开关本身的转动部分生锈，会引起分合不灵的故障，若是冬天，则要考虑冻结。刀开关和静触头严重发热，也会熔接在一起造成失灵	停止操作，检查操作机构、触头情况，处理后恢复
3	绝缘子损坏	操作隔离开关时用力过猛，或隔离开关与母线连接不好，造成绝缘子断裂	更换绝缘子
4	机构故障	机构失灵、卡阻、损坏	检查，维修，更换

四、跌落式熔断器

跌落式熔断器常见故障、原因分析及处理方法见表 4–2–4。

表 4–2–4　　跌落式熔断器常见故障、原因分析及处理方法

序号	故障现象	原因分析	处理方法
1	熔管烧坏	熔丝熔断后不能自动跌落，这时电弧在管子内未被切断形成了连续电弧而将管子烧坏，熔管常因上下转动轴安装不正、被杂物阻塞以及转轴部分粗糙而阻力过大、不灵活等原因，以致当熔丝熔断时，熔管仍短时保持原状态，不能很快跌落，灭弧时间延长而造成烧管	加强跌落式熔断器的运行维护；正常合理操作
2	熔管误跌落故障	有些开关熔管尺寸与熔断器固定接触部分尺寸匹配不合适，极易松动，一旦遇到大风就会被吹落，有时由于操作后未进行检查，稍一振动便自行跌落；熔断器上部触头的弹簧压力过小，且在鸭嘴（熔管上盖）内的直角突起处被烧伤或磨损，不能挡住管子也是造成熔管误跌落的原因；熔断器安装的角度（即熔管轴线与垂直线之间的夹角）不合适时也会影响管子跌落的时间。有时由于熔丝附件太粗，熔管孔太细，即使熔丝熔断，熔丝元件也不易从管中脱出，使管子不能迅速跌落	加强运行维护；合理操作跌落式熔断器
3	熔断器熔丝误断	熔断器额定断开容量小，其下限值小于被保护系统的三相短路容量，熔丝误熔断。如果重复发生，常常是因为熔丝选择得过小或与下一级熔丝容量配合不当，发生越级误熔断。这类事故可能是因为换用大容量的变压器后，未随之更换大容量的熔丝所致。熔丝质量不良，其焊接处受到温度及机械力的作用后脱开也会发生误断。另外，锡合金焊接的和带丝弦或弹簧的旧式熔丝因受到温度影响后会改变性能，又易氧化生锈，最易发生误熔断	合理选择跌落式熔断器，熔断器的额定电流与熔体及负荷电流值是否匹配合适，若配合不当，必须进行调整

五、交流接触器

交流接触器是一种电磁式自动开关，主要用于远距离控制功率较大、频繁启动的电动机及其他负载，是电力系统中最常用的控制电器。交流接触器故障时易造成设备与人身事故，必须设法排除。

交流接触器常见故障、原因分析及处理方法见表 4–2–5。

表 4–2–5　　交流接触器常见故障、原因分析及处理方法

序号	故障现象	原因分析	处理方法
1	吸不上或吸力不足（触头已闭合而铁心不能完全吸合）	（1）电源电压过低或波动太大 （2）操作回路电源容量不足或发生断线、配线错误及控制触头接触不良 （3）线圈技术参数与使用条件不符 （4）产品本身受损（如线圈断线或烧毁，机械可动部分被卡住，转轴生锈或歪斜等） （5）触头弹簧压力与超程过大	（1）调高电源电压 （2）增加电源容量，更换线路修理控制触头 （3）更换线圈 （4）更换线圈，排除卡住故障，修理受损零件 （5）要调整触头参数
2	不释放或释放缓慢	（1）触头弹簧压力过小 （2）触头熔焊 （3）机械可动部分被卡住，转轴生锈或歪斜 （4）反力弹簧损坏 （5）铁心极面有油污或尘埃黏着 （6）E 形铁心，当寿命终了时，因去磁气隙消失，剩磁增大，使铁心不释放	（1）调整触头参数 （2）排除熔焊故障，修理或更换触头 （3）排除卡住现象，修理受损零件 （4）更换反力弹簧 （5）清理铁心极面 （6）更换铁心
3	线圈过热或烧损	（1）电源电压过高或过低 （2）线圈技术参数（如额定电压、频率、通电持续率及适用工作制等）与实际使用条件不符 （3）操作频率过高 （4）线圈制造不良或由于机械损伤、绝缘损坏等 （5）使用环境条件差，如空气潮湿、含有腐蚀性气体或环境温度过高 （6）运动部分卡住 （7）交流铁心极面不平或中间气隙过大 （8）交流接触器派生直流操作的双线圈，因动断连锁触头熔焊不释放，而使线圈过热	（1）调整电源电压 （2）调换线圈或接触器 （3）选择其他合适的接触器 （4）更换线圈，排除引起线圈机械损伤的故障 （5）采用特殊设计的线圈 （6）排除卡住现象 （7）清除铁心极面或更换铁心 （8）调整连锁触头参数度更换烧坏线圈
4	电磁铁（交流）噪声大	（1）电源电压过低 （2）触头弹簧压力过大 （3）磁系统歪斜或机械上卡住 （4）极面生锈或因异物（如油垢、尘埃）侵入铁心极面 （5）短路环断裂 （6）铁心极面磨损过度而不平	（1）调高操作回路的电压 （2）调整触头弹簧压力 （3）排除机械卡住故障 （4）清理铁心极面 （5）调换铁心或短路环 （6）更换铁心
5	触头熔焊	（1）操作频率过高或产品过负载使用 （2）负载侧短路 （3）触头弹簧压力过小 （4）触头表面有金属颗粒突起或异物 （5）操作回路电压过低或机械上卡住，致使吸合过程中有停滞现象，触头停顿在刚接触的位置上	（1）调整合适的接触器 （2）排除短路故障、更换触头 （3）调整触头弹簧压力 （4）清理触头表面 （5）调高操作电源电压，排除机械卡住故障，使接触器吸合可靠

续表

序号	故障现象	原因分析	处理方法
6	触头过热或灼伤	（1）触头弹簧压力过小 （2）触头上有油污或表面高低不平，有金属颗粒突起 （3）环境温度过高或使用在密闭的控制箱中 （4）触头用于长期工作制 （5）操作频率过高或工作电流过大，触头的断开容量不够 （6）触头的超程过小	（1）调高触头弹簧压力 （2）清理触头表面 （3）接触器降容使用 （4）调换容量较大的接触器 （5）调整触头超程或更换触头 （6）调整触头超程或更换触头
7	触头过度磨损	（1）接触器选用欠妥，在以下场合，容量不足： 1）反接制动 2）有较多密接操作 3）操作频率过高 （2）三相触头动作不同步 （3）负载侧短路	（1）接触器降容使用或改用适于繁重任务的接触器 （2）调整至同步 （3）排除短路故障，更换触头
8	相间短路	（1）可逆转换的接触器联锁不可靠，由于误动作，致使两台接触器同时投入运行可造成相间短路，或因接触器动作过快，转换时间短，在转换过程中发生电弧短路 （2）尘埃堆积或有水气、油塘，使绝缘变坏 （3）接触器零部件损坏（如灭弧室碎裂）	（1）检查电气联锁与机械联锁：在控制电路上加中间环节或调换动作时间长的接触器，延长可逆转换时间 （2）经常清理，保持清洁 （3）更换损坏零件

六、热继电器

热继电器常见故障、原因分析及处理方法见表4–2–6。

表4–2–6　　热继电器常见故障、原因分析及处理方法

序号	故障现象	原因分析	处理方法
1	电动机烧坏，热继电器不动作	（1）热继电器的整定电流设置过大 （2）热继电器的热元件脱焊或烧断 （3）动作机构卡住 （4）上导板脱出	（1）按电动机的额定工作电流来设置整定电流值 （2）退出运行，送专业生产厂家修理 （3）退出运行，送专业生产厂家修理 （4）重新放入，并作灵活性检查
2	热继电器动作太快	（1）整定电流设置偏小 （2）电动机启动时间过长 （3）连接导线截面太小 （4）强烈的冲击振动 （5）可逆运转及密接通断	（1）合理设置整定电流值，如热继电器的整定电流范围未包含所需整定值，则更换热继电器规格 （2）改选用其他脱扣器等级的热继电器 （3）改用适当截面的连接导线 （4）采取防振措施 （5）改用其他保护方式
3	动作不稳定	（1）接线螺钉未拧紧 （2）电源电压波动太大，配电电压质量差	（1）拧紧接线螺钉 （2）加装电力稳压器，改善电源电压质量
4	热元件烧断	负载侧短路	在热继电器电源侧加装短路保护电器

续表

序号	故障现象	原因分析	处理方法
5	主电路不通电	（1）接线螺钉未拧紧 （2）热元件烧毁	（1）拧紧接线螺钉 （2）更换热继电器
6	辅助电路不通电	（1）触头表面有油污 （2）辅助电路额定工作电压太低	（1）清除触头表面油污 （2）提高辅助电路额定工作电压

七、启动器

目前应用的电动机软硬启动器很多，无法一一述及，此处仅选取电动机软启动器和变频器为例做简要介绍。

1. 软启动器常见故障、原因分析及处理方法

软启动器常见故障、原因分析及处理方法见表 4–2–7。

表 4–2–7　　软启动器常见故障、原因分析及处理方法

序号	故障现象	原因分析	处理方法
1	瞬停	一般是由于外部控制接线有误而导致的，比如接线端子 7 和 10 开路	把接线端子 7 和 10 短接起来
2	启动时间过长	软启动器的限流值设置得太低而使得软启动器的启动时间过长	把软启动器内部的功能代码“4”（限制启动电流）的参数设置高些，可设置到 1.5～2.0 倍
3	过热	软启动器在短时间内的启动次数过于频繁	在操作软启动时，启动次数每小时不要超过 12 次
4	输入缺相	（1）检查进线电源与电动机接线是否松脱 （2）输出是否接上负载，负载与电动机是否匹配 （3）用万用表检测软启动器的模块或晶闸管是否有击穿，以及它们的触发门极电阻是否符合正常情况下的要求（一般在 20～30Ω） （4）内部的接线插座是否松脱	细心检测即可做出正确的判断，予以排除
5	频率出错	软启动器在处理内部电源信号时出现了问题，而引起了电源频率出错	请产品开发软件设计工程师来处理
6	参数出错	程序混乱	重新开机输入一次出厂值
7	启动过电流	负载太大，启动电流超出了 500%	把软启动内部功能码“0”（起始电压）设置高些，或是再把功能码“1”（上升时间）设置长些，可设为 30～60s
8	运行过电流	软启动器在运行过程中，由于负载太重而导致模块或晶闸管发热	检查负载与软启动器功率大小是否匹配，尽量做到用多大软启动拖多大的电动机负载
9	输出缺相	进线和出线电缆有松脱，软启动器输出相有断相或电动机有损坏	停机、检查、维修、更换

2. 变频器使用及故障处理

变频器使用日渐普及。变频器常见故障、原因分析及处理方法见表 4–2–8。

表 4–2–8　　变频器常见故障、原因分析及处理方法

序号	故障现象	原因分析	处理方法
1	过电流	变频器的输出电流超过过电流检测值（约为额定电流的 200%）	（1）检查输入三相电源是否出现缺相或不平衡 （2）检查电动机接线端子（U、V、W）电路之间有无相间短路或对地短路 （3）检查电动机电缆（包括相序） （4）检查编码器电缆（包括相序） （5）检查电动机功率是否匹配 （6）检查在电动机电缆上是否含有功率因数校正电容或浪涌吸收装置 （7）检查变频器输出侧安装的电磁开关是否误动作 （8）检查变频器的加速时间 （9）检查变频器的参数设定（电动机相关参数）
2	过载	变频器的输出电流超过电动机或变频器的额定负载能力（约为额定值的 160%）	（1）检查负载是否过重 （2）检查变频器输出三相是否平衡 （3）检查在电动机电缆上是否含有功率因数校正电容或浪涌吸收装置 （4）检查变频器输出侧安装的电磁开关是否误动作 （5）检查变频器的加速时间 （6）检查变频器的参数设定（电动机相关参数）
3	过电压	变频器的中间电路直流电压高于过电压的极限值	（1）检查电源电压是否在规定范围内 （2）检查变频器的减速时间是否设置过短，如过短，延长减速时间 （3）是否正确使用制动单元 （4）降低负载惯量或放大变频器容量
4	欠电压	变频器的中间电路直流电压低于欠电压的极限值	（1）检查电源是否存在停电、瞬间停电、主电路器件故障、接触不良等 （2）检查电源电压是否在规定范围内 （3）检查供电变压器容量是否合适 （4）检查系统中是否存在大启动电流的负载
5	接地故障	变频器输出侧的接地电流，超出变频器的整定值	检查电动机电缆的对地绝缘
6	输入电源缺相	变频器直流环节电压波动太大，输入电源缺相	（1）检查变频器的供电电压，是否缺相 （2）检查输入三相电源电压不平衡度是否超过 4% （3）检查负载波动是否太大 （4）检查变频器的三相输入电流是否平衡，如果三相电压平衡但电流不平衡，则为变频器故障，应与厂家联系
7	输出缺相	变频器检测输出某相无输出电流，而另两相有电流	（1）检查电动机 （2）检查变频器和电动机之间的接线 （3）检查变频器三相输出电压是否平衡

续表

序号	故障现象	原因分析	处理方法
8	过热故障	变频器的散热器温度，超出变频器的整定值	（1）检查环境温度是否超过标准 （2）检查变频器的散热风机工作是否正常，散热风道有无堵塞 （3）检查变频器散热器的温度显示值
9	变频器内部故障	变频器内部自检报电子元器件损坏	断电再上电，看能否复位

【思考与练习】

1. 如何从声音辨别变压器故障？
2. 低压断路器常见故障有哪些？
3. 刀开关常见故障有哪些？

第五章

抄表、核算、收费

模块 1　功率因数调整电费管理办法（Z32E5001Ⅱ）

【模块描述】本模块包括功率因数调整电费的效益、增减电费幅度计算、功率因数调整电费的适用范围、功率因数调整电费办法等内容。通过概念描述、术语说明、公式解析、列表示意、计算举例，使节能服务工作人员掌握功率因数调整电费的办法。

【模块内容】

一、功率因数改善的社会效益

（1）改善功率因数，可增加供电设备的能力，减少供用电企业的设备投资。

（2）可减少电网无功功率输送，降低电压损耗，保证用户的电压质量和电力系统的电压水平。

（3）可使用电企业在设备容量不变的情况下（通过装设无功补偿设备提高功率因数），增加设备的有功出力，提高设备的利用率。

（4）可降低客户用电设备自身的损耗，也可以改善客户的电能质量，并依据“功率因数调整电费办法”，降低客户的电费支出。

二、功率因数调整电费办法

我国现行的功率因数考核是参照 1983 年出台的“功率因数调整电费办法”进行的。它根据客户不同的用电性质及功率因数可能达到的程度，分别规定其功率因数标准值及不同的考核办法。

（1）按月考核加权平均功率因数，分为以下三个不同级别。级别划分一般按客户用电性质、供电方式、电价类别及用电设备容量等因素来完成。

1）功率因数标准为 0.90，适用于 160kVA 以上的高压供电工业用户（包括社队工业用户），装有带负荷调整电压装置的高压供电电力用户和 3200kVA 及以上的高压供电电力排灌站。

2）功率因数标准为 0.85，适用于 100kVA（kW）及以上的其他工业用户（包括社队工业用户），100kVA（kW）及以上的非工业用户，100kVA（kW）及以上的商业和

100kVA（kW）及以上的电力排灌站。

3）功率因数标准为0.80，适用于100kVA（kW）及以上的农业用户和趸售用户，但大工业用户未划由供电企业直接管理的趸售用户，功率因数标准应为0.85。

（2）对于个别情况可以降低考核标准或不予考核。对于不需要增设无功补偿设备，而功率因数仍能达到规定标准的客户，或离电源较近，电能质量较好，无需进一步提高功率因数的客户，都可以适当降低功率因数标准值，也可以经省、自治区、直辖市级电力经营企业批准，报上一级电力经营企业备案后，不执行功率因数调整电费办法。

对于已批准同意降低功率因数标准的客户，如果实际功率因数高于降低后的标准时，不予减收电费。但低于降低后的标准时，则按增收电费的百分数办理增收电费。

凡实行功率因数调整电费的客户，应装有带防倒装置的无功电能表，按客户每月实用有功电量和无功电量，计算月考核加权平均功率因数；凡装有无功补偿设备且有可能向电网倒送无功电量的客户，应随其负荷和电压变动及时投、切部分无功补偿设备，电力部门应在计量点加装带有防倒装置的反向无功电能表，按倒送的无功电量与实用无功电量两者绝对值之和计算月平均功率因数。

三、功率因数的计算

（1）凡实行功率因数调整电费的客户，应装设带有防倒装置的无功电能表，按客户每月实用有功电量和无功电量，计算月平均功率因数。

（2）凡装有无功补偿设备且有可能向电网倒送无功电量的客户，应随其负荷和电压变动及时投入或切除部分无功补偿设备，供电企业并应在计费计量点加装带有防倒装置的反向无功电能表，按倒送的无功电量与实用无功电量两者的绝对值之和，计算月平均功率因数。

（3）根据电网需要，对大客户实行高峰功率因数考核，加装记录高峰时段内有功、无功电量的电能表。

四、电费的调整

根据计算的功率因数，高于或低于规定标准时，在按照规定的电价计算出其当月电费后，再按照“功率因数调整电费表”（见表5–1–1～表5–1–3）所规定的百分数增减电费。如客户的功率因数在“功率因数调整电费表”所列两数之间，则以四舍五入计算。

表5–1–1　　以0.90标准值的功率因数调整电费表

减收电费		增收电费			
实际功率因数	月电费减少（%）	实际功率因数	月电费增加（%）	实际功率因数	月电费增加（%）
0.90	0.00	0.89	0.5	0.75	7.5
0.91	0.15	0.88	1.0	0.74	8.0

续表

减收电费		增收电费			
实际功率因数	月电费减少（%）	实际功率因数	月电费增加（%）	实际功率因数	月电费增加（%）
0.92	0.30	0.87	1.5	0.73	8.5
0.93	0.45	0.86	2.0	0.72	9.0
0.94	0.60	0.85	2.5	0.71	9.5
0.95～1.00	0.75	0.84	3.0	0.70	10.0
		0.83	3.5	0.69	11.0
		0.82	4.0	0.68	12.0
		0.81	4.5	0.67	13.0
		0.80	5.0	0.66	14.0
		0.79	5.5	0.65	15.0
		0.78	6.0	功率因数自 0.64 及以下，每降低 0.01 电费增加 2%	
		0.77	6.5		
		0.76	7.0		

表 5–1–2　　以 0.85 标准值的功率因数调整电费表

减收电费		增收电费			
实际功率因数	月电费减少（%）	实际功率因数	月电费增加（%）	实际功率因数	月电费增加（%）
0.85	0.0	0.84	0.5	0.70	7.5
0.86	0.1	0.83	1.0	0.69	8.0
0.87	0.2	0.82	1.5	0.68	8.5
0.88	0.3	0.81	2.0	0.67	9.0
0.89	0.4	0.80	2.5	0.66	9.5
0.90	0.5	0.79	3.0	0.65	10.0
0.91	0.65	0.78	3.5	0.64	11.0
0.92	0.80	0.77	4.0	0.63	12.0
0.93	0.95	0.76	4.5	0.62	13.0
0.94～1.00	1.10	0.75	5.0	0.61	14.0
		0.74	5.5	0.60	15.0
		0.73	6.0	功率因数自 0.59 及以下，每降低 0.01 电费增加 2%	
		0.72	6.5		
		0.71	7.0		

表 5-1-3　　　　以 0.80 标准值的功率因数调整电费表

减收电费		增收电费			
实际功率因数	月电费减少（%）	实际功率因数	月电费增加（%）	实际功率因数	月电费增加（%）
0.80	0.0	0.79	0.5	0.65	7.5
0.81	0.1	0.78	1.0	0.64	8.0
0.82	0.2	0.77	1.5	0.63	8.5
0.83	0.3	0.76	2.0	0.62	9.0
0.84	0.4	0.75	2.5	0.61	9.5
0.85	0.5	0.74	3.0	0.60	10.0
0.86	0.6	0.73	3.5	0.59	11.0
0.87	0.7	0.72	4.0	0.58	12.0
0.88	0.8	0.71	4.5	0.57	13.0
0.89	0.9	0.70	5.0	0.56	14.0
0.90	1.0	0.69	5.5	0.55	15.0
0.91	1.15	0.68	6.0	功率因数自 0.54 及以下，每降低 0.01 电费增加 2%	
0.92～1.00	1.3	0.67	6.5		
		0.66	7.0		

五、功率因数调整电费计算示例

【例 5-1-1】某工厂 10kV 高压供电，设备容量 3200kVA，本月有功电量 278 000kW·h，无功电量 280 000kvar·h，基本电价 30 元/(kVA·月)，电度电价 0.50 元/(kW·h)。不考虑各项基金及附加费用，计算该厂月加权平均功率因数和本月力调电费。

解：该厂电费 $30\times3200+0.50\times278\,000=96\,000+139\,000=235\,000$（元）

$$\text{该厂月加权平均功率因数}=\frac{27\,800}{\sqrt{27\,800^2+28\,000^2}}=0.70$$

按照“功率因数调整电费办法”规定，该厂本月力调电费应加收 5%，即

$$\text{功率因数调整电费}=235\,000\times5\%=11\,750\text{（元）}$$

答：该厂月加权平均功率因数为 0.70，本月力调电费为 11 750 元。

【例 5-1-2】某普通工业客户采用 10kV 供电，受电变压器为 250kVA，计量方式用低压计量。根据《供用电合同》，该户每月加收线损电量 3%和变损电量。已知该客户 3 月抄见有功电量为 40 000kW·h，无功电量为 10 000kvar·h，有功变损为 1037kW·h，无功变损为 7200kvar·h。试求该客户 3 月的功率因数调整电费为多少。［假设电价为

0.50 元/（kW·h）]

解：总有功电量=抄见电量+变损电量+线损电量

$$=(40\,000+1037)\times(1+3\%)=42\,268\text{（kW·h）}$$

总无功电量=(10 000+7200)×(1+3%)

$$=17\,716\text{（kvar·h）}$$

$$\text{功率因数}\cos\varphi=\frac{1}{\sqrt{1+(W_Q/W_P)^2}}=0.92$$

电费调整率为−0.3%，则

$$\text{功率因数调整电费}=42\,268\times0.50\times(-0.3\%)=-63.40\text{（元）}$$

答：功率因数调整电费为−63.40 元。

【例 5–1–3】某高压工业客户，用电容量为 1000kVA，某月有功电量为 40 000kW·h，无功电量为 30 000kvar·h，电费（不含附加费）总金额为 12 600 元。后经营业普查发现抄表员少抄该客户无功电量 9670kvar·h，试问应补该客户电费多少元？

解：该客户执行功率因数标准为 0.9。

该客户抄见功率因数为 0.80，查表得电费调整率为 5%。

实际功率因数 $\cos\varphi=0.71$，查表得电费调整率为 9.5%。

$$\text{该客户实际电费}=12\,600/(1+5\%)\times(1+9.5\%)=13\,140\text{（元）}$$

$$\text{应追补电费}=13\,140-12\,600=540\text{（元）}$$

答：应追补该客户电费 540 元。

【思考与练习】

1. 功率因数的改善会带来哪些社会效益？

2. 某客户 10kV 高压供电，设备容量 3200kVA，本月有功电量 278 000kW·h，无功电量 280 000kW·h，基本电价为 30 元/kVA，电度电价 0.50 元/（kW·h）。不考虑各项基金及附加费用，计算该厂本月功率因数调整电费。

模块 2　单一制电价用户电费计算方法（Z32E5002Ⅱ）

【模块描述】本模块包含单一制电价的适用范围、特点、电费计算方法、注意事项等内容。通过概念描述、术语说明、公式解析、计算举例，使节能服务工作人员掌握单一制电价客户电费的正确计算。

【模块内容】

一、我国现行电价制度

由于电力工业是公益性企业，我国现阶段电力的供应具有一定的地方垄断性，因此，我国对电力商品价格采取政府定价的形式，由价格主管部门负责管理，电力主管部门予以协助。电价的制定遵循以下原则：① 合理补偿成本；② 合理确定利润，依法纳税；③ 坚持公平合理，促进电力建设；④ 促进客户合理用电。在电力销售上，主要采用单一制电价和两部制电价两种计费方法。

二、单一制电价

单一制电价是以在客户处安装的电能计量表计，每月实际记录的用电量为计费依据，直接来计算电费的电价制度。其特点是：在计费时不考虑客户的用电设备容量和用电时间，只根据实际耗用电量，按单一价格来结算电费的一种计价方法。

单一制电价单纯按照用电量的多少计费，只与客户实用电量相关，可促使客户节约用电。执行这种电价抄表、计费都相当方便；其缺点是不能合理体现电力成本，对客户造成不公平的负担。

1. 单一制电价的适用范围

单一制电价适用于城乡居民生活、非居民照明、非工业用电（含商业电价第三产业电价）、普通工业和农业生产、贫困县农业排灌等。

2. 单一制电价的特点

单一制电价是以客户安装的电能表每月计算出的实际用电量为计费依据的。每月应付的电费与其设备容量和用电时间均不发生关系，仅以实际用电量计算电费，用多用少均为一个单价。

三、单一制电价电费

1. 单一制电价电费的构成

单一制电价是一种比较简单、快速计算电费的方式，其价格构成除电度成本外，应当包括经过折算后的容量成本和企业的合理利润。这种方式计算客户电费与两部制电价比较起来，不能科学分摊供电企业的容量成本。

2. 单一制电价电费的计算方法

（1）居民客户电费的计算方法。居民客户用电主要是指城乡居民生活用电。由于国民经济的迅速发展，改革开放不断深入，人民生活水平逐步改善与提高，居民客户用电已改变过去单一照明向家用电器广泛应用过渡，已从以往电视、冰箱、洗衣机等向中高档空调机、厨房电器等发展，用电量急剧上升成为居民生活用电重要一环，不可忽视。居民客户电费我国仍划归为单一制电价范围。

居民客户电费计算公式为

$$电费金额=抄见电量\times电能单价 \tag{5-2-1}$$

（2）其他单一制电价客户电费计算方法。其他单一制电价主要包括非居民照明、非工业电价（含商业电价第三产业电价）、普通工业电价、农业生产电价、贫困县农业排灌电价等。其他单一制电价客户容量达到 100kVA 及以上的，还要实行功率因数调整电费办法。功率因数调整电费计算公式为

电费金额=抄见电量×电价+抄见电量×电价×(±)功率因数增、减率(%)+其他代收　　（5–2–2）

其中功率因数增、减率可按下式先计算出功率因数值

$$\cos\varphi = \frac{\text{有功电量}}{\sqrt{(\text{有功电量})^2 + (\text{无功电量})^2}}$$

然后对照功率因数标准值调整电费表查出增、减率结算电费。

（3）实行峰谷电价客户电费计算方法。计算方式为

电费金额=(高峰抄见电量×高峰电价)+(低谷抄见电量×低谷电价)+(平段抄见电量×平段电价)+(高峰抄见电量×高峰电价+低谷抄见电量×低谷电价+平段抄见电量×平段电价)×(±)功率因数增、减率(%)+其他代收　　（5–2–3）

3. 单一制电价电费计算实例

（1）居民客户的电费计算实例。

【例 5–2–1】有一居民客户本月电能表抄见电量为85kW・h，假定电价为0.50 元/（kW・h)。试问该客户本月应交多少电费？

解：应交电费 = 85 × 0.5 = 42.5（元）

答：该客户本月应交电费为 42.5 元。

（2）其他单一制电价客户电费计算实例。

【例 5–2–2】某氧气厂为工业用电，10kV 供电，变压器容量为 200kVA，2002 年 5 月有功电量为 70 390kW・h，其中峰电量为 22 753kW・h，谷电量为 23 255kW・h，平电量为 24 382kW・h，无功电量为 28 668kW・h，请计算该户的功率因数、功率因数调整电费、5 月总电费。（非普工业电价 0.616 7 元/（kW・h)，电价系数高峰为 150%，低谷为 50%，均不含价外基金及附加费，其中电力建设资金 0.02 元，三峡工程建设基金 0.007 元，城市附加费 0.01 元，再生能源费 0.001 元，地方库区移民后期扶持资金 0.000 5 元，农网还贷 0.008 3 元）

解：电度电费为：

（1）峰段电度电费为

0.616 7 × 150% × 22 753 = 21 047.66（元）

（2）谷段电度电费为

0.616 7 × 50% × 23 255 = 7170.68（元）

（3）平段电度电费为

$$0.616\,7\times24\,382=15\,036.38\text{（元）}$$

（4）电度电费合计为

$$21\,047.66+7170.68+15\,036.38=43\,254.72\text{（元）}$$

加价合计为

$$70\,390\times(0.02+0.007+0.01+0.001+0.000\,5+0.008\,3)=3294.25\text{（元）}$$

功率因数为

$$\cos\varphi=\frac{1}{\sqrt{1+(Q/P)^2}}=0.93$$

根据力率调整因数对照表，应减收 0.45%电费。

功率因数调整电费为

$$43\,254.72\times(-0.45\%)=-194.65\text{（元）}$$

该户电费总计为

$$43\,254.72+3294.25-194.65=46\,354.32\text{（元）}$$

答：该户功率因数为 0.93，功率因数调整电费为－194.65 元，5 月总电费为 46 354.32 元。

【思考与练习】

1. 有一居民客户本月电能表抄见电量为 185kW·h，假定电价为 0.52 元/（kW·h），试问该客户本月应交多少电费。

2. 某普通工业客户采用 10kV 供电，供电变压器为 250kVA，计量方式用低压计量。根据《供用电合同》，该户每月加收线损电量 3%和变损电量。已知该客户 3 月抄见有功电量为 42 000kW·h，无功电量为 8000kvar·h，有功变损为 1037kW·h，无功变损为 7200kvar·h。试求该客户 3 月的功率因数调整电费为多少。[假设电价为 0.642 7 元/（kW·h）]

模块 3　无功补偿计算方法（Z32E5003Ⅱ）

【模块描述】本模块包括功率因数的定义、功率因数的测量和计算、无功补偿容量的计算方法、无功补偿方式等内容。通过概念描述、术语说明、公式解析、图表示意、计算举例，使节能服务工作人员掌握无功补偿容量的计算方法。

【模块内容】

一、功率因数的定义

在交流电路中，电压与电流之间的相位差（φ）的余弦叫作功率因数，用符号 $\cos\varphi$

表示，在数值上，功率因数是同一线路中有功功率和视在功率的比值，即

$$\cos\varphi\frac{P}{S}=\frac{P}{UI\sqrt{3}} \tag{5-3-1}$$

式中 U——线电压，kV；

I——线电流，A。

上式说明，在电压和电流一定的条件下，功率因数 cosφ 越高，其有功功率 P 越大，电网所发挥的视在功率 S 中用来做有功功率的比重越大。因此，改善 cosφ 可以充分发挥设备的潜力，提高设备的利用率。

功率因数的大小与电路的负荷性质有关，如白炽灯泡、电阻炉等纯电阻性负荷的功率因数近似为 1，一般具有电感或电容性负载的电路功率因数都小于 1。功率因数是电力系统的一个重要的技术数据。功率因数是衡量电气设备电力负荷使用情况效率高低的一个系数。功率因数低，说明电路用于交变磁场转换的无功功率大，从而降低了设备的有功负荷利用率，增加了线路供电损失。所以，供电部门对用电客户单位的功率因数有一定的标准要求。

二、功率因数的测量和计算

1. 瞬时功率因数

瞬时功率因数是客户用电负荷的瞬时特性，是某一时刻的客户有功功率与视在功率的比值。该数值可用专用的功率因数表测得，实际工作中，该数值对一般客户没有普遍的实用价值，所以，一般客户不需装接。

2. 平均功率因数

平均功率因数是依据一定时期内客户用电情况求得的一个加权平均值，可依据客户装接的有功电能表和无功电能表的读数通过计算求得。计算公式如下

$$\cos\varphi=\frac{W_P}{\sqrt{W_P^2+W_Q^2}} \tag{5-3-2}$$

式中 W_P——考核期内客户的有功电量；

W_Q——考核期内客户的无功电量；

$\cos\varphi$——客户考核期内的平均功率因数。

三、客户端无功补偿的一般原则

（1）应按电压等级进行逐级补偿，做到就近供应，就地平衡，使电网输送的无功电量为最少，保证无功潮流分布经济合理。

（2）分散补偿与集中补偿相结合，以分散补偿为主，以取得最大节能的经济效益。

（3）补偿的无功电源应做到随负荷变化进行调整，并尽可能实现自动投切，以防止过补偿及因过补偿造成无功倒送，不仅降低补偿的经济效益，也增加电能损耗，影

响电压质量，给电网和客户带来危害。

四、无功补偿容量的计算方法

功率因数的提高，无论对客户还是供电企业，都有着重要的经济和社会效益。正确确定补偿地点的无功补偿量是合理进行无功补偿的基本条件，无功补偿量可以用下式来计算确定

$$\begin{aligned} Q_C &= P(\tan\varphi_1 - \tan\varphi_2) \\ &= P\left(\sqrt{\frac{1}{\cos^2\varphi_1 - 1}} - \sqrt{\frac{1}{\cos^2\varphi_2 - 1}}\right) \end{aligned} \tag{5-3-3}$$

式中 P——最大负荷月的平均有功功率，kW；

Q_C——电容补充容量，kvar；

$\tan\varphi_1$、$\tan\varphi_2$——补偿前、后负载平均功率因数角的正切；

$\cos\varphi_1$、$\cos\varphi_2$——补偿前、后负载平均功率因数。

当然，也可以通过查表法获取电容器容量的选择。

无功电量平衡的基本原则是全网无功电源总和等于全网无功负荷加上全网的无功总损耗。全网无功电源包括外部大电网输入的无功、网内所有发电机的无功可调出力、网内所有输电线路的充电功率及网内现有电容器出力。无功总损耗包括网内所有主变压器二次侧与直供客户的无功总负荷，网内所有主、配电变压器的无功总损耗及所有输配电线路的无功总损耗。现在确定无功补偿容量的方法有很多种，归纳起来有如下几种：

（1）利用合理的补偿度确定补偿容量。所谓补偿度，是指补偿容量 Q_C 占电网总无功消耗 Q 的百分比，即

$$a = \frac{Q_C}{Q}$$

补偿前的有功功率损耗为

$$\Delta P_{L1} = \frac{S^2 R \times 10^{-3}}{U_E^2} = \frac{P^2 + Q^2}{U_E^2} R \times 10^{-3}$$

加装补偿电容 Q 之后，有功功率损耗为

$$\Delta P_{L2} = \frac{P^2 + (Q - Q_C)^2}{U_E^2} R \times 10^{-3}$$

补偿后有功功率损耗减少值为

$$\Delta P_L = \Delta P_{L1} - \Delta P_{L2} = \frac{Q_C(2Q - Q_C)R}{U_E^2} \times 10^{-3}$$

引入无功经济当量 λ_b，无功经济当量的意义是线路投入单位补偿容量时有功损耗的减少值，其公式为

$$\lambda_b = \frac{\Delta P}{Q_C} = \frac{P_Q}{Q}\left(2 - \frac{Q_C}{Q}\right) = \beta_Q\left(2 - \frac{Q_C}{Q}\right)$$

式中　P_Q——Q 个单位无功功率通过线路时，由线路电阻 R 所引起的损耗，kW；

β_Q——单位无功功率通过线路时，由线路电阻尺所引起的损耗，kW；

$\frac{Q_C}{Q}$——无功功率的相对降低值，称为补偿度。

由上式可见，当补偿度 a 很低时，无功经济当量 $\lambda = 2\beta_Q$，当补偿容量很大时，补偿度约等于1，当功率因数较高时，无功功率较小，因此，补偿容量越大，对减少有功功率的作用变小，也就是说，并非补偿容量越大越经济，补偿容量选取多大为佳，关键要看功率因数提高到什么程度最有利，这要通过技术经济比较确定。

（2）依据提高功率因数需要确定补偿容量。设配电网的最大负荷月的平均有功功率为 P_{AV}，补偿前的功率因数为 $\cos\varphi_1$，补偿后的功率因数为 $\cos\varphi_2$，则所需的补偿容量 Q_C 的计算公式为

$$Q_C = P_{AV}(\tan\varphi_1 - \tan\varphi_2) \tag{5-3-4}$$

若要求将功率因数由 $\cos\varphi_1$ 提高到 $\cos\varphi_2$ 而小于 $\cos\varphi_3$，则补偿容量 Q_C 计算为

$$P_{PJ}(\tan\varphi_1 - \tan\varphi_2) \leqslant Q_C \leqslant P_{AV}(\tan\varphi_1 - \tan\varphi_3) \tag{5-3-5}$$

（3）依据降低线路有功损耗需要来确定补偿容量。设补偿前线路中的电流为 I_1，相应的有功电流（纯电阻电流）为 I_{R1}，补偿无功 Q_C 后线路中的电流为 I_2，相应的有功电流（纯电阻电流）为 I_{R2}，则：

补偿前的线路损耗为

$$\Delta P = 3I_1^2R = 3\left(\frac{I_{R1}}{\cos\varphi_1}\right)^2 R$$

补偿后的线路损耗为

$$\Delta P = 3I_2^2R = 3\left(\frac{I_{R2}}{\cos\varphi_2}\right)^2 R$$

则补偿后线损降低的百分值为

$$\Delta P\% = \frac{\Delta P_{L1} - \Delta P_{L2}}{\Delta P_{L2}} \times 100\% = \left[1 - \left(\frac{\cos\varphi_1}{\cos\varphi_2}\right)^2\right] \times 100\%$$

若根据要求 $\Delta P\%$已经确定，则可求得 $\cos\varphi = \frac{\cos\varphi_1}{\sqrt{1-\Delta P}}$。

则补偿容量可以按 $Q_C = P_{AV}(\tan\varphi_1 - \tan\varphi_2)$ 计算。

（4）依据提高运行电压需要来确定补偿容量。配电线路末端电压较低，通常是通

过无功补偿来提高供电电压的，因此，有时要从提高线路电压来确定补偿容量。

单相线路补偿容量

$$Q_C = \frac{U_2'\Delta U}{X} \quad (5\text{-}3\text{-}6)$$

若为三相线路，则所需的补偿容量为

$$Q_C = \frac{U_{2L}'\Delta U_L}{X} \quad (5\text{-}3\text{-}7)$$

式中 ΔU_L——三相线路的线电压增量，kV；

U_{2L}'——三相线路的线电压，kV。

（5）依据变压器和电动机的无功损耗来确定补偿容量。电动机与变压器的原理是一样的，它们所消耗的无功功率可按下列方法确定

$$\Delta Q = Q_0 + K_{FZ}^2 Q_K = (I_0\% + K_{FZ}^2 U_K\%) S_E \times 10^{-3}\ (\text{kvar}) \quad (5\text{-}3\text{-}8)$$

式中 $I_0\%$——空载电流与额定电流的百分比；

K_{FZ}——负荷率；

$U_K\%$——短路电压与额定电压的百分比；

S_E——额定容量，kVA。

（6）依据低压线路的无功损耗来确定补偿容量。低压线路的无功功率损耗为线路等效电抗 X_L 所消耗的无功功率损耗，可按下列方法计算

$$\Delta Q_L = 3I^2 X_L \times 10^{-3} = \frac{P^2 + Q^2}{U_E^2} X_L \times 10^{-3}\ (\text{kvar}) \quad (5\text{-}3\text{-}9)$$

式中 P——线路的有功功率，kW；

Q——线路的无功功率，kvar。

【例 5–3–1】图 5–3–1 给出某 10kV 配电变压器低压侧集中补偿的接线图，各条出线的参数和设备容量见表 5–3–1 所列，今欲将功率因数提高到 0.97，试计算确定无功补偿容量。

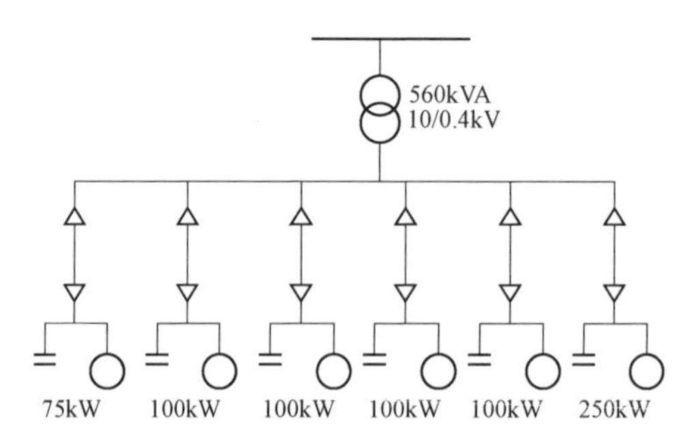

图 5–3–1 某 10kV 配电变压器低压侧集中补偿的接线图

已知560kVA变压器的短路损耗 $P_K=9.4kW$，短路电压百分值 $U_K\%=4.49$，短路无功损耗 $Q_K=225kvar$。该用户每天满载运行16h，轻载运行8h，一年按350天计算。

表5-3-1　　现参数及设备容量

负载	数量	设备容量	负荷系数	平均功率	平均	总平均功率	总平均	轻载有功功率	轻载
电动机	3	3×100	0.8	240	0.87	475	0.84	150	0.8
电动机	1	75	0.75	60	0.86				
各种设备	38	350	0.5	175	0.8				

解： 求补偿电容器的容量 Q_C

$$\cos\varphi_1=0.84，\tan\varphi_1=0.645$$

$$\cos\varphi_2=0.97，\tan\varphi_2=0.246$$

根据补偿要求可知，补偿电容的容量 Q_C 为

$$Q_C=P_{AV}(\tan\varphi_1-\tan\varphi_2)$$

$$Q_C=475\times(0.645-0.246)=188\text{（kvar）}$$

【思考与练习】

1. 客户端无功补偿的一般原则是什么？

2. 自然功率因数、瞬时功率因数、平均功率因数的概念是什么？

3. 某用电单位月有功电量500 000kW·h，无功电量400 000kvar·h，月利用小时为500h，问月平均功率因数 $\cos\varphi$ 为多少。若将功率因数提高到 $\cos\varphi=0.9$ 时，需补偿多少无功功率 Q_C？

模块4　两部制电价用户电费计算方法（Z32E5004Ⅱ）

【模块描述】 本模块包括两部制电价的定义、构成、应用范围、优越性，两部制电价客户电费的计算方法、电费的调整、峰谷平电费的计算等内容。通过概念描述、术语说明、公式解析、列表示意、计算举例，使节能服务工作人员掌握两部制电价客户电费的计算方法。

【模块内容】

一、两部制电价的定义

两部制电价就是将电价分为两个部分：一是基本电价，以客户用电的最高需求量或变压器容量计算基本电费；二是电度电价，以客户实际使用电量（kW·h）为单位来计算电度电费。对实行两部制电价的客户，按国家有关规定同时实行功率因数调整

电费办法。

二、两部制电价的构成

两部制电价是由基本电价和电度电价构成的。

三、两部制电价的适用范围

适用范围：凡以电为原动力，或以电冶炼、烘焙、熔焊、电解、电化的一切工业生产，其受电变压器总容量在315kVA及以上者，以及符合容量规定的下列用电：

（1）机关、部队、学校及学术研究、试验等单位的附属工厂，有产品生产并纳入国家计划，或对外承受生产及修理业务的用电。

（2）铁道（包括地下铁道）、航运、电车、电信、下水道、建筑部门及部队等单位所属修理工厂用电。

（3）自来水厂用电。

（4）工业试验用电。

（5）照明制版工业水银灯用电。

（6）电气化铁路用电。

四、两部制电价的优越性

1. 价格经济杠杆

发挥了价格的杠杆作用，促进客户合理使用用电设备，同时改善用电功率因数，提高设备利用率，压低最大负荷，减少了电费开支，使电网负荷率也相应提高，减少了无功负荷，提高了电力系统的供电能力，使供用双方从降低成本中都获得了一定的经济效益。

2. 合理分担费用

使客户合理负担电力生产的固定成本费用。两部制电价中的基本电价是按客户的用电设备容量或最大需量来计算的。客户的设备利用率或负荷率越高，应付的电费就越少，其平均电价应越低；反之，电费就越多，均价也应越高。

五、两部制电价客户电费的计算方法

设客户每月用电量为W，则执行两部制电价的客户的月用电电费A用公式可表示如下

$$A=J+D=PS+EW \tag{5-4-1}$$

则该客户的月平均电价为

$$\frac{A}{W}=\frac{PS+EW}{W}=\frac{PS}{W}+E \tag{5-4-2}$$

式中 J——基本电费，元；

D——电度电费，元；

P——基本电费电价，元/kVA、元/kW；

S——客户接用供电企业容量，kVA；或客户去用供电企业最大需量，kW；

E——电度单价，元/（kW・h）；

W——客户月用电量，kW・h。

1. 一般两部制电价客户的电费计算

【例 5–4–1】某企业高压计费，容量为 1000kVA，最大负荷 750kW。求：按最大需量计算基本电费是多少？按容量计算基本电费是多少？［基本电费电价按变压器容量 30 元/（kVA・月），按需量 40 元/（kW・月）］

解：按最大需量计算基本电费是

$$750\times40=30\,000（元）$$

按容量计算基本电费是

$$1000\times30=30\,000（元）$$

2. 特殊客户两部制电价的计算

【例 5–4–2】某大工业客户由 10kV 线路供电，高压侧产权分界点处计量，装有 315kV 变压器一台，该客户 3 月、4 月各类表计的止码见表 5–4–1。假设大工业客户的电度电价为 0.32 元/（kW・h），基本电费电价为 30 元/（kVA・月），电价系数高峰为 160%，低谷为 40%，请计算该户 4 月电费。

解：（1）电量值：

$$峰电量=(85-58)\times400=10\,800（kW・h）$$

$$谷电量=(149-125)\times400=9600（kW・h）$$

$$平段电量=(800-712)\times400-10\,800-9600=14\,800（kW・h）$$

表 5–4–1　　3 月、4 月各类表计的止码登记表

电能表时段	3 月	4 月	倍率	电能表时段	3 月	4 月	倍率
有功总表止码	712	800	400	低谷总表止码	125	149	400
高峰总表止码	58	85	400	无功总表止码	338	366	400

（2）电费值：

$$基本电费=315\times30=9450（元）$$

$$峰电费=10\,800\times0.32\times160\%=5529.60（元）$$

$$谷电费=9600\times0.32\times40\%=1228.80（元）$$

$$平段电费=14\,800\times0.32=4736（元）$$

功率因数 $\cos\varphi=0.95$，查表得该户电费调整率为 -0.75%，所以

功率因数调整电费=(9450+5529.6+1228.80+4736)×(−0.75%)=−157.08（元）

该户4月应交电费为

$$9450+5529.60+1228.80+4736.00-157.08=20\,787.32（元）$$

答：该户4月应交电费20 787.32元。

六、峰（尖）谷平电费的计算

按电网日负荷的尖峰、峰、谷、平四个时段规定不同的电价。具体计算步骤和方法可参阅例5–4–2。

七、电费的调整

依据各类客户的用电性质及功率因数可能达到的程度，分别规定其功率因数标准值及其不同的各类考核办法。具体计算步骤和方法可参阅例5–4–2。

【思考与练习】

1. 阐述两部制电价的应用范围。
2. 说明采用两部制电价的优越性。
3. 某工业客户，10kV供电，变压器容量为200kVA，2008年8月有功电量为80 000kW·h，其中峰电量为20 000kW·h，谷电量为25 000kW·h，平电量为20 000 kW·h，尖峰电量15 000kW·h，无功电量为28 000kvar·h，请计算该户的功率因数、功率因数调整电费、五月份总电费。（假设一般工商业目录电价0.62元/（kW·h）；电价系数高峰为150%，低谷为50%）

模块5　基本电费计算方法（Z32E5005Ⅱ）

【模块描述】本模块包括最大需量、基本电费的相关规定、客户基本电费计算标准、大工业客户自行选择基本电费的计费方式等内容。通过概念描述、术语说明、公式解析、计算举例，使节能服务工作人员掌握客户基本电费的计算方法。

【模块内容】

基本电费的计算依据《全国供用电规则》可以有两种方法：一种是按客户的最大需量计算，另一种是按客户的受电容量计算（含直配电动机，每1kW视同1kVA）。

一、基本电费的相关规定

基本电价是代表电力企业中的容量成本，即固定资产的投资费用。基本电费的计算可按变压器容量计算，也可按最大需量计算；基本电价按变压器容量或按最大需量计费，由用户选择。基本电价计费方式变更周期从现行按年变更调整为按季度变更。电力用户提前15个工作日向电网企业申请变更下一季度的基本电价计费方式。

收取基本电费的计算方法有两种：

（1）按客户受电容量计算。凡是以自备专用变压器受电的客户，基本电费可按变压器容量计算。不通过专用变压器接用的高压电动机，按其容量另加千瓦数计算基本电费，1kW 相当于 1kVA。

（2）按最大需量计算。最大需量计费应以电网企业与电力用户合同确定的最大需量值为依据，其基本电费按最大需量计算，并应实行下述规定：

1）最大需量计费应以电网企业与电力用户合同确定的最大需量值为依据，用户实际最大需量超过合同确定值 105%时，超过 105%的部分基本电费加一倍收取；未超过合同确定值 105%的部分按合同确定值收取。

2）申请最大需量核定值低于变压器容量和不通过变压器接入的高压电动机容量总和的 40%时，按容量总和（不含已办理减容、暂停业务的容量）的 40%核定合同最大需量。对按最大需量计费的两路及以上进线用户，可能同时使用的进线应分别计算最大需量，累加计收基本电费。

二、客户基本电费计算标准

（一）按最大需量或按变压器容量

按照变压器容量收取基本电费的原则为：基本电费以月计算，但新装、增容、变更与终止用电，当月的基本电费可按实用天数（日用电不足 24h 的，按 1 日计算）计算。每日按全月基本电费 1/30 计算。事故停电、检修停电、计划限电不扣减基本电费。

（二）对转供容量的计算

转供户扣除转供容量不足两部制电价标准的，仍按两部制电价计收。

被转供户的容量，达到两部制电价时，实行两部制电价。

（三）对备用设备容量可参照下列原则与客户以协议方式规定

《供电营业规则》以变压器容量计算基本电费的客户，其备用的变压器（含高压电动机），属冷备用状态并经供电企业加封的，不收基本电费；属热备用状态的或未经加封的，不论使用与否都计收基本电费。客户专门为调整用电功率因数的设备，如电容器、调相机等不计收基本电费。

三、大工业客户自行选择基本电费的计费方式

大工业客户自行选择按变压器容量或按最大需量计费。基本电价计费方式变更周期从现行按年调整为按季度变更。

（一）基本电费的计算

（1）基本电费可按客户的受电总容量发行，也可按客户的最大需量发行。只能选择其中一种依据发行。至于是依据受电总容量，还是最大需量，需根据有关规定和双方签订合同执行。

（2）最大需量计费应以电网企业与电力用户合同确定的最大需量值为依据，用户

实际最大需量超过合同确定值105%时，超过105%的部分基本电费加一倍收取；未超过合同确定值105%的部分按合同确定值收取。受电总容量按供用双方约定的运行容量计算。

（3）基本电费的计算公式。

1）按受电容量计收时

$$基本电费=基本电价\times约定总容量 \quad (5-5-1)$$

式中 基本电价——有权价格部门核定的单位容量费用，元/（kVA·月）。

2）按最大需量计收时

$$基本电费=基本电价\times最大需量 \quad (5-5-2)$$

式中 基本电价——有权价格部门核定的单位最大需量费用，元/（kW·月）。

（4）按设备容量计收基本电费的客户，如设备运行天数不足一个月时，按实际使用天数，每天按全月基本电费的1/30计收。

（二）多路供电的基本电费计算

电力客户负荷较大的一个受电点作为一个计量单位，多个受电点的最大需量不能累计计算，而应分别计算。受电点有两路及以上进线，正常时间同时使用。按变压器容量计算：各路按受电变压器容量相加计算基本电费。按最大需量计算：各路进线应分别计算最大需量，如因电力部门有计划的检修或其他原因造成客户倒用线路增加的最大需量，其增大部分计算时可以合理扣除。

（1）一个受电点有两路电源或两个回路供电，经电力部门认可，正常时互为备用。

按变压器容量计算：应选择容量大的变压器的容量来计算。

按最大需量计算：应选择其最大需量千瓦数较大的一台计收基本电费。

（2）一个受电点有两路电源或两个回路供电。其中一路为正常（主要供电）电源，另一路为保安备用电源，则保安备用电源实行单一制电价，对用电容量达到100kVA的，应同时实行《功率因数调整电费办法》。正常电源基本电费按变压器容量或最大需量计算。

四、基本电费计算实例

“为便于大家熟悉各类大工业的具体计算方法，下面介绍部分例题，主要是强调操作计算的方法，全国各大电网、省网计算模式、方法基本相同。

【例5-5-1】 某工业用户变压器容量为500kVA，装有有功电能表和双向无功电能表各1块。已知某月该户有功电能表抄见电量为40 000kW·h，无功电能抄见电量为30 000kvar·h，试求该户当月应缴电费为多少。[假设工业用户电价为0.25元/（kW·h），基本电费电价为30元/（kVA·月）]

解： 该户当月电度电费=40 000×0.25=10 000（元）

基本电费=500×30=15 000（元）

当月功率因数为

$$\cos\varphi=\frac{1}{\sqrt{1+(Q/P)^2}}=\frac{1}{\sqrt{1+(3000/4000)^2}}=0.8$$

该户当月功率因数为0.8，功率因数标准应为0.9，查表得功率因数调整率为5%，得

功率因数调整电费=(10 000+15 000) ×5%=1250（元）

电费合计=10 000+15 000+1250=26 250（元）

答：该户当月应缴电费为26 250元。

【例5–5–2】 某工厂原有一台315kVA变压器和一台250kVA变压器，按容量计收基本电费。2008年4月，因检修经供电企业检查同意，于21日暂停315kVA变压器1台，4月26日检修完毕恢复送电。供电企业对该厂的抄表日期是每月月末，基本电价为30元/（kVA·月）。试计算该厂4月应交纳的基本电费是多少。

解：根据《供电营业规则》因该厂暂停天数不足15天，因此应全额征收基本电费。

基本电费=315×30+250×30=16 950（元）

答：该厂4月的基本电费为16 950元。

【思考与练习】

1. 简述最大需量的定义。
2. 按照变压器容量收取基本电费的原则是什么？
3. 基本电费的计算依据是什么？

第六章

配网降损与电能质量

模块1　配电网线损（Z32E6001Ⅲ）

【模块描述】本模块包含了线损基本概念，通过对线损组成、产生原因的介绍，使用电检查人员了解降低线损的技术措施和组织措施，掌握降低线损的各种方法，分析线损偏大产生的影响。

【模块内容】

一、线损基本概念

电能从发电机发出输送到用户，必须经过输、变、配电设备，由于这些设备存在着阻抗，因此电能通过时，就会产生电能损耗，并以热能的形式散失在周围介质中，这个电能损失称为线损电量（简称线损）。线损电量为供电量减去售电量，它反映了一个电力网的规划设计、生产技术和运营管理水平，其计算式为

$$线损电量=供电量-售电量 \tag{6-1-1}$$

二、线损产生的原因

1. 线损的组成

线损主要由线路损耗、变压器损耗和其他损耗三部分组成，包括：输电线路损耗；主网变压器损耗；配电线路损耗；配电变压器损耗；低压网络损耗；无功补偿设备、电抗器、计量装置损耗等。

2. 线损产生原因

（1）电流通过输、变、配电设备产生的有功损耗。

（2）电网中的主要元件，如线路、变压器、电抗器、电容器在电场中产生的无功损耗。

3. 线损偏大的影响

线损率是供电企业的一项重要综合性技术经济指标，它反映了一个电网的规划设计、生产技术和经营管理水平。线损率偏高，反映了供电企业经营管理水平低下，损耗电量偏大，经营效益差，技术水平落后，设备出力降低，供电成本增高。

三、降低线损的措施

1. 降低线损的技术措施

（1）合理规划电源，深入负荷中心。

（2）合理设置补偿设备，提高功率因数，减少无功输送。

（3）合理规划电网的建设，电网进行升压改造。

（4）选用新型节能型的输配电设备。

（5）保证线路、变压器经济运行。

（6）合理选择电网的运行方式。

（7）加强线路巡护检查，避免架空线路碰触树枝、绝缘子断裂等对地放电。

（8）加强电网中的谐波治理。

2. 降低线损的管理措施

（1）实行线损指标分级管理责任制。

（2）加强计量管理。

（3）加强抄核收及营销的全过程管理。

（4）全面开展线损理论计算，加强线损分析工作。

（5）组织营业普查，加强用电检查工作，加大违约用电、窃电的打击查处力度。

【思考与练习】

1. 什么是供电量？什么是售电量？

2. 试分析线损产生的原因。

3. 线损电量由哪些部分组成？

模块 2 线损计算（Z32E6002Ⅲ）

【模块描述】本模块包含了线损理论计算的基本方法，通过对输电网线损理论计算、配电网线损理论计算范围的确定，计算软件的选定，使用电检查人员掌握线损理论计算的条件、对象及各种典型情况的处理原则。

【模块内容】

一、线损理论计算的基本方法

电力网电能损耗是指一定时段内网络元件上的功率损耗对时间积分值的总和。根据计算条件和计算资料，均方根电流法是线损理论计算的基本方法，在此基础上，可采用平均电流法（形状系数法）、最大电流法（损失因数法）、最大负荷损失小时法、分散系数法、电压损失法和等效电阻法等。对 10kV 配电线路，一般采用等效电阻法进行计算。对低压线路，可采用等效电阻法或电压损失法。下面介绍几种常用的线损理论计算方法。

（1）均方根电流法。

均方根电流法是采用代表日的均方根电流来计算电力网电能损耗的方法。

设电力网元件电阻为 R，通过该元件的电流为 I，产生的三相有功功率损耗为

$$\Delta P = 3I_{jf}^2 R \tag{6–2–1}$$

式中 I_{jf}——均方根电流，A。

（2）平均电流法（形状系数法）。

平均电流法是利用均方根电流与平均电流的等效关系进行电能损耗计算的方法。

因为用平均电流计算出来的电能损耗是偏小的，因此还要乘以大于 1 的系数。

令均方根电流与平均电流之间的等效系数为 K，称为形状系数，其关系式为

$$K = \frac{I_{jf}}{I_{pj}} \tag{6–2–2}$$

式中 I_{pj}——日负荷电流的平均值，A；

I_{jf}——日均方根电流，A。

（3）最大电流法（损失因数法）。

最大电流法是利用均方根电流与最大电流的等效关系进行能耗计算的方法。

与平均电流法相反，用最大电流计算出的损耗是偏大的，必须乘以小于 1 的修正系数。

令均方根电流的平方与最大电流的平方的比值为 F，称为损失因数，其关系式为

$$F = \frac{I_{jf}^2}{I_{max}^2} \quad 或 \quad I_{jf}^2 = I_{max}^2 F \tag{6–2–3}$$

引入了形状系数 K 后，也利用 K 值求得 F，

$$I_{jf}^2 = I_{pj}^2 K = I_{max}^2 F \tag{6–2–4}$$

或

$$F = \frac{I_{pj}^2}{I_{max}^2} K^2 \tag{6–2–5}$$

式中 I_{max}——日最大负荷电流，A；

I_{pj}——日平均负荷电流，A。

二、输电网线损理论计算

根据《电力网电能损耗计算导则》（DL/T 686—2018）规定，35kV 及以上电力网多数为多电源的复杂电力网，其电能损耗计算一般用计算机进行，有条件的应实行在线计算。计算电力网的电能损耗，一般采用潮流计算方法。

三、配电网线损理论计算

1. 计算特点

配电网络的节点多、分支线多、元件也多，且多数元件不具备测录运行参数的条件，因此，要精确地计算配电网电能损耗是困难的，在满足实际工程计算精度的前提下，一般采用平均电流法及等效电阻法等在计算机上进行计算。有条件时也可采用潮流计算的方法进行。

2. 所需资料

（1）配电线路的单线图，图上应标明每一线段的参数，各节点配电变压器的铭牌参数。

（2）配电线路首端代表日的负荷曲线，及有功、无功电量，当月的有功、无功电量。

（3）用户配电变压器代表日的有功、无功电量。

（4）公用配电变压器代表日或全月的有功、无功电量。

（5）配电线路首端代表日电压曲线。

（6）配电线路上装置的电容器容量和位置以及全月投运时间。

3. 假设条件

（1）各负荷节点负荷曲线的形状与首端相同。

（2）各负荷节点的功率因数均与首端相等。

（3）忽略沿线的电压损失对能耗的影响。

4. 计算方法

线路的等效电阻计算公式为

$$R_{el}=\frac{\sum_{i=1}^{m}S_{Ni}^{2}R_{i}}{S_{N\Sigma}^{2}} \tag{6-2-6}$$

式中　S_{Ni}——第 i 段线路的配电变压器额定容量，kVA；

R_i——第 i 段线路的电阻，Ω；

$S_{N\Sigma}$——该条配电线路总配电变压器额定容量，kVA。

从 R_{el} 简化式中可以看出，求 R_{el} 不必收集大量的运行资料，R_{el} 只与 S_{Ni}、R_i 和线路出口的运行资料有关，而 S_{Ni} 和 R_i 在技术资料档案中可查得，线路出口的运行资料可取代表日的均方根、平均电流或最大电流，则配电网络和线路的电能损耗就可以按下式计算

$$\Delta A=3I_{eff}^{2}R_{el}T \tag{6-2-7}$$

或 $$\Delta A = 3K^2 I_{av}^2 R_{el} T \tag{6-2-8}$$

或 $$\Delta A = 3FI_{max}^2 R_{el} T \tag{6-2-9}$$

若配电线路出口装有有功和无功电能表，则可取全月的有功、无功电量换算成平均负荷计算电能损耗。

同理，根据 R_{el} 简化式也可求出配电变压器的等效电阻 R_{eT}，然后计算出配电变压器的铜损。

$$R_{eT} = \frac{\sum_{i=1}^{n} S_{Ni}^2 R_{Ti}}{S_{N\Sigma}^2} = \frac{\sum_{i=1}^{n} S_{Ni}^2 \frac{U_i^2 \Delta P_{ki}}{S_{Ni}^2}}{S_{N\Sigma}^2} \tag{6-2-10}$$

式中 R_{Ti}——第 i 台公用配电变压器的绕组电阻，Ω。

假设各配电变压器节点电压 U_i 相同，不考虑电压降，即 $U=U_i$，则

$$R_{eT} = \frac{U^2 \sum_{i=1}^{n} \Delta P_{ki} \times 10^3}{S_{N\Sigma}^2} \tag{6-2-11}$$

式中 R_{eT}——公用配电变压器的等效电阻，Ω；

ΔP_{ki}——第 i 台公用配电变压器的额定短路损耗，kW；

n——该条配电线路上的配电变压器总台数。

配电变压器的总损耗为

$$\Delta A = 3K^2 I_{av}^2 R_{eT} t \times 10^{-3} + \Delta P_{eto\Sigma} t$$

式中 $\Delta P_{eto\Sigma} t$——该条线路公用配电变压器的铁损总和，kW。

四、计算软件的选用原则

目前各供电公司实现了用计算软件对线损进行统计、计算和分析，在选用软件时应注意以下原则：

（1）软件功能设计应充分利用计算机高精度、汉字、图形等功能，尽量计算精确、操作方便、实用。

（2）电能损耗理论计算软件，能够进行线损理论计算和降损分析，可以分析技术线损构成，并依据计算结果制定降损措施。

（3）软件的计算方法应有广泛的适用性，既有潮流计算方法，也有等效电阻等简化计算方法。

（4）电能损耗理论计算软件应具有的输入及运行功能，能对计算数据进行检错，并做相应的处理，能通过计算机屏幕监视整个输入及计算过程，并能随时进行干预。

（5）具有技术降损分析功能。

（6）理论计算与统计软件的数据应能相互传输自动形成对比分析表格。

（7）能实现统计、理论计算的在线化。

五、计算案例

某 10kV 配电线路如图 6–2–1 所示，若 b、c 点负荷的同时率为 0.8，负荷率 $f=0.5$，求年电能损耗。

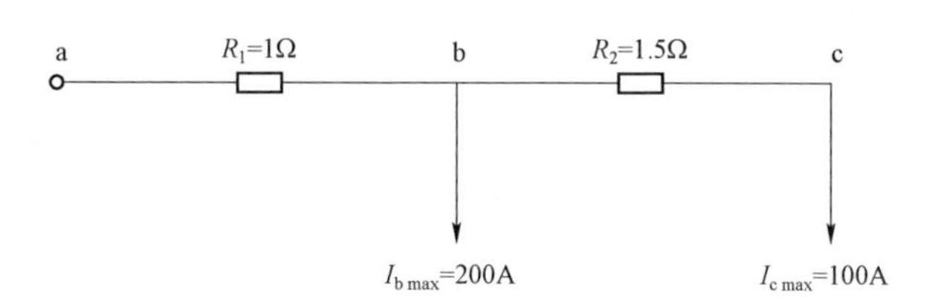

图 6–2–1　某 10kV 配电线路图

计算过程如下：

a – b 段线路的最大电流

$$I_{\max}=(200+100)\times0.8=240\text{（A）}$$

b – c 段线路的最大电流

$$I_{\max}=100\text{A}$$

则

$$\Delta P_{\max}=(3\times240^2\times1+3\times100^2\times1.5)\times10^{-3}=217.8\text{（kW）}$$

如取 $F=0.3f+0.7f^2$，则

$$F=0.3\times0.5+0.7\times0.5^2=0.325$$

则 $\Delta A=\Delta P_{\max}F\times8760=217.8\times0.325\times8760=620\ 076.6$（kW • h），即年电能损耗电量为 620 076.6kW • h。

【思考与练习】

1. 什么是均方根电流线损计算方法?
2. 配电网中如何计算变压器损耗?
3. 简述线损计算软件的选用原则。

模块 3　降低线损措施（Z32E6003Ⅲ）

【模块描述】本模块包含了降低技术线损和管理线损的措施，通过降低线损措施的介绍，使用电检查人员熟悉掌握降低线损的措施及具体方法实施，达到降低电能损耗的目的。

【模块内容】

一、技术措施

（1）加强电网的建设和改造，不断提高电网运行的经济性。

（2）做好电网规划，调整电网布局，升压改造配电网，简化电压等级，缩短供电半径，减少迂回供电，合理选择导线截面、变压器规格、容量及完善防窃电措施等。

（3）按照电力系统无功优化计算的结果，合理配置无功补偿设备，做到无功就地补偿、分压、分区平衡，改善电压质量，降低电能损耗。

（4）根据电力系统设备的技术状况、负荷潮流的变化及时调整运行方式，做到电网经济运行，大力推行带电作业，维持电网正常运行方式；要做好变压器的经济运行，调整超经济运行范围的变压器，及时停运空载变压器；排灌用变压器要专用化，在非排灌季节应及时退出运行。

（5）淘汰高损耗变压器，推广使用节能型电气设备。

（6）定期组织负荷实测，并进行线损理论计算。

35kV 及以上系统每年进行一次计算，10kV 及以下系统至少每两年进行一次。遇有电源分布、网络结构有重大变化时还应及时计算，线损理论计算应按管理与考核范围分压进行。理论计算值要与统计值进行对比，找出管理上和设备上的问题，有针对性地采取改进措施。

二、管理措施

1. 建立线损管理体系

（1）线损管理按照统一领导、分级管理、分工负责的原则，实行线损的全过程管理。

（2）各供电公司要建立健全线损管理领导小组，由公司主管领导担任组长。领导小组成员由有关部门的负责人组成，分工负责、协同合作。日常工作由归口管理部门负责，并设置线损管理岗位，配备专责人员。

（3）制定本企业的线损管理制度，负责分解下达线损率指标计划；制订近期和中期的控制目标；监督、检查、考核所属各单位的贯彻执行情况。

2. 加强线损指标管理

（1）线损率指标在实行分级管理、按期考核的基础上，可根据本单位的具体情况，将线损率指标按电压等级、分变电站、分线路（或片）、分台区分解考核给各基层单位或班组。

（2）为便于检查和考核线损管理工作，可建立以下与线损管理有关的小指标进行内部统计和考核：

1）技术措施降损电量及营业追补电量。

2）电能表校前合格率、校验率、轮换率、故障率。

3）母线电量不平衡率。

4）月末及月末日 24 时抄见电量比重。

5）变电所所用电指标完成率。

6）高峰负荷时功率因数、低谷负荷时功率因数、月平均功率因数。

7）电压监视点电压合格率。

3. 规范计量管理

（1）所有计量装置配置的设备和精度等级要满足《电能计量装置技术管理规程》规定的要求。

（2）新建、扩建（改建）的计量装置必须与一次设备同步投运，并满足电网电能采集系统要求。

（3）按月做好关口表计所在母线电量平衡。

（4）各级计量装置定期进行轮换和校验，保证计量的准确性。

4. 加大营销管理力度

（1）建立健全营销管理岗位责任制，减少内部责任差错，防范窃电和违章用电，充分利用高科技手段进行防窃电管理，坚持开展经常性的用电检查，对发现由于管理不善造成的电量损失应采取有效措施，以降低管理线损。

（2）严格抄表制度，提高实抄率和正确率，所有客户的抄表例日应予固定。每月的售电量与供电量尽可能对应，以减少统计线损的波动。

（3）严格供电企业自用电管理，变电所所用电纳入考核范围。变电所的其他用电（如大修、基建、办公、三产）应由当地供电单位装表收费。

（4）加强客户无功电力管理，提高无功补偿设备的补偿效果，按照《电力供应与使用条例》和国家电网公司有关电压质量和无功电力的管理规定促进客户采用集中和分散补偿相结合的方式，提高功率因数。

（5）加强低压线损分台变（区）管理。根据低压电网的特点，实现线损分台变（区）管理，制定落实低压线损分台变（区）的考核管理制度和实施细则。

（6）组织开展营业普查，加强用电检查工作。对“量、价、费、损”以及电能计量装置进行重点检查。

【思考与练习】

1. 简述降低线损的技术措施。

2. 简述降低线损的管理措施。

3. 如何加强线损指标管理？

模块4 谐波产生的原因及其危害（Z32E6004Ⅲ）

【模块描述】本模块包含谐波的定义，谐波的产生以及谐波的危害，通过对案例的介绍，使用电检查人员了解谐波的产生原因和危害。

【模块内容】

一、谐波的定义

依据《电能质量　公用电网谐波》（GB/T 14549—1993）规定，谐波是指："对周期性交流分量进行傅里叶级数分解，得到的频率为基波频率大于1整数倍的分量"。通俗地说，谐波是一个周期电气量的正弦分量，其频率为基波频率的整数倍。

二、谐波的产生

向电网注入谐波电流或在公用电网中产生谐波的电气设备，叫谐波源。

电网中的主要谐波源有：

（1）具有铁磁饱和特性的铁心没备，如变压器、电抗器等。

（2）以具有强烈非线性特性的电弧为工作介质的设备，如气体放电灯、交流弧焊机、炼钢电弧炉等。

（3）以电力电子元件为基础的开关电源设备，如各种电力变流设备（整流器、逆变器、变频器）、相控调速和调压装置，大容量的电力晶闸管可控开关设备等，它们大量的用于化工、电气铁道、冶金、矿山等工矿企业以及各式各样的家用电器中。

这些谐波源均是非线性负载，它们从电网取用非正弦电流，这种电流波形是由基波和与基波频率成整数倍的谐波组成，即产生了谐波，使电网电压严重失真。电网中的高次谐波污染日益严重，给电力系统造成严重危害。

三、谐波的危害

1. 对电力系统运行的影响

（1）引起电力系统局部的并联或串联谐振，造成电压互感器等设备损坏。

（2）造成变电站系统中的设备和组件产生附加的谐波损耗，引起电力变压器、电力电缆等设备发热，并加速绝缘材料的老化。

（3）造成断路器电弧熄灭时间的延长，影响断路器的开断容量。

（4）增大附加磁场的干扰等。

2. 对电力电容器运行的影响

（1）当配电系统非线性用电负荷比重较大，并联电容器组投入时，一方面由于电容器组的谐波阻抗小，注入电容器组的谐波电流大，使电容器过负荷而严重影响其使用寿命。

（2）电容器组的谐波容抗与系统等效谐波感抗相等而发生谐振时，引起电容器谐波电流严重放大，使电容器过热而导致损坏。

3. 对同步电动机或异步电动机运行的影响

（1）高次谐波旋转磁场产生的涡流，使旋转电动机的铁损增加，使同步电动机的阻尼线圈过热，感应电动机定子和转子产生附加铜损。

（2）高次谐波电流还将引起振动力矩，使电机转速发生周期性变化。畸变电压作用时，电机绝缘寿命将缩短。

4. 对继电保护及自动装置的影响

谐波对电力系统中以负序（基波）量为基础的继电保护和自动装置的影响十分严重，这是由于这些按负序（基波）量整定的保护装置，整定值小、灵敏度高。如果在负序基础上再叠加上谐波的干扰（如电气化铁道、电弧炉等谐波源还是负序源）则会引起发电机负序电流保护误动（若误动引起跳闸，则后果严重）、变电站主变的复合电压启动过电流保护装置负序电压元件误动，母线差动保护的负序电压闭锁元件误动以及线路各种型号的距离保护、高频保护、故障录波器、自动准同期装置等发生误动，严重威胁电力系统的安全运行。

5. 对计量装置的影响

由于电力计量装置都是按 50Hz 的标准的正弦波设计的，当供电电压或负荷电流中有谐波成分时，会影响感应式电能表的正常工作。在有谐波源的情况下，谐波源用户处的电能表记录了该用户吸收的基波电能并扣除一小部分谐波电能，从而谐波源虽然污染了电网，却反而少交电费；而与此同时，在线性负荷用户处，电能表记录的是该用户吸收的基波电能及部分的谐波电能，这部分谐波电能不但使线性负荷性能变坏，而且还要多交电费。电子式电能表更不利于供电部门而有利于非线性负荷用户。

6. 对通信的干扰影响

谐波通过电磁和静电感应干扰通信，一般 200～5000Hz 的谐波引起通信噪声，1000Hz 以上的谐波导致电话回路信号的误动。谐波干扰的强度取决于谐波电压、电流、频率的大小及输电线和通信线的距离，并架长度等。

7. 对用电设备的影响

谐波会使电视机、计算机的图形畸变，画面亮度发生波动变化，并使机内的元件出现过热，使计算机及数据处理系统出现错误。对于带有启动用的镇流器和提高功率因数用的电容器的荧光灯及汞灯来说，会因为在一定参数的配合下，形成某次谐波频率下的谐振，使镇流器或电容器因过热而损坏。对于采用晶闸管的变速装置，谐波可能使晶闸管误动作，或使控制回路误触发。

四、案例

1. 情况介绍

某 35kV 中频炉冶炼厂，容量为 19 500kVA，月用电量近 9 400 000kW・h，经用电检查人员测算，月均用电量比测算值偏少，计量装置无异常，巡视检查时发现电力电容器有发热鼓肚现象。

2. 原因分析

经实测，该厂三次谐波电压含量最大为 67%，最小 27%，证实是由谐波电流引起的少记电量和电容器鼓肚。

后冶炼厂在配电室装设有源滤波器，谐波电流大大减少。从而电量增加到 9 682 000kW・h，并消除了电容器鼓肚故障。

【思考与练习】

1. 电网中有哪些谐波源？
2. 谐波将产生哪些危害？
3. 简述谐波对电力系统的影响。

模块 5　谐波管理（Z32E6005Ⅲ）

【模块描述】本模块包含供电网谐波管理的有关技术标准，通过对谐波管理技术标准讲解，概念描述及其分析，使用电检查人员掌握谐波管理的有关技术标准，加强对用户的谐波管理力度并指导用户采取措施消除谐波对电能质量的影响。

【模块内容】

一、技术标准

目前供电公司对客户进行谐波管理所依据的主要标准是：

（1）GB/T 14549—1993《电能质量　公用电网谐波》。

（2）《业扩供电方案编制导则》（国家电网营销〔2007〕655 号文件）。

二、标准介绍

1. GB/T 14549—1993《电能质量　公用电网谐波》

该标准于 1994 年 3 月 1 日颁布实施，主要规定了 50Hz，110kV 及以下的公用电网的谐波允许值及测试方法。

（1）谐波电压限值。公用电网谐波电压（相电压）限值见表 6–5–1。

表 6–5–1　　公用电网谐波电压（相电压）限值

电网标称电压/kV	电压总谐波畸变率	各次谐波电压含有率（%）	
		奇次	偶次
0.38	5.0	4.0	2.0
6	4.0	3.2	1.6
10			
35	3.0	2.1	1.2
66			
110	2.0	1.6	0.8

（2）谐波电流允许值。公共连接点的全部用户向该点注入的谐波电流分量（均方根值）不应超过表 6–5–2 中规定的允许值。

表 6–5–2　　注入公共连接点的谐波电流允许值

标准电压/kV	基准短路容量/MVA	谐波次数及谐波电流允许值/A																							
		2	3	4	5	6	7	8	9	10	11	12	13	14	15	16	17	18	19	20	21	22	23	24	25
0.38	10	78	62	39	62	26	44	19	21	16	28	13	24	11	12	9.7	18	8.6	16	7.8	8.9	7.1	14	6.5	12
6	100	43	34	21	34	14	24	11	11	8.5	16	7.1	13	6.1	6.8	5.3	1.	4.7	9.0	4.3	4.9	3.9	7.4	3.6	6.8
10	100	26	20	13	20	8.5	15	6.4	6.8	5.1	9.3	4.3	7.9	3.7	4.1	32	6.0	2.8	5.4	2.6	2.9	2.3	4.5	2.1	4.1
35	250	15	12	7.7	12	5.1	8.8	3.8	4.1	3.1	5.6	2.6	4.7	2.2	2.5	1.9	3.6	1.7	3.2	1.5	1.9	1.4	2.7	1.3	2.5
66	500	16	13	8.1	13	5.4	9.3	4.1	4.3	3.3	5.9	2.7	5.0	2.3	2.6	2.0	3.8	1.8	3.4	1.6	1.9	1.5	2.8	1.4	2.6
110	750	12	9.6	6.0	9.6	4.0	6.8	3.0	3.2	2.4	4.3	2.0	3.7	1.7	1.5	1.5	2.8	1.3	2.5	1.2	1.4	1.1	2.1	1.0	1.9

2.《业扩供电方案编制导则》（国家电网营销〔2007〕655 号文件）

《业扩供电方案编制导则》是国家电网公司于 2007 年 8 月 13 日印发实施的，是指导供电公司进行业扩工程管理的规范性文件。在客户受电工程谐波管理方面提出了以下规定：

（1）客户应委托有资质的专业机构出具非线性负荷设备接入电网的电能质量评估报告（其中大容量非线性客户，须提供省级及以上专业机构出具的电能质量评估报告）。

（2）按照“谁污染、谁治理”“同步设计、同步施工、同步投运、同步达标”的原则，在供电方案中，明确客户治理污染电能质量的具体措施。

三、谐波管理措施

（1）供电部门对电网的谐波情况，应定期进行测量分析。当发现电网电压正弦波形畸变率超过标准规定时，应查明谐波源，督促非线性用电设备所属单位采取措施，把注入电网的谐波电流限制在标准的允许值以下。

（2）新的客户接入电网前后，均要进行现场测量，检查谐波电流、电压正弦波形畸变率是否符合标准，按照《业扩供电方案编制导则》的规定对客户谐波治理提出要求。

（3）客户配电设施所安装的电力电容器组，应根据实际存在的谐波情况，采取加装串联电抗器等措施，减少并联谐振或串联谐振的发生，保证设备安全运行。

（4）应根据谐波源的分布，在电网中谐波量较高的地点逐步设置谐波监测点。在该点测量谐波电压，并在向客户供电的线路的送电端测量谐波电流。

（5）电力系统的运行方式和谐波值都是经常变化的。当谐波量已接近最大允许值时，应加强对电网发供电设备运行工况的监视，避免电器设备受谐波的影响而发生故障。在电网谐波量较高的地点，要逐步安装谐波警报指示器，以便进一步分析谐波情况，并采取措施，保证电力设备安全运行。

（6）加强谐波治理的宣传力度，使广大客户认识到治理谐波的重大意义及收益。

【思考与练习】

1. 供电企业加强谐波管理应依据哪些标准？
2.《业扩供电方案编制导则》对客户受电工程接入前有哪些谐波管理规定？

模块6 谐波测试方法（Z32E6006Ⅲ）

【模块描述】本模块包含谐波测试方法，特别介绍了谐波测试仪的测试项目、工作程序及注意事项，通过这些内容和技能的介绍，使用电检查人员掌握测试前的准备工作及相关安全和技术措施、测试项目及其保护步骤及方法。

【模块内容】

一、测试项目

谐波测试仪器仪表种类较多，进行测试时主要测试以下项目：

（1）负载电流参数的测量。

（2）交流电压参数的测量。

（3）有功、无功功率的测量。

（4）频率的测量。

（5）相序的检测。

（6）交流电流、交流电压谐波的测量与分析。

（7）功率因数角的测量。

二、测试方法

1. 测试前的准备工作

（1）谐波的测定，要确定谐波源。大量的用电设备接在 0.4kV 系统内，所以必须确定低压谐波测试区段，以测定谐波成分。

（2）选择满足《电能质量　公用电网谐波》（GB/T 14549—1993）标准的测试仪器。

谐波测量仪的允许误差见表 6–6–1。

表 6–6–1　谐波测量仪的允许误差

等级	被测量	条件	允许误差
A	电压	$U_h \geqslant 1\%U_N$ $U_h < 1\%U_N$	$5\%U_h$ $0.05\%U_N$
A	电流	$I_h \geqslant 3\%I_N$ $I_h < 3\%I_N$	$5\%I_h$ $0.15\%I\cos\varphi$
B	电压	$U_h \geqslant 3\%U_N$ $U_h < 3\%U_N$	$5\%U_h$ $0.15\%U_N$
B	电流	$I_h \geqslant 10\%I_N$ $I_h < 10\%I_N$	$5\%I_h$ $0.50\%I_N$

注　1. U_N 为标准电压，U_h 为谐波电压；I_N 为额定电流，I_h 为谐波电流。

2. A 级仪器频率测量范围为 0～2500Hz，用于较精确的测量，仪器的相角测量误差不大于±5%或±1°。B 级仪器用于一般测量。

（3）准备测量记录、标准化作业指导卡等资料。

（4）填写、签发工作票，做好安全防护措施。

2. 测试步骤

以 HIOKI3286 功率谐波分析仪为例进行操作。

（1）按 POWER 键打开仪器，所有的液晶显示迅速地闪亮，仪表显示状态均正常。

（2）按照仪表说明书的规定进行接线，可以进行电流、电压、功率、电流谐波、电压谐波等参数的测量。具体参见“HIOKI3286 功率谐波分析仪使用说明书”。

（3）做好测试记录。

（4）测试完毕后，拆除测量仪接线。

3. 注意事项

（1）谐波电压（或电流）测量应选择在电网正常供电时可能出现的最小运行方式，且应在谐波源工作周期中产生的谐波量大的时段内进行（例如：电弧炼钢炉应在熔化期测量）。当测量点附近安装有电容器组时，应在电容器组的各种运行方式下进行测量。

（2）测量的谐波次数一般为第 2 到第 19 次，根据谐波源的特点或测试分析结果，可以适当变动谐波次数测量的范围。

（3）对于负荷变化快的谐波源（例如炼钢电弧炉、晶闸管变流设备供电的轧机、电力机车等），测量的间隔时间不大于 2min，测量次数应满足数理统计的要求，一般不少于 30 次。

（4）谐波测量的数据应取测量时段内各相实测量值的 95%概率值中最大的一相值，作为判断谐波是否超过允许值的依据。但对负荷变化慢的谐波源，可选五个接近的实测值，取其算术平均值。

（5）对测试时的安全问题，应高度重视。严禁电压互感器（TV）二次侧短路；严禁电流互感器（TA）二次侧开路；测量信号尽可能在测量仪表回路或计量回路抽取。

三、危险点分析及控制措施

（1）走错间隔或屏位。

1）核对工作点（间隔或屏位）名称。

2）在工作地点设备上挂“在此工作”标识牌，在相邻和同屏运行设备上挂“运行中”布帘。

（2）误触误碰。工作监护人要做好作业全过程的监护，及时纠正工作班成员违反安规的行为。

（3）人身触电。

1）测试时与带电设备保持足够的安全距离。

2）确保测量线与带电设备保持足够的安全距离。

（4）防止电流互感器二次侧开路造成人体伤害和仪表损坏。

（5）防止误接线。接线时应实行两人检查制，一人操作，一人监护。

（6）接入测试现场戴好安全帽，做好安全防护措施。

【思考与练习】

1. 选用谐波测试仪表时应考虑哪些因素？
2. 如何对谐波测试结果进行分析？
3. 试在谐波测量中进行危险点分析。

模块 7 线损电量分析和计算方法（Z32E6007Ⅲ）

【模块描述】本模块包括线损电量的概念、构成与分类、线损电量的统计与分析等内容。通过概念描述、术语说明、公式解析、计算举例，使用电检查人员掌握线损电量的分析和计算方法。

【模块内容】

一、线损的有关概念

1. 电网的功率损失和电能损失

（1）线损。电能从发电机输送到客户需经过各个输、变、配电元件，这些元件都存在一定的电阻和电抗，电流通过这些元件时就会造成一定的损耗，这种损耗通常可用功率损失和电能损失两种形式表示。

功率损失是瞬时值，电能损失是功率损失在一段时间上的累计效应。

从狭义上讲，线损仅指电能输配过程的有功功率损耗；从广义上讲，线损是指电能输配过程中有功、无功和电压损失的总称。

（2）线损电量。电能传输和营销过程中的损耗与损失体现为线损电量。对电网经营企业来说，通过线损理论计算出来的只是全部实际线损电量的一部分，即技术线损；在电能传输和营销过程中，从发电厂至客户电能表所产生的全部电能损耗和损失还包含管理线损，其中管理线损是无法进行理论计算的。为此，线损电量通常是根据电能表所计量的总“供电量”和总“售电量”相减得出，即

$$\text{线损电量}=\text{供电量}-\text{售电量} \tag{6-7-1}$$

式中 供电量——供电企业供电生产活动的全部投入电量；

售电量——供电企业向所有客户（包括相邻电网等）销售的电量以及本企业电力生产以外的自用电量。

（3）线损率与统计线损率。线损率是线损电量占供电量的百分率，其计算公式为

$$\text{线损率}=\frac{\text{线损电量}}{\text{供电量}}\times 100\%=\frac{\text{供电量}-\text{售电量}}{\text{供电量}}\times 100\% \tag{6-7-2}$$

显然，线损率的准确性取决于电能计量装置的精确度，供、售电能表抄录的同期度和营销抄表、核算的准确度。

式（6–7–2）中的线损电量是根据统计范围内电能表所计量的总“供电量”和总“售电量”相减得出，所以这样计算出来的线损率是实际上的统计线损率。通常所说的线损率都是统计线损率。统计线损率往往体现为线损管理的实绩。

（4）无损电量与有损电量。供电企业通过电网从发电厂或相邻电网购买电量的同时，又通过电网把电量售给各类用户。在电力营销和线损统计管理中，有一类电量是供电量与售电量在同一计量点共用同一块计量表计计量的，这部分电量相对供电企业来说是没有损耗的电量，这部分电量被称为无损电量，即专线、专用变压器的电量。相对于无损电量，在供电过程中，对供电量和售电量不在同一计量点，不共用同一块计量表计的电量，即公用变压器、公用线路的电量被称为有损电量。

供电企业在进行线损统计计算时，从供、售电量中分离出无损电量的目的在于：

一方面可以查找本级电压电网线损发生的环节，从而进行有针对性的分析，并制定降损措施；另一方面能得到客观反映管理水平的线损率，更便于不同电网和企业之间的比较和分析。

（5）综合线损率与有损线损率。在进行10kV电网的线损率统计时，可以有两种统计方法：一种是在供、售电量中包含10kV首端计费的专线电量，这种方法统计出来的线损率通常称为综合线损率；另一种是在供、售电量中不包含10kV首端计费的专线电量，而只统计公用线路、公用变压器的供电量和售电量，这种方法统计出来的线损率通常称为有损线损率。显然按第一种方法计算出来的综合线损率低于按第二种方法计算出来的有损线损率，但是后者更能反映该电网运行的经济性和管理水平，在线损分析和管理中更有意义。

2. 线损电量的构成和分类

线损电量由技术线损电量（理论线损电量）和管理线损电量两部分组成。

（1）技术线损电量（理论线损电量）。根据 DL/T 686—2018《电力网电能损耗计算导则》的规定，理论线损电量是以下各项损耗电量之和：变压器的损耗电能、架空及电缆线路的导线损耗的电能、电容器、电抗器、调相机中的有功损耗电能、调相机辅机的损耗电能、电流互感器、电压互感器、电能表、电测仪表、保护及远动装置的损耗电能、电晕损耗的电能、绝缘子泄漏损耗电能、变电所的所用电能、电导损耗。

（2）管理线损。管理线损主要是由于管理原因造成的电量损失。其中供电方的管理原因是主要的，还包括了用户的原因和其他一些因素。如电能计量装置的误差，营销工作中漏抄、错抄、估抄、漏计、错算及倍率搞错等，用户违章用电及窃电。

二、线损统计与分析

1. 线损统计的要求

（1）统计责任。各级专（兼）职线损员是本线损管理责任范围的统计责任人应对线损报表数据的正确性、真实性负责。

（2）统计报表质量要求。

1）统计报表格式应统一。需上报的报表必须使用上级统一制订的报表，县供电企业根据需要可以细化补充，基层不得使用自制报表上报。

2）数据准确、真实手工填写的应字迹清晰、无涂改。

3）使用法定计量单位。

4）报表要求的栏目填写齐全由线损员和部门负责人签字。

5）统计口径一致报表中使用的计算公式一致。

6）按照规定的时间统计上报不延误。

7）线损归口管理部门应就线损统计分析报表的填报组织专题培训线损统计分析报

表管理应纳入线损管理考核内容。

2. 保证线损统计报表数据真实的方法

线损统计报表数据的真实性是进行科学的线损分析、管理与考核的基础，但在实际工作中，由于受各种因素的影响，经常会出现基层单位或人员人为调整、弄虚作假的情况，造成电量不真、线损统计不实等问题。

3. 线损分析中应注意的问题

（1）线损分析的误区。全面、深入、准确、透彻地进行线损分析可以找准线损升降的原因制订行之有效的降损措施。线损分析的质量代表着线损专责的业务素质和敬业精神。线损分析中常见的误区有以下几种：

1）线损分析就是对比一下线损率大小、高低。

2）线损率没什么变化不需要分析线损率下降，更不需要进行线损分析。

3）线损率上升就一定是管理上有问题盲目找原因。

4）只愿意做定性分析，不是尽可能地对各个因素进行定量分析。

5）当期实际线损率出现比理论线损率低无法分析。

6）有线损率的分析就行了，不需要再进行线损小指标的分析。

（2）线损分析“十二要”。

1）线损分析时首先要做好母线电量平衡分析。

2）要正确进行理论线损计算，求出各条线路的固定损失和可变损失，并对计算结果进行分析。

3）要分析因查处窃电或纠正计量、营业差错追补（退回）电量对线损的影响。

4）要分析系统运行方式或供、售电量统计范围的变化对线损的影响。

5）要分析由于季节、气候变化等原因使电网负荷有较大变化对线损的影响。

6）要分析掌握各类用户电量（尤其是电量大户）的变化对线损的影响。

7）要分析线路关口表及各用电户计费电能表的综合误差对线损的影响。

8）要分析供、售电量抄表时间不一致对线损的影响。

9）要分析抄表例行日的变动提前或错后抄表使售电量减少或增加对线损的影响。

10）要分析无损电量的变化对综合线损的影响。

11）要分析自用电量增加或减少对线损高低的影响。

12）要对理论线损和统计线损进行分析比较，对不明损耗高的薄弱环节提出降损措施意见。

4. 线损分析经常采用的方法

（1）电能平衡分析。电能平衡分析就是对输入端电量与输出端电量的比较分析。主要用于变电站（所）的电能输入和输出分析、母线电能平衡分析。计量总表与分表电量的比较用于监督电能计量设备的运行状态和损耗情况，使计量装置保持在正常运行状态。

（2）实际线损与理论线损对比分析。理论线损只包括技术损耗，不包括管理损耗。通过实际线损率和理论线损率对比分析，若两者偏差太大，说明管理不善，存在问题较多，要进一步具体分析问题所在，然后采取相应的措施。实践证明，凡是10kV线路和低压台区的实际统计线损和理论线损对比，两者数值偏差较大的，往往是这些线路和台区有窃电或计量不准等管理问题。

（3）实际线损与历史同期比较分析。如农村电网负荷季节性较强，农业生产用电随季节气候变化很大。但一年四季季节气候变化一般是有一定的规律的，农业线路的线损率如果仅仅与上一个月对比，往往差异很大，但与历史同期气候相近的条件下的线损率进行比对分析往往更能够发现问题。

（4）实际线损与平均线损水平比较分析。一个连续较长时间的线损平均水平更能够消除因负载变化、时间变化、抄表时间差等因素影响造成的波动，更能反映线损的基本状况，与平均水平相比较，就能发现当期的线损管理水平和问题。

（5）实际线损与先进水平比较分析。本单位的线损完成情况与周围条件相近的单位比，与省内、国内同行比，就能发现自己的管理水平、存在问题和差距。

（6）定期、定量统计分析。定期分析就是要做到有月度分析、季度分析、年度分析；定量分析就是要做到分压、分线、分台区并按影响因素分析，不仅要找出影响线损的主要因素，而且要做到对影响大小进行量化分析，重点要突出，针对性要强。

（7）线损率指标和小指标分析并重。线损率实际完成情况表明的是线损管理的综合效果，而只有通过对小指标的分析才能反映出线损管理过程的各个环节影响线损的具体原因。因此，在线损分析中一定要注意线损率指标和小指标分析并重。

（8）线损指标和其他营业指标联系在一起分析。售电量指标、电费回收率指标、平均售电价指标与线损指标之间有密切的联系。如果人为调整这四个指标中任何一项，均会对其他三个指标的升降产生影响。因此，在进行线损分析时要注意把这四个指标联系在一起分析。

（9）对线损率高、线路电量大和线损率突变量大的环节进行重点分析。线损统计的一个最大特点就是数据量大，需要分析的环节很多，逐一分析费时费力效率也不高。可采用综合分步分析的方法，找到引起高损耗的关键环节：第一步选出线损率高的线路、台区；第二步在第一步基础上选择出电量大的台区、线路；第三步在第二步基础上选择线损率突变量大的台区线路。简而言之就是“高中选大、大中选突”确定出降损节能的主攻方向。

5. 线损统计分析报告

下面通过举例来说明。

【例 6–7–1】 某村低压电网改造后，采用三相四线式供电，导线为 16RVVD12 护套线，负荷最远处距电源 480m，全村 48 户居民装表用电。6 月在电源末端新增一台 7.5kW 电动机，用于粮谷加工，装表用电。7 月末抄见电量为：0.4kV 侧总表电量为 1450kW · h，粮米加工用电为 720kW · h，48 户居民中实抄 44 户，总电量为 510kW · h，2 户居民电能表损坏，2 户漏抄表。假设：① 线路损失电量为 90kW · h，居民电能表损失按每月 1kW · h、动力表按每月 2kW · h 计算，电能表损坏户及漏抄户均按上月实际用电量计算。② 电能表损坏追补电量为 25kW · h，漏抄户电量按 30kW · h 计算。③ 本台区考核线损率为 12%，上月的线损率为 11.5%，上年度的实际线损率为 10.8%。请对该台区线损进行分析，并计算该村低压合理损失率。

解：（1）本台区 7 月线损统计计算与指标说明：

1）数据计算。

① 7 月损失电量：1450 − 720 − 510 = 220（kW · h）

损失率：220/1450 × 100% = 15.17%

② 表计损失电量：48 × 1+1 × 2 = 50（kW · h）

损失率：50/1450 × 100% = 3.45%

③ 线路损失率：90/1450 × 100% = 6.21%

④ 根据上月实际用电，电能表损坏用户追补电量 25kW · h，漏抄户追补电量 30kW · h，共计 55kW · h，管理损失率 55/1450 × 100% = 3.79%

⑤ 不明损失电量：1450 − 720 − 510 − 90 − 50 − 55 = 25（kW · h）

不明损失率：25/1450 × 100% = 1.72%

2）指标说明。

本月合理损失电量：1450 − 720 − 510 − 55 − 25 = 140（kW · h）

损失率：140/1450 × 100% = 9.66%

① 本月统计线损为 15.17%，理论线损率为 9.66%，相差 5.51%，显然偏高。

② 本月统计线损为 15.17%，与上月的线损率 11.5%相比，偏高 3.67%，与去年同期 10.8%相比，偏高 4.37%。

（2）线损偏高及波动的技术与管理原因分析：

经过上述分析，本月损失率高的原因是：

1）营业管理失误，出现了漏抄表情况。

2）电能表损坏未能及时发现。

3）存在不同程度的不明损失。

4）线路末端新上大用户，使技术线损有所增加。

5）大电机用户未采用无功补偿，使技术线损有所增加。

6）导线线径偏细，使技术线损偏高。

（3）降低线损的技术与管理措施：

1）加强对抄表职工教育，保证抄表率达 100%。

2）定期巡视电表，发现问题及时更换。

3）加强负荷测试，采取三相负荷平衡等措施，减少不明损失。

4）对动力用电进行无功随机补偿。

5）加强用电检查，减少不明损失。

6）时机成熟时，更换导线线径和合理设置配变安装位置，降低技术线损。

【思考与练习】

1. 降低线损的技术与管理措施有哪些？

2. 线损分析的方法有哪些？

3. 线损偏高及波动的技术与管理原因有哪些？

第七章

供用电合同管理

模块1　供用电合同定义、分类、适用范围、基本内容（Z32E7001Ⅰ）

【模块描述】本模块包含供用电合同的含义、分类、适用范围、基本内容。通过以上内容的介绍，使用电检查人员掌握供用电合同的基本知识。

【模块内容】

供用电合同是经济合同的一种，是供电企业与客户就供用电双方的权利与义务协商一致所形成的法律文书，是双方共同遵守的法律依据。供用电合同一经订立生效，双方均受到合同的约束。订立供用电合同有利于维护正常的供用电秩序，有利于促进社会经济的良性发展。

供用电合同明确了供用电双方在供用电关系中的权利与义务，是双方结算电费的法律依据。供用电合同包括供电企业与电力客户就电力供应与使用签订的合同书、协议书、意向书以及具有合同性质的函、意见、承诺、答复（包括电子文档）等，如并网调度协议、双电源用户调度协议、电费电价结算协议以及客户资产移交或委托维护协议等。

一、供用电合同的含义

供用电合同是以书面形式签订的供用电双方共同遵守的行为准则，也是明确供用电双方当事人权利义务、保护当事人合法权益、维护正常供用电秩序、提高电能使用效果的重要法律文书。给供用电合同进行分类的目的在于更好地签订供用电合同和促使当事人双方认真、适当地履行合同，避免不必要的纠纷。

二、分类及适用范围

根据供电方式和用电需求的不同，供用电合同分为高压供用电合同、低压供用电合同、临时供用电合同、趸购售电合同和居民供用电合同六种形式：

（1）高压供用电合同。适用于供电电压为10kV（含6kV）及以上的高压电力客户。

（2）低压供用电合同。适用于供电电压为220/380V的低压电力客户。

（3）临时供用电合同。适用于《供电营业规则》规定的非永久性用电的客户。如基建工地、农田水利、市政建设、抢险救灾以及临时性重要电力客户保电任务等的临时性用电。

（4）转供电合同。适用于公用供电设施尚未到达的地区，为解决公用供电设施尚未到达的地区用电人的用电问题，供电人在征得该地区有供电能力的用电人（委托转供人）的同意，委托其向附近的用电人（转供用电人）供电。供电人与委托转供人应就委托转供电事宜签订委托转供电合同，委托转供电合同是双方签订供用电合同的重要附件。供电人与转供用电人之间同时应签订供用电合同。转供用电人与其他用电人一样，享有同等的权利和义务。

（5）趸购售电合同。适用于供电人与趸购转售电人之间就趸购转售电事宜签订的供用电合同。

（6）居民供用电合同。适用于城乡居民生活用电性质的用电人。由于居民生活用电供电及计量方式简单，执行的电价单一，加之该类用电人数量众多，其供用电合同采用统一方式。用电人申请用电时，供电人应提请申请人阅读（对不能阅读合同的申请人，供电人应协助其阅读）后，由申请人签字（盖章）合同成立。

三、基本内容及双方的权利与义务

（一）供用电合同的基本内容

（1）当事人双方的法定名称（全称）、住所。

（2）供电方式、供电质量和供电时间。

（3）用电容量和用电地址、用电性质及重要电力客户的重要性等级。

（4）计量方式和电价、电费结算方式。

（5）合同的履行地点。

（6）供用电设施维护责任的划分。

（7）合同的有效期限。

（8）违约责任。

（9）争议的解决方式。

（10）双方共同认为应当约定的其他条款。

完整的供用电合同还应有相关术语及其说明部分。

（二）供用电双方的权利与义务

1. 供电人的主要权利

（1）对本供电营业区范围内的新装、增容和变更用电的客户，依照规定和程序审核用电申请、办理用电手续、收取相关业务费用的权利。

（2）按照国家关于确定供电方案的基本原则及要求，根据电网规划、客户用电需求和当地供电条件，与客户协商确定供电方案的权利。

（3）按照国家标准或电力行业标准，对客户受送电工程进行设计审核、检查和验收的权利。

（4）按国家核准的电价和用电计量装置的记录，向客户计收电费的权利。

（5）依照供用电合同约定，对客户违约逾期未交电费者加收电费违约金的权利，对逾期未交电费，经催交仍未交付电费者，按照规定程序停止供电的权利。

（6）客户有违约用电行为的，应根据事实和造成的后果，追缴电费、加收违约使用电费的权利；对情节严重者按照规定程序停止供电的权利。

（7）对公用供电设施未到达的地区，委托有供电能力的客户就近向其他客户转供电的权利。

2. 供电人的主要义务

（1）对本供电营业区内申请用电的客户按国家规定提供电力的义务。

（2）按照供用电合同约定的数量、质量、时间、方式，合理调度和安全供电的义务。

（3）客户对供电质量有特殊要求的，根据其必要性和电网的可能性，对其提供相应电力的义务。

（4）在抢险救灾需要紧急供电时，有实施供电的义务。

（5）因故需要停电时，按规定事先通知客户或进行公告的义务；引起停电或限电的原因消除后，按照规定时限恢复供电的义务。

（6）在供电营业场所公告办理各项用电业务的程序、制度和收费标准的义务。

3. 用电人的主要权利

（1）新装用电、临时用电、增加用电容量、变更用电和终止用电的权利。

（2）按照安全、可靠、经济、合理和便于管理的原则，根据国家有关规定以及电网规划、用电需求和当地供电条件，有与供电企业协商确定供电方案的权利。

（3）有权获得符合国家标准或电力行业标准的供电质量，根据用电的必要性，有对供电质量提出特殊要求的权利。

（4）在当地电网发、供电系统正常情况下，有得到连续供电的权利。

4. 用电人的主要义务

（1）遵守《中华人民共和国电力法》（简称《电力法》）和《电力供应与使用条例》等法律、法规及国家电力行政规章制度的义务。

（2）在行使各项用电权利之前，到当地供电企业办理用电手续并按国家规定交付相关业务费用的义务。

（3）自身的受电工程有接受供电企业对其设计审核、工程检查和验收的义务。

（4）按规定安装用电计量装置和保护装置的义务。

（5）按合同约定的数量、条件用电及交付电费的义务。

【思考与练习】

1. 供用电合同的含义是什么？供用电合同主要分为哪几类？

2. 供合同用电双方的主要权利与义务有哪些？

3. 供用电的基本内容有哪些？

模块 2　供用电合同管理（Z32E7002Ⅰ）

【模块描述】本模块包含供用电合同管理的重要性、主要内容、监督执行。通过以上内容的介绍和供用电合同典型案例分析，使用电检查人员掌握供用电合同管理的内容和方法。

【模块内容】

一、供用电合同管理的重要性

供用电合同管理是指供用电合同起草、会审、会签、签约、履行、终止全过程的管理。包括资信调查、合同谈判、签约、履行、变更、解除、纠纷处理以及合同建档、保存等。

加强供用电合同管理，对企业依法规范经营、避免法律纠纷和防范经营风险具有十分重要的意义。

二、供用电合同管理的主要内容

1. 供用电合同管理的组织

（1）供电企业电力营销部门是供用电合同管理的职能部门，实行分级管理。

（2）供电企业承担供用电合同签订工作的部门对合同内容的合法性及正确性负责，并接受省、市公司电力营销部的监督、检查。

（3）供电企业应明确供用电合同签约人员及具体签约、承办部门，并进行职责划分。

（4）供电企业的电力营销部门应配备专（兼）职人员负责供用电合同日常管理工作。

2. 供用电合同管理的主要内容

（1）供电企业与客户签订供用电合同前，统一提供国家电网公司编制印发的《供用电合同》参考文本，双方经平等协商、讨论后，参考使用。

（2）《供用电合同》参考文本的内容是供用电合同的基本条款，供电企业应按法律法规的要求，向当地工商管理部门申请备案。为使《供用电合同》更符合实际情况，双方可在此基础上增加认为需约定的其他条款以及附加协议，附加协议与供用电合同同等效力。

（3）供用电合同的条款应内容合法，权利、义务明确，责任分明，文字表达准确。

（4）合同签订前应详细了解对方的主体资格、资信情况、履约能力；对方情况不明的，应要求提供有效担保；对国家规定需持有许可证的项目，应严格审查许可证的有效期限。

（5）供用电合同必须由双方的法定代表人或其委托代理人签字，并加盖规定的印章；企事业单位的供用电合同应加盖单位公章；供电企业不得与以个人名义申请用电的企事业单位签订《供用电合同》。

在签订供用电合同时，电力客户必须出示法定代表人及其委托代理人身份证原件，并将原件复印件及授权委托书交给供电企业作为供用电合同的附件保存。

（6）供电企业的供用电合同签约人应参加供用电合同签约资格培训，培训合格，具备资质，并取得本单位法定代表（负责）人委托签订供用电合同的授权；电力客户法定代表人授权代理人签订供用电合同时，必须事先办理书面授权委托书。

（7）供电企业应按分层分级的原则组织签订供用电合同。

（8）重要客户以及 35kV 及以上电压供电的大工业客户和趸售客户的合同，须由本单位法定代表（负责）人签署；有特殊条款的客户的供用电合同，需经本单位法律顾问审核后签订，并报省电力公司备案。

月电费超过 1000 万元的大客户或有特殊条款的重要客户的供用电合同，需经本单位法律顾问审核，并报省电力公司审批后签订。

（9）供用电合同应通过营销管理信息系统或办公自动化系统实现网络审核、会签及审批。

（10）供电企业在签订供用电合同时一律使用“××供电企业供用电合同专用章”，并加盖骑缝章；供用电合同废止时，应在合同文本上加盖“××供电企业供用电合同废止章”；“供用电合同专用章”“供用电合同废止章”应由专人保管。

（11）供用电合同签订后，必须全面履行，不因法定代表（负责）人或承办、签约人员的变动而变动或解除。

（12）供电公司应建立供用电合同台账，承办的合同应及时登录，编制新签、续签合同情况表及失效合同清单，对需重签的供用电合同制订工作计划。

（13）供用电合同文本、资料实行档案化管理，并建立供用电合同借阅管理制度。

（14）供用电合同实行电子化管理，文本以影印件或扫描件进行微机保存，并有备份。

（15）供用电合同管理以电子化为基础，实行信息化管理，实现根据设定自动检索、查阅、统计合同。

（16）及时清理破产、兼并企业及超期临时用电等失效的供用电合同。

3. 供用电合同签订、变更、终止的管理流程

（1）合同签订的管理流程（图 7–2–1）。

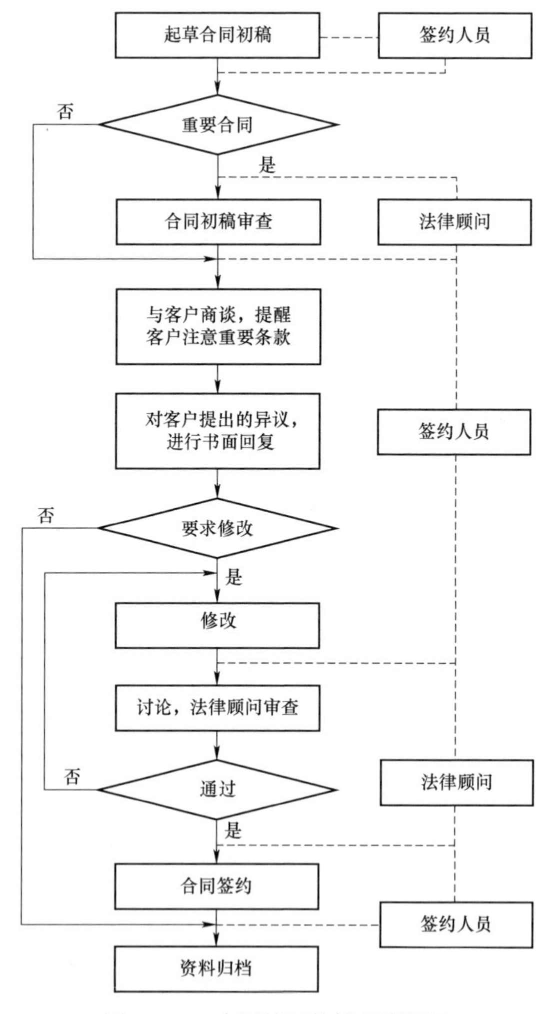

图 7–2–1 合同签订的管理流程图

（2）合同变更的管理流程（图 7–2–2）。

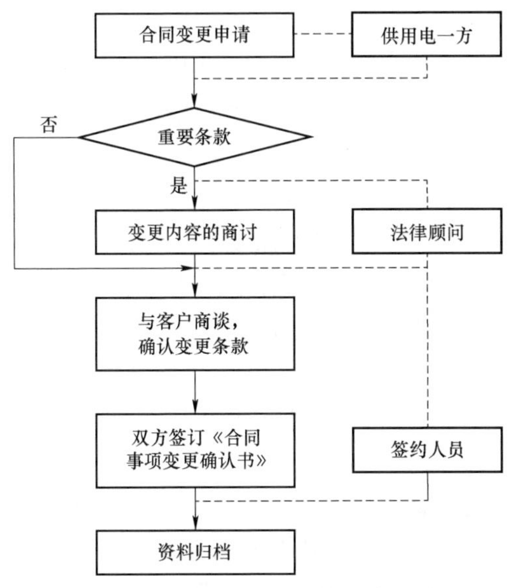

图 7–2–2　合同变更的管理流程图

（3）合同终止履行的管理流程（图 7–2–3）。

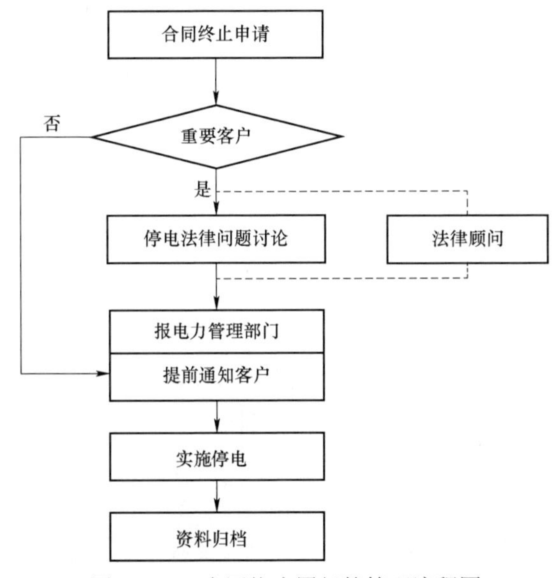

图 7–2–3　合同终止履行的管理流程图

三、供用电合同的监督检查及考核

（1）供电企业应建立供用电合同内容的签约审查制度及供用电合同履行情况的检查制度，严禁先供电后补合同、合同尚未生效即提前履行等违规行为。

（2）供电企业用电检查部门负责对合同中供电方案的合理性、执行电价的正确性等条款进行审查，对供用电合同执行情况、管理情况定期进行分析，及时发现和解决存在的问题。

（3）建立供用电合同的法律联动机制，供电企业法律顾问应对供用电合同特殊条款及重要合同进行审查，并对相应条款的正确性、完整性及无歧义负责。

（4）供用电合同在履行中，双方发生纠纷，并导致不利后果的，供电企业应按照供电服务质量事故责任追究相关规定，追究签约人及相关责任人员的责任，督促重新签订合同。

（5）省级电力企业电力营销部对各地、市供用电合同管理情况不定期进行抽查或组织互查，实行目标管理考核。

四、供用电合同纠纷的解决途径

供用电纠纷常见有计量纠纷、价格纠纷、违约供用电纠纷等。解决合同纠纷的途径主要有协商、调解、仲裁、诉讼等。供用电双方在合同中可就争议解决方式及管辖机构或管辖地予以约定。

五、供用电合同典型案例分析

【案例】某食品厂与某供电公司供用电合同纠纷案。

1. 案情介绍

某食品厂由于受市场影响，产品严重滞销，经营严重恶化，导致欠某供电公司电费达 60 余万元。若不及时采取措施，如该厂破产倒闭，将给供电公司造成巨额经济损失。供电公司依据《电力法》《合同法》规定，通知该厂于 3 日内缴清电费，同时告知客户，由于其经营状况严重恶化，供电公司已符合《合同法》第六十八条、第六十九条规定的行使不安抗辩权的法定条件，用电方必须为下期用电电费提供担保，否则将中止供电。该食品厂缴清了电费，却拒绝提供担保，供电公司按规定程序中止了该厂供电。

该食品厂以供电公司停电属违约行为为由，向某基层人民法院提起民事诉讼，认为供电公司要求其提供担保，《电力法》无明确规定，要求供电公司恢复供电，并赔偿停电导致的损失 15 万元。供电公司聘请律师积极应诉，向法庭提交了供用电合同、近半年来该厂电费发票存根（证明多次未按期缴纳电费，履约能力明显降低）、从工商行政管理局复制的该厂企业法人营业执照年审材料及从该厂主管部门复制的食品厂财务会计报表（证明该厂经营状况严重恶化）等证据材料。

经审理，人民法院认为，原告食品厂与被告供电公司在本案中系供用电合同关系，该法律关系属民事法律关系，应受《民法通则》《合同法》等民事法律规范调整。供用电合同为异时履行的双务合同，供电公司有先供电、后收费的义务，但当用电方出现《合同法》第六十八条所列的经营状况严重恶化，转移资产、抽逃资金以逃避债务，丧失商业信誉，有丧失或者可能丧失履行债务能力等项情形且供电方有确切的证据予以证明，供电方在履行了通知义务后，在用电方未恢复履行能力前，可以要求用电方提供电费担保，用电方拒绝提供担保的，可以中止供电。据此法院判令驳回原告的诉讼请求。

一审判决后，原告、被告均未提起上诉，不久，原告即与供电公司达成协议，自愿将其厂区内一块面积达 1900m^2 的无地上定着物的土地使用权对将要发生的电费提供担保，双方签订了《电费缴纳合同》《抵押合同》，并在土地行政管理部门办理了抵押物登记手续，使《抵押合同》合法生效。

2. 案件评析

在这起案例中，法院判决是正确的。供电公司依法行使不安抗辩权，同时在用电方不服起诉时，积极举证应诉，赢得了法院的支持，取得了该厂无地上定着物的土地使用权的优先受偿权，在抵押物所担保的电费债务已到《电费缴纳合同》约定清偿期而该厂未履行债务时，供电公司可通过行使抵押权，选择使用以土地使用权折价、拍卖和变卖等方式实现未受偿电费债权，有效地降低经营风险。

《合同法》第六十八条规定："应当先履行债务的当事人，有确切证据证明对方有下列情形之一的，可以中止履行：① 经营状况严重恶化；② 转移财产、抽逃资金，以逃避债务；③ 丧失商业信誉；④ 有丧失或者可能丧失履行债务能力的其他情形。当事人没有确切证据中止履行的，应当承担违约责任。"

《合同法》第六十九条规定："当事人依照本法第六十八条规定中止履行的，应当及时通知对方。对方提供适当担保时，应当恢复履行。中止履行后，双方在合理期限未恢复履行能力并且未提供适当担保的，中止履行的一方可以解除合同。"

【思考与练习】

1. 什么是供用电合同管理？供用电合同管理有何重要性？
2. 供用电合同管理的主要内容有哪些？
3. 供用电合签订管理流程有哪些环节？
4. 供用电合同纠纷的解决途径有哪些？

模块3 合同基本知识（Z32E7003Ⅰ）

【模块描述】本模块包含合同的基本知识。通过概念描述、术语说明、要点归纳，使用电检查人员掌握合同基本知识。

【模块内容】

一、合同的法律概念

《中华人民共和国合同法》（简称《合同法》）第二条规定："本法所称合同是平等主体的自然人、法人、其他组织之间设立、变更、终止民事权利义务关系的协议。"

二、合同的形式

在我们国家合同形式目前有这样几种形式：① 书面形式（有些合同法律规定必须采用书面形式比如商品房买卖合同）。② 口头约定（在能够证明的情况下，双方口头约定也可以成立合同。口头约定在发生纠纷时难以证明，所以这种形式不可取）。③ 其他形式，它又分为默示形式和视听资料形式。

三、签订一份合同的过程

签订一份合同要经过要约、承诺两个阶段。

四、合同的主要内容或者说必要内容

（1）合同双方当事人。

（2）标的。

（3）数量、质量。

（4）价款或者报酬。

（5）履行期限、地点和方式。

（6）违约责任。

（7）解决争议的办法。

五、合同的特殊形式——格式合同

格式条款是指合同当事人为了重复使用而预先拟定，并在订立合同时未与对方协商的条款。包含有格式条款的合同为格式合同，又称为标准合同。

合同法制定了一套规则来管制格式合同。

第一、提供格式合同的一方要采取合理方式提请对方注意免除或限制其责任的条款，按照对方的要求，对该条款予以说明。

第二、在格式合同中，提供格式合同的一方免除其责任、加重对方责任、排除对方主要权利的条款无效。

第三、对格式条款有两种以上解释的，应当做出不利于提供格式条款一方的解释。

另外，还请记住《合同法》第五十三条规定的两种情形的免责条款无效：① 造成对方人身伤害的；② 因故意或者重大过失造成对方财产损失的。

六、签订合同时应当注意的事项

（1）合同文本的起草。

（2）审查合同对方的签约资格及履约能力。

（3）合同双方应承担的权利、义务应当明确具体，切忌含糊笼统。

（4）约定争议管辖权条款。

（5）“明确合同签订地”的意义。

（6）合同内容完成后，双方签字盖章有关事项，特别注意合同的附件，也要盖章。

【思考与练习】

1. 合同的必要内容？

2. 合同的形式有哪些？

模块 4　供用电合同范本的条款内容（Z32E7005Ⅰ）

【模块描述】本模块包含供用电合同范本的条款及条款的含义等内容。通过概念描述、术语说明、要点归纳，使用电检查人员掌握供用电合同的基本条款。

【模块内容】

一、供用电合同范本的条款

（1）用电地址、用电性质和用电容量。

（2）供电方式、供电质量和供电时间。

（3）产权分界点及责任划分。

（4）计量方式和电价、电费结算方式。

（5）违约责任。

（6）合同的有效期限。

（7）双方共同认定应当约定的其他条款。

二、条款的含义

1. 用电地址、用电性质和用电容量

用电地址是指用电人使用电力的地址。用电容量是指供电人认定的用电人受电设备的总容量，以千瓦（千伏安）表示。用电性质包括用电人行业分类和用电分类，行业用电分类分为农林牧渔业、采矿业、制造业等 20 个类别。用电分类按照电价表中的分类方法，包括大工业用电、非普工业用电、农业生产用电、商业用电、居民生活用电、非居民照明用电、趸售用电和其他用电。

2. 供电的方式、供电质量和用电时间

（1）供电方式。是指供电人以何种方式向用电人供电，包括主供电源、备用电源、保安电源的供电方式以及委托转供电等内容。供电企业对申请用电的用户提供的供电方式，应从供用电的安全、经济、合理和便于管理出发，依据国家的有关规定、电网的规划、用电需求以及当地供电条件等因素，进行技术经济比较，与用户协商确定。

（2）供电质量。是指供电频率、电压和供电可靠性三项指标。频率（周波）质量，是以频率允许偏差来衡量：电压质量，是以电压的闪变、偏离额定值的幅度和电压正弦波畸变程度衡量；供电可靠性，是以供电企业对用户停电的时间及次数来衡量。

（3）用电时间。是指用电人有权使用电力的起止时间。双方应在合同中具体规定用电时间。规定用电时间的目的在于保证合理用电和安全用电，避免同一时间用电人集中用电，造成高峰时间供电设施因负荷过大而发生断电、停电事故，同时也可以防止低谷负荷过低而造成电力浪费。近几年，随着我国电力事业的迅速发展，电力供应的紧张状况已趋于缓和，对用电时间的限制将逐步放宽。

3. 产权分界点及责任划分

在供用电合同中，双方应当协商确认供用电设施产权分界点，分界点及电源侧供电设施属于供电人，由供电人负责运行维护管理，分界点负荷侧供电设施属于用电人，由用电人负责运行维护管理。供电人、用电人分管的供电设施，除另有约定外，未经对方同意，不得操作或更动。

供用电合同是双方法律行为，当事人还可以在协商一致的情况下，在合同中约定其他认为需要的事项，如合同的有效期限、违约责任等条款。对于合同内容的要求是提倡性和指导性的，而不是强制性的。如果供用电合同没有完全具备法律规定的内容，不影响合同的效力。供用电合同生效后，当事人就合同的某些内容没有约定或者约定不明确的，可以协议补充；不能达成补充协议的，按照合同有关条款或者交易习惯确定。

4. 计量方式和电价、电费结算方式

计量方式，是指供电人如何计量用电人使用的电量。供电企业应在用户每一个受电点内按不同电价类别，分别安装用电计量装置。用电计量装置是一种记录用户使用电力电量多少的专用度量衡器，它的记录作为向用电人计算电费的依据。用电计量方式采用高压侧计量或低压侧计量。

电价即电网销售电价，是指供电企业向用电人供应电力的价格。电价实行国家统一定价，由电网经营企业提出方案，报国家有关物价部门核准。

电费是电力资源实现商品交换的货币形式。供电企业应当按照国家核准的电价和用电计量装置的记录，向用电人计收电费；用户应当按照国家核准的电价和用电计量装置的记录，按时缴纳电费。为防止电费的拖欠，双方当事人可以在合同中约定电价、电费的结算方式。双方可采取下列结算方式：① 现金支付；② 采取预付电费制；③ 有账务往来的，可商订价款互抵协议；④ 采用商业承兑汇票或银行承兑汇票的结算方式；⑤ 由供、用、银行三方商签每月电费分期划拨协议；⑥ 其他有效方式。

5. 违约责任

供用电合同中应明确哪些属于免责条件，哪些属于违约行为，并明确违约所应承担的责任等。

6. 合同的有效期限

在合同中约定合同的有效期限及起止时间。供用电合同的有效期限一般为1～3年。合同到期，可以重新签订，原合同废止；或在合同中约定合同有效期届满，双方均未对合同履行提出书面异议，合同效力按合同有效期重复继续维持。在合同有效期内，如发生对合同部分条款进行修改、补充时，经供用电双方认可，合同继续有效。

7. 双方共同认定应当约定的其他条款

主要约定以上没有列举的事项。

【思考与练习】

1. 供用电合同范本的条款包括哪些内容？
2. 简述用电容量的概念。

模块5　低压供用电合同签订（Z32E7006Ⅱ）

【模块描述】本模块包含签订供用电合同的法律依据、合同签约合法当事人、用电人签订合同前应提供的材料、合同签订的时限要求及注意事项。通过低压供用电合同样本示例，使用电检查人员掌握低压供用电合同签订的内容和方法。

【模块内容】

一、签订供用电合同的法律依据

《中华人民共和国电力法》《电力供应与使用条例》《供用电营业规则》均有规定，供电企业和客户应当在正式供电前，根据客户用电需求和供电企业的供电能力以及办理用电申请时双方已认可或协商一致的文件，签订供用电合同。电力供应与使用双方应当根据平等自愿、协商一致的原则签订供用电合同，确定双方的权利和义务。

二、供用电合同签约的合法当事人

供用电合同签约的合法当事人是供电人和用电人。

供电人是指具有国家行政许可部门核发的《供电营业许可证》《供电业务许可证》、

工商行政管理部门核发的《营业执照》或《企业法人营业执照》的供电企业。

用电人是指使用电网电力或需要电网提供生产备用、保安电源的发电厂、热电厂、水电站等的合法电力客户。

三、用电人签订供用电合同前应提供的材料

《供电营业规则》规定：供电企业和客户应当在正式供电前，根据客户用电需求和供电企业的供电能力以及办理用电申请时双方已认可或协商一致的下列文件，签订供用电合同：

（1）客户的用电申请或用电申请书。

（2）新建项目立项前双方签订的供电意向性协议。

（3）供电企业批复的供电方案。

（4）客户受电装置安装工程施工竣工检验报告。

（5）用电计量装置安装完工报告。

（6）供电设施运行维护管理协议。

（7）其他双方事先约定的有关文件。

（8）重要电力客户重要性等级审批文件。

对用电量大的客户或供电有特殊要求的客户，在签订供用电合同时，可单独签订电费结算协议和电力调度协议等。

四、签订低压供用电合同的时限要求

《国家电网公司业扩报装管理规定（试行）》（国家电网公司营销〔2007〕49 号）规定：根据相关法律法规和平等协商原则，正式接电前，合同条款应按照国家电网公司下发的《供用电合同》（参考文本）确定。未签订供用电合同的，不得接电。

五、低压供用电合同签订业务流程及注意事项

1. 合同签订业务流程

合同签订业务流程如图 7–5–1 所示。

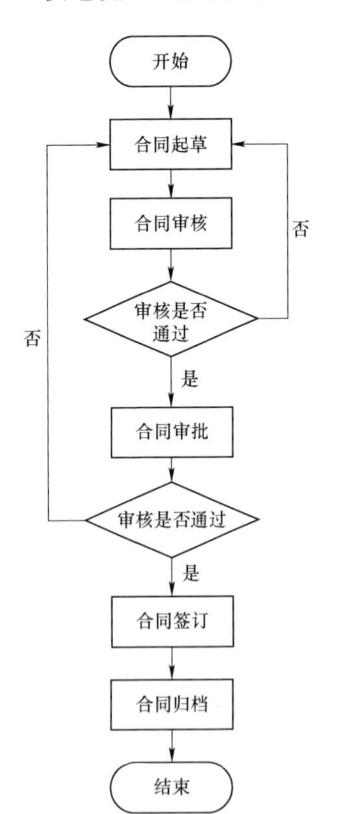

图 7–5–1 低压供用电合同签订业务流程图

2. 合同签订注意事项

（1）签订合同前，要对客户进行必要的咨信、住所情况调查核实。

（2）文字表述、文理逻辑要明确严密，不产生歧义，双方权利义务要明确具体。

（3）供电企业、电力客户法定代表人授权代理人签订供用电合同时，必须事先办理书面授权委托书或授权委托证书。

（4）在签订合同时，供电企业授权代理人应向电力客户出示授权委托证书，并复印交给电力客户，电力客户应出示法定代表人及其委托代理人身份证原件，并将原件复印件及授权委托书交给供电企业作为供用电合同的附件保存。电力客户提交的相关资质证明包括客户应有的《企业法人营业执照》或《营业执照》、税务登记证、组织机构代码等，国家规定的许可项目还应包括许可证。

（5）低压供用电合同期限一般不超过10年；实行定比定量的客户，不超过2年。国家规定的许可项目，合同有效期限不得超过许可证的有效期限。

（6）合同的签订应严格履行审批流程。对供电方案的经济性、可行性、安全性以及核定的电价，签约人员必须认真审查。

（7）供用电合同在签约过程中，供电企业必须履行提请注意和异议答复程序；对电力客户书面提出的异议，供电企业必须书面答复，并留有相应的答复记录。

（8）供用电合同在具备合同约定条件和达到合同约定时间后生效。

（9）合同附件及有关资料要整理齐全，一并归入主合同档案。合同签订后应做好供用电合同的档案管理工作。

六、低压供用电合同样本示例

（一）居民供用电合同样本示例

居民供用电合同
（参考文本）

为明确供电企业（以下简称“供电人”）和居民用电户（以下简称“用电人”）在电力供应与使用中的权利和义务，根据《中华人民共和国合同法》《中华人民共和国电力法》《电力供应与使用条例》《供电营业规则》等有关法律法规规定，经供电人、用电人协商一致，签订本合同，共同信守，严格履行。

一、用电地址、容量和性质

1. 用电地址：（　　）（填写受电装置的地点）。

2. 约定容量：（　　）kW。

3. 用电性质为居民生活照明用电。

二、供电方式

供电人以交流低压（　　）向用电人供电。

三、供电质量和计量方式

1. 在电力系统正常状态下，供电人按照国家规定的电能质量标准向用电人供电。

2. 供电人按国家规定，在用电人的受电点安装用电计量装置，并按计量表计正常记录作为向用电人计算电费的依据。

用电人认为计量表计记录不准，有权向供电人提出校验。经校验，计量表计误差在允许范围内，校验费由用电人承担；计量表计误差超出允许范围，校验费用供电人承担。

电能计量及采集装置产权属供电人，用电人有义务妥为保护，发生丢失、损坏或过负荷等异常情况，应及时通知供电人处理。

用电人不得擅自开启供电人加封的计量装置封印，发现封印脱落，应立即通知供电人处理。

四、电价及电费结算

供电人按照电价管理有权部门批准的电价和用电计量装置的正常记录，定期向用电人结算电费及随电量征收的有关费用。

在合同有效期内，电价及其他收费项目费率调整时，按电价管理有权部门的调价文件规定执行。

五、电力设施运行维护管理责任分界及运行维护职责

1. 电力设施运行维护管理责任分界点供电设施产权按《供电接线及产权分界示意图》标注图（　　）的分界点明确划分。分界点电源侧电力设施属供电人，由供电人负责运行维护管理。分界点负荷侧电力设施属用电人，由用电人负责运行维护管理。

2. 在电力设施上发生的法律责任以电力设施运行维护管理责任分界点划分。供电人、用电人应做好各自分管的电力设施的运行维护管理工作，并依法承担相应责任。

六、合同变更和解除

用电人需要增加、减少用电容量、变更户名或过户、改变用电性质、迁移用电地址或终止用电时，应及时向供电人办理手续，结清所欠电费，并变更或解除合同；其他需要变更或解除合同的，依据国家法律法规的有关规定执行。

七、违约责任

1. 因供电人的电力运行事故引起居民家用电器损坏，依照《居民用户家用电器损坏处理办法》有关规定处理。

2. 用电人未按规定期限足额缴纳电费，应承担违约责任，并依法缴纳电费违约金。供电人向用电人每日加收欠费总额千分之一的违约金，不足一元按一元收取，电费违约金从逾期之日起计算到缴纳日止。用电人拖欠电费，供电人按规定程序催交仍未足额交费的，供电人可中止供电，并追收所欠电费和违约金。

3. 用电人发生违约用电、窃电行为，按《供电营业规则》有关规定处理。

八、争议的解决方式

供电人、用电人因履行本合同发生争议时，应依本合同之原则协商解决。协商不成时，双方可选择下列第（　　）种方式解决：

a. 向（　　）申请仲裁。

b. 提起诉讼。

九、其他约定

1. 本合同未尽事宜，按《中华人民共和国合同法》《中华人民共和国电力法》《电力供应与使用条例》《供电营业规则》等有关法律、规章办理。

2. 用电人公安门牌发生变化而实际地址未变迁，本合同继续有效。

十、合同有效期

1. 本合同经供电人、用电人双方签字后生效，在供用电关系存续期间本合同有效。

2. 本合同一式两份。供电人、用电人各执一份。

供电人：（签章）	用电人：（签章）
签约人：（签章）	签约人：（签章）

合同附图：供电接线及产权分界示意图

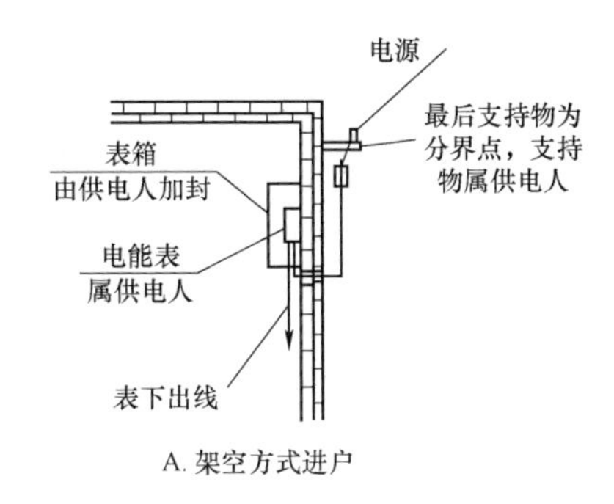

A. 架空方式进户

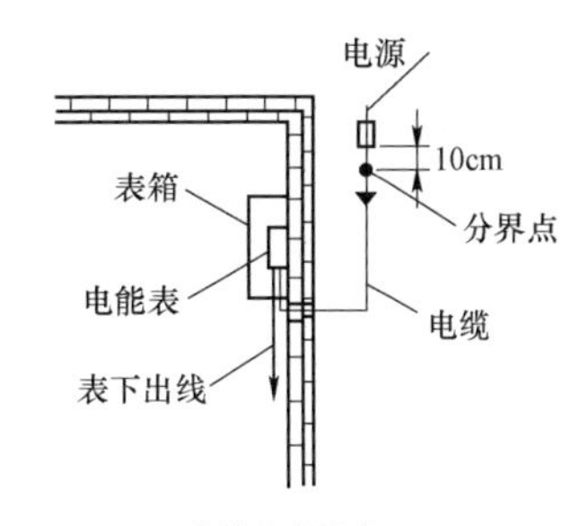

B. 电缆方式进户

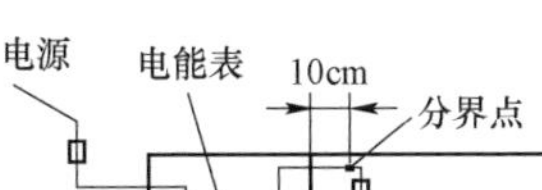

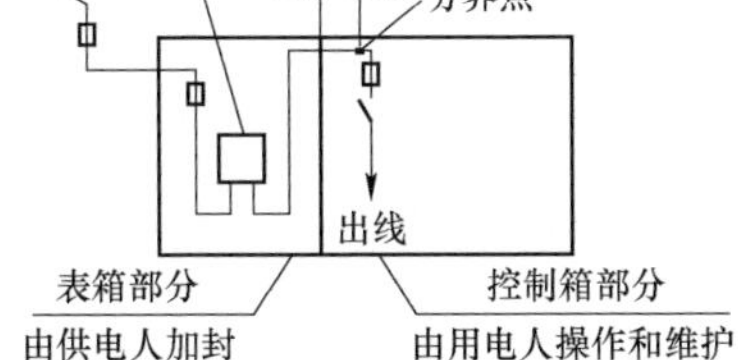

C. 集中表箱（带出线控制）

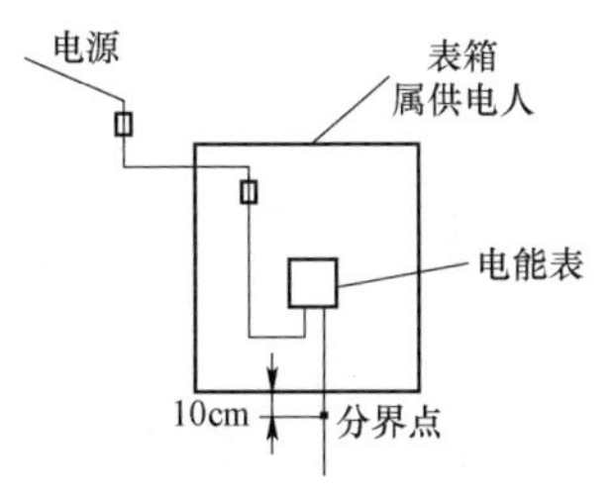

D. 集中表箱（不带出线控制）

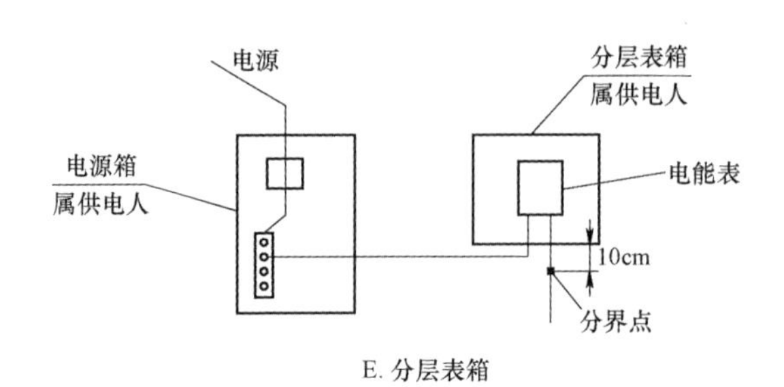

E. 分层表箱

（二）低压供用电合同样本示例

合同编号：×××

低压供用电合同
（参考文本）

供电人：	用电人：
单位名称：	单位名称：
法定地址：	法定地址：
法定代表（负责）人：	法定代表（负责）人：
授权代理人：	授权代理人：
电　　话：	电　　话：
传　　真：	传　　真：
邮政编码：	邮政编码：
开户银行：	开户银行：
账　　号：	账　　号：
税务登记号：	税务登记号：

为明确供电企业（以下简称“供电人”）和用电单位（以下简称“用电人”）在电力供应与使用中的权利和义务，安全、经济、合理、有序地供电和用电，根据《中华人民共和国合同法》《中华人民共和国电力法》《电力供应与使用条例》和《供电营业规则》的规定，经供电人、用电人协商一致，签订本合同，共同信守，严格履行。

一、用电地址、用电性质和用电容量

1. 用电地址：（填写受电装置的地点）

2. 用电性质：

（1）行业分类：（按照国民经济行业分类）

（2）用电分类：（按照电价类别）

3. 用电容量：

根据用电人的申请，供电人认定用电人受电设备的总容量为（　　）kW。

二、供电方式

1. 供电人向用电人提供交流 50Hz、220/380V 电压的电源向用电人供电。

2. 第一路电源：

电源性质：（填主供/备用/保安）

线路名称：（　　）kV（　　）线（填写配变名称及容量）配变，约定容量（　　）kW。

3. 第二路电源：

电源性质：（填主供/备用/保安）

线路名称：（　　）kV（　　）线（填写配变名称及容量）配变，约定容量（　　）kW。

4. 双电源闭锁方式：（填机械闭锁/电气闭锁）

5. 双电源运行方式：（填同时供电互为备用/一路主供一路备用/一路主供一路保安）

6. 为防止电网意外断电对用电人安全产生的影响，供电人提请用电人采取必要的电或非电保安措施。

用电人自备保安电源，自备发电机（或不停电电源 UPS）容量为（　　）kW。

7. 未经供电人同意，用电人不得向第三人转供电力。

8. 具体供电接线方式见附图《供电接线及产权分界示意图》。

三、供电质量

1. 在电力系统正常状况下，供电人按《供电营业规则》规定的电能质量标准向用电人供电。

2. 如用电人用电功率因数达不到 0.85 以上，或用电人谐波注入量、冲击负荷、波动负荷、非对称负荷等产生的干扰与影响超过国家标准时，供电人无义务保证规定的电能质量。

3. 在电力系统正常运行的情况下，供电人应向用电人连续供电。供电人依法按规定事先通知的停电，用电人应当予以配合。

4. 当电力系统发生故障停电时，供电人应及时告知用电人。

四、用电计量

1. 供电人根据用电人不同电价类别的用电，分别安装用电计量装置。用电计量装置的产权属供电人。用电计量装置的记录作为向用电人计算电费的依据。

2. 计量方式采用：

（1）第一路电源用电主计量装置安装在（　　）处，安装的有功电能表为（　　）A，无功电能表为（　　）A，电流互感器变比为（　　）。用于计量（　　）用电量。

（　　）计量装置安装在（　　）处，安装的有功电能表为（　　）A，无功电能表为（　　）A，电流互感器变比为（　　）。用于计量（　　）用电量。

（2）第二路电源用电主计量装置安装在（　　）处，安装的有功电能表为（　　）A，无功电能表为（　　）A，电流互感器变比为（　　）。用于计量（　　）用电量。

（　　）计量装置安装在（　　）处，安装的有功电能表为（　　）A，无功电能表为（　　）A，电流互感器变比为（　　）。用于计量（　　）用电量。

3. 用电人未按电价分类分别配电时，对难以装表计量的用电量，供用人和用电人根据实际情况确定用电构成比例和数量，在电费结算协议中确定计算方式。用电人用电构成比例和数量变化时，供电人和用电人根据具体情况进行调整，每年至少对其核定一次。

五、电价及电费结算方式

1. 计价依据与方式：

（1）供电人按照电价管理有权部门批准的电价和用电计量装置的记录，定期向用电人结算电费。在合同有效期内，发生电价和其他收费项目费率调整时，按调价文件规定执行。

（2）按国家规定，用电人执行功率因数调整电费办法。

第一路电源功率因数调整电费考核标准为（　　）。第二路电源功率因数调整电费考核标准为（　　）。

2. 电费结算方式：

（1）供电人应（　　）抄表，按期向用电人收取电费。

（2）用电人应（　　）全额交清电费。

（3）根据实际情况，经供电人、用电人协商，另行签订电费结算协议。

3. 用电人对用电计量、电费有异议时，同意先交清电费，然后双方协商解决。协商不成时，按本合同第九条约定处理。

4. 经供电人、用电人协商，为促进双方及时进行电费结算，在用电人（　　）处装设预付费式电能表，作为预结算用，双方每月仍按原计量装置结算电费，有关事宜在电费结算协议中明确。

六、电力设施产权分界点和运行维护管理责任

1. 经供电人、用电人双方协商确认，第一路电源电力设施产权分界点及运行维护

管理责任分界点设在（　　）处，（　　）属于（供电人/用电人）；第二路电源电力设施产权分界点及运行维护管理责任分界点设在（　　）处，（　　）属于（供电人/用电人）。

分界点电源侧电力设施属供电人，由供电人负责运行维护管理。分界点负荷侧电力设施属用电人，由用电人负责运行维护管理。

2. 除另有约定者外，供电人和用电人，未经对方同意，不得操作或更动对方负责管理的电力设施。如遇紧急情况（当危及电网和用电安全，或可能造成人身伤亡或设备损坏）而必须操作时，事后应在24h内通知对方。

3. 在电力设施上发生的法律责任以电力设施产权分界点为基准划分。供电人、用电人应做好各自分管的电力设施的运行维护管理工作，并依法承担相应的责任。

七、约定事项

1. 为保障电网安全，供电人按规定对用电人进行用电检查时，用电人予以配合。

2. 送电前，用电方的电气运行维护人员须持有电监会颁发的进网作业电工证书。

3. 安装在用电人的用电计量装置由供电人维护管理，用电人有义务妥为保护并监视其正常运行。如有异常，用电人应及时通知供电人处理；如私自迁移、更动和擅自操作的，按《供电营业规则》第一百条第5项处理。

4. 用电人如需装设自备发电机组应与供电人另行签订自发电协议，明确双方的权利和义务。如需变更应事先向供电人提出，经双方协商确定后实施，并重新签订自发电协议。需要并网运行的，必须经供电人、用电人签订调度协议后，方可并网运行。用电人不得自行引入（供出）电源。否则，按《供电营业规则》第一百条第6项处理。

5. 因电力设施计划检修需要停电时，通过（　　　　）提前7天进行公告；临时检修停电提前24h通过（　　　　）进行公告。

6. 对下列合同内容的变更，双方约定不再重新签订合同，该变更的书面申请及批复作为供用电合同的补充，与合同具有同等法律效力：移表、暂拆、改类。

7. 如遇供电人因供电网络引起供电线路、配电名称发生变化时，供电人应及时以书面形式说明供电线路、配电名称变更情况，该书面说明作为双方供用电合同的补充，与合同具有同等法律效力。

8. 双方约定，本合同的履行地点为（　　　　　　）。

9.（　　　　　　　　　　）。

10.（　　　　　　　　　　）。

八、违约责任

1. 供电人违约责任：

（1）因供电人的电力运行事故，给用电人或者第三人造成损害的，供电人应按《供电营业规则》第九十五条有关规定承担违约责任。

电力运行事故由下列原因之一造成的，供电人不承担违约责任：

a. 不可抗力。

b. 用电人自身的过错。

（2）供电人未能依法按规定的程序事先通知用电人停电，给用电人造成损失的，经双方协商供电人按《供电营业规则》第九十五条第1项承担违约责任。

（3）供电人责任引起电能质量超出标准规定，给用电人造成损失的，经双方协商供电人按《供电营业规则》第九十六条、九十七条有关规定承担违约责任。

2. 用电人违约责任：

（1）由于用电人的责任造成供电人对外停电，用电人应按《供电营业规则》第九十五条有关规定承担违约责任。但不承担因供电人责任使事故扩大部分的违约责任。

（2）由于用电人的责任造成电能质量不符合标准时，对自身造成的损害，由用电人自行承担责任；对供电人和其他用户造成损害的，用电人应承担相应的损害违约责任。

（3）用电人不按期交清电费的，应承担电费滞纳的违约责任。电费违约金从逾期之日起计算至缴纳日止，电费违约金按下列规定计算：

a. 当年欠费部分，每日按欠费总额的千分之二计算。

b. 跨年度欠费部分，每日按欠费总额的千分之三计算。

自逾期之日起超过30日，经供电人催交，用电人仍未付清电费的，供电人可依法按规定的程序停止部分或全部供电，并追收所欠电费和电费违约金。

（4）用电人有违约用电行为的，应按《供电营业规则》第一百条的有关规定承担其相应的违约责任。

3. 因第三人的过错给供电人或者其他用户造成损害的，第三人应当依法承担违约责任。

4. 其他违约责任按《供电营业规则》相关条款处理。

九、争议的解决方式

供电人、用电人因履行本合同发生争议时，应依本合同之原则协商解决。协商不成时，双方可选择下列第（　　）种方式解决：

a. 向（　　）申请仲裁。

b. 提起诉讼。

十、供电时间

本合同签约，且用电人新建改建的受电装置经供电人检验合格后，供电人即依本合同向用电人供电。

十一、本合同效力及未尽事宜

1. 本合同未尽事宜，按《中华人民共和国合同法》《中华人民共和国电力法》《电力供应与使用条例》《供电营业规则》等有关法律、规章的规定办理。如遇国家法律、政策调整时，则按规定修改、补充本合同有关条款。

2. 本合同经双方签署生效。合同有效期为（　　）年。合同有效期届满，双方均未对合同效力提出异议或者双方对合同继续实际履行，合同仍然有效。

3. 在本合同有效期内，供电人、用电人任何一方欲修改、变更、解除合同时，按《供电营业规则》第九十四条办理。在修改、变更、解除合同的书面协议生效前，本合同继续有效。

4. 本合同自供电人、用电人法定代表人（负责人）或授权委托代理人签字后，并加盖公章或合同专用章后生效。

5. 本合同正本一式（　　）份。供电人、用电人各执（　　）份。副本一式（　　）份，供电人、用电人各执（　　）份。

6. 本合同附件包括：

a. 《供电营业规则》。

b. 供电线路、配变名称更改通知书。

c. 电费结算协议书。

d. （　　　　　　　　　　）。

e. （　　　　　　　　　　）。

f. （　　　　　　　　　　）。

上述附件为本合同不可分割的组成部分。

供电人：（签章）　　　　　　　　用电人：（签章）

签约人：（签章）　　　　　　　　签约人：（签章）

签约时间：　　年　月　日　　　　签约时间：　　年　月　日

附图：供电接线及产权分界示意图（附图A和附图B分别为单户架空方式进户、单户电缆方式进户）

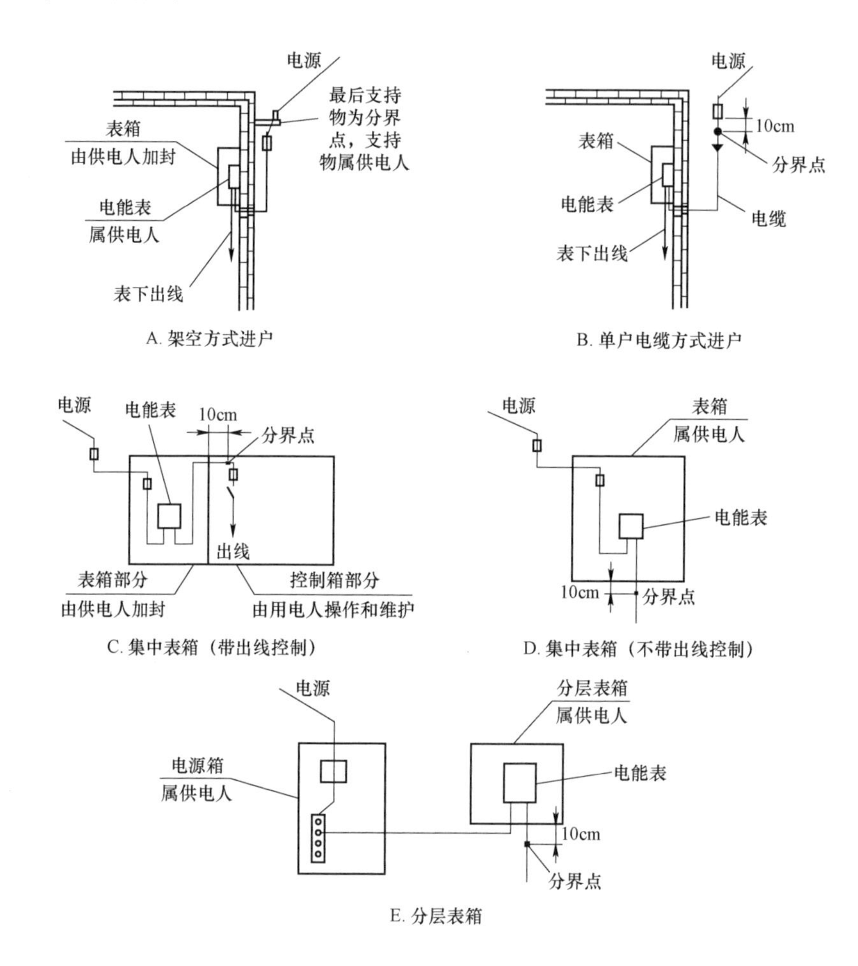

【思考与练习】

1. 签订供用电合同前用电人应提供哪些材料？
2. 签订供用电合同应注意哪些主要事项？

模块6 高压供用电合同签订（Z32E7007Ⅱ）

【模块描述】本模块包含签订供用电合同的法律依据、合同签约合法当事人、用电人签订合同前应提供的材料、合同签订的时限要求及注意事项。通过高压供用电合同样本示例，使用电检查人员掌握高压供用电合同签订的内容和方法。

【模块内容】

一、签订供用电合同的法律依据

《中华人民共和国电力法》《电力供应与使用条例》《供用电营业规则》均有规定，供电企业和客户应当在正式供电前，根据客户用电需求和供电企业的供电能力以及办理用电申请时双方已认可或协商一致的文件，签订供用电合同。电力供应与使用双方应当根据平等自愿、协商一致的原则签订供用电合同，确定双方的权利和义务。

二、供用电合同签约的合法当事人

供用电合同签约的合法当事人是供电人和用电人。

供电人是指具有国家行政许可部门核发的《供电营业许可证》《供电业务许可证》、工商行政管理部门核发的《营业执照》或《企业法人营业执照》的供电企业。

用电人是指使用电网电力或需要电网提供生产备用、保安电源的发电厂、热电厂、水电站等的合法电力客户。

三、签订供用电合同前应提供的材料

《供电营业规则》规定：供电企业和客户应当在正式供电前，根据客户用电需求和供电企业的供电能力以及办理用电申请时双方已认可或协商一致的下列文件，签订供用电合同：

（1）客户的用电申请报告或用电申请书。

（2）新建项目立项前双方签订的供电意向性协议。

（3）供电企业批复的供电方案。

（4）客户受电装置施工竣工检验报告。

（5）用电计量装置安装完工报告。

（6）供电设施运行维护管理协议。

（7）其他双方事先约定的有关文件。

（8）重要电力客户重要性等级审批文件。

对用电量大的客户或供电有特殊要求的客户，在签订供用电合同时，可单独签订电费结算协议和电力调度协议等。附件或补充协议与供用电合同具有同等效力，但在经济关系上，不能违背供用电合同的原则。

四、签订供用电合同的时限要求

《国家电网公司业扩报装管理规定（试行）》（国家电网公司营销〔2007〕49号）规定：根据相关法律法规和平等协商原则，正式接电前，合同条款应按照省公司下发的《供用电合同》（参考文本）确定。未签订供用电合同的，不得接电。

五、高压供用电合同签订业务流程及注意事项

（一）合同签订业务流程

高压供用电合同签订业务流程如图 7–6–1 所示。

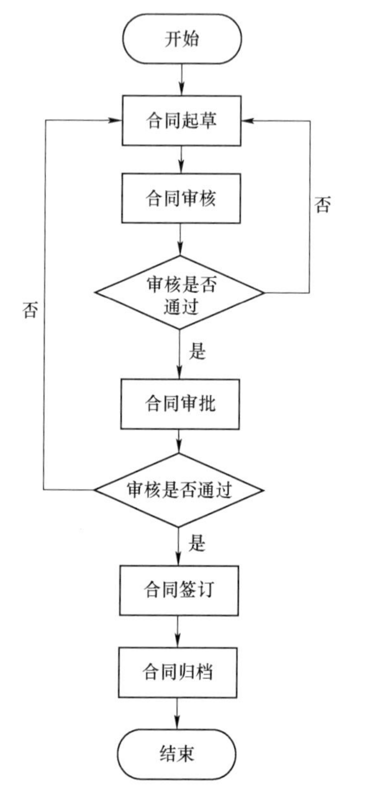

图 7–6–1 高压供用电合同签订业务流程

（二）合同签订注意事项

（1）签订合同前，要对客户进行必要的咨信、住所情况调查核实。

（2）文字表述、文理逻辑要明确严密，不产生歧义，双方权利义务要明确具体。

（3）供电企业、电力客户法定代表人、授权代理人签订供用电合同时，必须事先办理书面授权委托书或授权委托证书。

（4）在签订供用电合同时，电力客户应出示法定代表人及其委托代理人身份证原件，并将原件复印件及授权委托书交给供电企业作为供用电合同的附件保存。电力客户提交的相关资质证明包括客户应有的营业执照、税务登记证、组织机构代码等，国家规定的许可项目还应包括许可证。

（5）高压供用电合同期限一般不超过 5 年；实行定比定量的客户不超过 2 年。国家规定的许可项目，合同有效期限不得超过许可证的有效期限。

（6）供用电合同的签订应严格履行审批流程。对供电方案的经济性、可行性、安全性以及核定的电价，签约人员必须认真审查。

（7）供用电合同在签约过程中，供电企业必须履行提请注意和异议答复程序；对电力客户书面提出的异议，供电企业必须书面答复，并留有相应的答复记录。

（8）供用电合同在具备合同约定条件和达到合同约定时间后生效。

（9）合同附件及有关资料要整理齐全，一并归入主合同档案。合同签订后应做好合同的档案管理工作。

六、高压供用电合同样本示例

合同编号：×××

高压供用电合同
（参考文本）

供电人：
单位名称：
法定地址：
法定代表（负责）人：
授权代理人：
电　　话：
传　　真：
邮政编码：
开户银行：
账　　号：
税务登记号：

用电人：
单位名称：
法定地址：
法定代表（负责）人：
授权代理人：
电　　话：
传　　真：
邮政编码：
开户银行：
账　　号：
税务登记号：

为明确供电企业（以下简称“供电人”）和用电单位（以下简称“用电人”）在电力供应与使用中的权利和义务，安全、经济、合理、有序地供电和用电，根据《中华人民共和国合同法》《中华人民共和国电力法》《电力供应与使用条例》和《供电营业规则》的规定，经供电人、用电人协商一致，签订本合同，共同信守，严格履行。

一、用电地址、用电性质和用电容量

1. 用电地址：（填写受电装置的地点）

2. 用电性质：

（1）行业分类：（按照国民经济行业分类）

（2）用电分类：（按照电价类别）

（3）负荷性质：（填重要负荷/一般负荷）

3. 用电容量：

根据用电人的申请，供电人认定用电人受电设备的总容量为（　　）kVA。自备发电容量（　　）kW。（千瓦视同千伏安）

其中受电变压器共（　　）台，共计（　　）kVA，明细表如下：

受电高压电机共（　　）台，共计（　　）kW，明细表如下：

二、供电方式

1. 第一路电源：

电源性质：（填主供/备用/保安）

线路名称：（ ）kV（ ）线。

约定容量：（ ）kVA（千瓦视同千伏安）。

2. 第二路电源：

电源性质：（填主供/备用/保安）

线路名称：（ ）kV（ ）线。

约定容量：（ ）kVA（千瓦视同千伏安）。

3. 双电源联络方式：（填高压联络/低压联络）

4. 双电源闭锁方式：（填机械闭锁/电气闭锁）

5. 双电源运行方式：（填同时供电互为备用/一路主供一路备用/一路主供一路保安）

6. 为防止电网意外断电对用电人安全产生的影响，供电人提请用电人采取必要的电或非电保安措施。

7. 未经供电人同意，用电人不得向第三人转供电力。

经供电人委托，用电人同意由其（ ）变电站（线路）向单位转供电。转供电容量（ ）kVA，转供用电电力（ ）kW。有关转供电事宜，由供电人、转供电人、被转供电人另行签订委托转供电协议。

8. 具体供电接线方式见附图《供电接线及产权分界示意图》。

三、供电质量

1. 在电力系统正常状况下，供电人按《供电营业规则》规定的电能质量标准向用电人供电。

2. 用电人用电时的功率因数和谐波源负荷、冲击负荷、波动负荷、非对称负荷等产生的干扰与影响应符合国家标准，否则供电人无义务保证规定的电能质量。

3. 在电力系统正常运行的情况下，供电人应向用电人连续供电。供电人依法按规定事先通知的停电，用电人应当予以配合。

4. 当电力系统发生故障停电时，供电人应及时告知用电人。

四、用电计量

1. 供电人按国家规定，在用电人每个受电点安装用电计量装置。用电计量装置的记录作为向用电人计算电费的依据。

2. 用电总计量方式采用：

（1）第一路电源：（填高压侧计量/低压侧计量）

用电计量装置分别设在：

a.（　　　　　　　　　　　　　　　　　　）

b.（　　　　　　　　　　　　　　　　　　）

c.（　　　　　　　　　　　　　　　　　　）

d.（　　　　　　　　　　　　　　　　　　）

e.（　　　　　　　　　　　　　　　　　　）

f.（　　　　　　　　　　　　　　　　　　）

用电计量装置主要参数见表 7–6–1。

表 7–6–1　　　　　　　　　　用电计量装置主要参数

计量设备名称	规格	精度/级	计算倍率	产权归属

（2）第二路电源：（填高压侧计量/低压侧计量）

用电计量装置分别设在：

a.（　　　　　　　　　　　　　　　　　　）

b.（　　　　　　　　　　　　　　　　　　）

c.（　　　　　　　　　　　　　　　　　　）

d.（　　　　　　　　　　　　　　　　　　）

e.（　　　　　　　　　　　　　　　　　　）

f.（　　　　　　　　　　　　　　　　　　）

用电计量装置主要参数见表 7–6–2。

表 7–6–2　　　　　　　　　　用电计量装置主要参数

计量设备名称	规格	精度/级	计算倍率

续表

计量设备名称	规格	精度/级	计算倍率

3. 用电计量装置安装位置与产权分界处不对应时，线路与变压器损耗由产权所有者负担。每月（填增加/减少）损耗电量应分摊到各类用电量中再分别计算电费。

4. 用电人未按电价分类分别配电时，对难以装表计量的用电量，供用人和用电人根据实际情况确定用电构成比例和数量，在电费结算协议中确定计算方式。用电人用电构成比例和数量变化时，供电人和用电人根据具体情况进行调整，每年至少核定一次。

五、无功补偿及功率因数

1. 用电人装设无功补偿装置总容量为（　　）kvar。其中电容器（　　）kvar，调相机（　　）kvar。

2. 在用电高峰时，用电人第一路电源功率因数应达到（　　），第二路电源功率因数应达到（　　）。

3. 供电人在用电人（　　）处装设反向无功电能表（或双向无功电能表）。用电人应按无功补偿就地平衡原则，合理装设和投切无功补偿装置。用电人送入供电人的无功电量视为吸收供电人的无功电量计算月平均功率因数。

六、电价及电费结算方式

1. 计价依据与方式：

（1）供电人按照电价管理有权部门批准的电价和用电计量装置的记录，定期向用电人结算电费。在合同有效期内，发生电价和其他收费项目费率调整时，按调价文件规定执行。

（2）用电人的电费结算：

a. 第一路电源执行（填单一制/两部制）电价及功率因数调整电费办法。

基本电费按（填变压器容量/最大需量）计算。计费变压器容量为（　　）kVA，最大需量为（　　）kW。基本电费计算方式确定后至少保持一年不变，执行一年后确需调整的，另行签订协议。

功率因数调整电费考核标准为（　　）。

b. 第二路电源执行（填单一制/两部制）电价及功率因数调整电费办法。

基本电费按（填变压器容量/最大需量）计算。计费变压器容量为（　　）kVA，最大需量为（　　）kW。基本电费计算方式确定后至少保持一年不变，执行一年后确需调整的，另行签订协议。

功率因数调整电费考核标准为（　　）。

2. 电费结算方式：

（1）供电人应（　　）抄表，按期向用电人收取电费。

（2）用电人应（　　）全额交清电费。

（3）根据实际情况，经供电人、用电人协商，另行签订电费结算协议。

3. 用电人对用电计量、电费有异议时，同意先交清电费，然后双方协商解决。协商不成时，按本合同第十一条约定处理。

4. 经供电人、用电人协商，为促进双方及时进行电费结算，在用电人（　　）处装设预付费式电能表，作为预结算用，双方每月仍按原计量装置结算电费，有关事宜在电费结算协议中明确。

5. 按最大需量计算基本电费时，当最大需量实际值小于变压器容量的40%，按变压器容量的40%计算基本电费。按规定实行峰谷分时电价的用电人，基本电费按最大需量计算的，以峰时、平时的最大需量作为结算的依据。

七、调度通信

供电人、用电人均应执行《电网调度管理条例》的有关规定。双方约定，用电人（　　　）设备由供电人调度，具体调度事宜由供电人、用电人另行签订电力调度协议。

八、电力设施产权分界点和运行维护管理责任

1. 经供电人、用电人双方协商确认，电力设施产权分界点及运行维护管理责任分界点：

第一路电源设在（　　）处，（　　）属于（供电人/用电人）。

第二路电源设在（　　）处，（　　）属于（供电人/用电人）。

分界点电源侧电力设施属供电人，由供电人负责运行维护管理。分界点负荷侧电力设施属用电人，由用电人负责运行维护管理。

对独资、合资或集资建设的输电、变电、配电等电力设施，其运行维护管理按《供电营业规则》第四十六条规定确定。

2. 用电人受电总开关继电保护装置应由供电人整定、加封，用电人不得擅自更动。

3. 除另有约定者外，供电人和用电人未经对方同意，不得操作或更动对方负责管理的电力设施。如遇紧急情况（当危及电网和用电安全，或可能造成人身伤亡或设备

损坏）而必须操作时，事后应在24h内通知对方。

4. 在用电人受电装置内安装的用电计量装置及电力负荷管理装置由供电人维护管理，用电人应妥为保护并监视其正常运行。如有异常，用电人应及时通知供电人。

5. 在电力设施上发生的法律责任以电力设施产权分界点为基准划分。供电人、用电人应做好各自分管的电力设施的运行维护管理工作，并依法承担相应的责任。

九、约定事项

1. 供电人应在用电人处安装电力负荷管理装置。用电人有义务根据实际需要向供电人申报用电计划。

2. 为保障电网安全，供电人按规定对用电人进行用电检查时，用电人予以配合。

3. 用电人发生重大设备及人身事故时，应及时告知供电人用电检查部门。

4. 送电前，用电方的电气运行维护人员须持有电监会颁发的进网作业电工证书。

5. 用电人对受电装置一次设备和保护控制装置进行改造或扩建时，应到供电人处办理手续，并经供电人审核同意后方可实施。

6. 用电人如需装设自备发电机组应与供电人另行签订自发电协议，明确双方的权利和义务。如需变更应事先向供电人提出，经双方协商确定后实施，并重新签订自发电协议。需要并网运行的，必须经供电人、用电人签订调度协议后，方可并网运行。

7. 因电力设施计划检修需要停电时，通过（　　　　　　）提前7日进行公告；临时检修停电提前24h通过（　　　　　　）进行公告。

8. 对下列合同内容的变更，双方约定不再重新签订合同，该变更的书面申请及批复作为供用电合同的补充，与合同具有同等法律效力：非永久性减容、暂停、暂换、移表、暂拆、改类、调整定比定量、调整基本电费收取方式。

9. 如遇供电人因供电网络引起供电线路发生变化时，供电人应及时以书面形式将供电线路变更情况通知用电人，该书面通知书作为双方供用电合同的补充，与合同具有同等法律效力。

10. 双方约定，本合同的履行地点为（　　　　　　　　　　）。

11.（　　　　　　　　　　　　　　　　　　　　　　）。

12.（　　　　　　　　　　　　　　　　　　　　　　）。

十、违约责任

1. 供电人违约责任：

（1）因供电人的电力运行事故，给用电人或者第三人造成损害的，供电人应按《供电营业规则》第九十五条有关规定承担违约责任。

电力运行事故由下列原因之一造成的，供电人不承担违约责任：

a. 不可抗力。

b. 用电人自身的过错。

c. 因电力运行事故引起开关跳闸，经自动重合闸装置重合成功的。

（2）供电人未能依法按规定的程序事先通知用电人停电，给用电人造成损失的，经双方协商，供电人按《供电营业规则》第九十五条第 1 项承担违约责任。

（3）供电人责任引起电能质量超出标准规定，给用电人造成损失的，经双方协商供电人按《供电营业规则》第九十六条、九十七条有关规定承担违约责任。

2. 用电人违约责任：

（1）由于用电人的责任造成供电人对外停电，用电人应按《供电营业规则》第九十五条有关规定承担违约责任。但不承担因供电人责任使事故扩大部分的违约责任。

（2）由于用电人的责任造成电能质量不符合标准时，对自身造成的损害，由用电人自行承担责任；对供电人和其他用户造成损害的，用电人应承担相应的损害违约责任。

（3）用电人不按期缴清电费的，应承担电费滞纳的违约责任。电费违约金从逾期之日起计算至缴纳日止，电费违约金按下列规定计算：

a. 当年欠费部分，每日按欠费总额的千分之二计算。

b. 跨年度欠费部分，每日按欠费总额的千分之三计算。

自逾期之日起超过 30 日，经供电人催交，用电人仍未付清电费的，供电人可依法按规定的程序停止部分或全部供电，并追收所欠电费和电费违约金。

（4）用电人有违约用电行为的，应按《供电营业规则》第一百条的有关规定承担其相应的违约责任。

3. 因第三人的过错给供电人或者其他用户造成损害的，第三人应当依法承担违约责任。

4. 其他违约责任按《供电营业规则》相关条款处理。

十一、争议的解决方式

供电人、用电人因履行本合同发生争议时，应依本合同之原则协商解决。协商不成时，双方可选择下列第（　　）种方式解决：

a. 向（　　）申请仲裁。

b. 提起诉讼。

十二、供电时间

本合同签约，且用电人新建改建的受电装置经供电人检验合格后，供电人即依本合同向用电人供电。

十三、本合同效力及未尽事宜

1. 本合同未尽事宜，按《中华人民共和国合同法》《中华人民共和国电力法》《电力供应与使用条例》《供电营业规则》等有关法律、规章的规定办理。如遇国家法律、政策调整时，则按规定修改、补充本合同有关条款。

2. 本合同经双方签署生效。合同有效期为（ ）年。合同有效期届满，双方均未对合同效力提出异议或者双方对合同继续实际履行，合同仍然有效。

3. 在本合同有效期内，供电人、用电人任何一方欲修改、变更、解除合同时，按《供电营业规则》第九十四条办理。在修改、变更、解除合同的书面协议生效前，本合同继续有效。

4. 本合同自供电人、用电人法定代表人（负责人）或授权委托代理人签字后，并加盖公章或合同专用章后生效。

5. 本合同正本一式（ ）份。供电人、用电人各执（ ）份。副本一式（ ）份，供电人、用电人各执（ ）份。

6. 本合同附件包括：

a. 授权委托书。

b. 电费结算协议书。

c. 自发电协议。

d. 电力调度协议。

e.（ ）。

f.（ ）。

上述附件为本合同不可分割的组成部分。

供电人：（签章） 用电人：（签章）

签约人：（签章） 签约人：（签章）

签约时间： 年 月 日 签约时间： 年 月 日

附图：供电接线及产权分界示意图

（　　）

【思考与练习】

1. 高压供用电合同有哪些主要内容？

2. 简述签订高压供用电合同的注意事项。

模块 7　低压供用电合同变更（Z32E7008Ⅱ）

【模块描述】本模块包含低压供用电合同变更的依据、变更程序和注意事项。通过低压供用电合同变更的主要类型示例，使用电检查人员掌握低压供用电合同变更的方法。

【模块内容】

一、变更的依据

根据《供用电营业规则》规定：供用电合同的变更或者解除，必须依法进行。有下列情形之一的，允许变更或解除供用电合同：

（1）当事人双方经过协商同意，并且不因此损害国家利益和扰乱供用电秩序。

（2）由于供电能力的变化或国家对电力供应与使用管理的政策调整，使订立供用电合同时的依据被修改或取消。

（3）当事人一方依照法律程序确定确实无法履行合同。

（4）由于不可抗力或一方当事人虽无过失，但无法防止的外因，致使合同无法履行。

二、变更程序和注意事项

1. 合同变更流程

合同变更流程如图 7–7–1 所示。

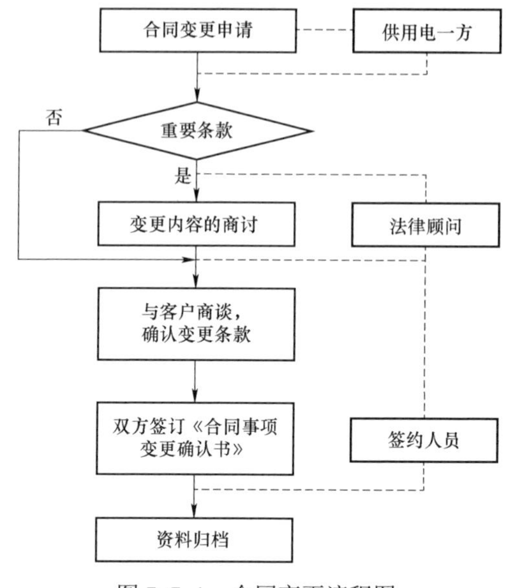

图 7–7–1 合同变更流程图

2. 合同变更注意事项

（1）依法订立的供用电合同，对供用电双方具有法律约束力，供用电双方不得擅自变更或解除合同。

（2）供用电合同的变更必须依法进行，合同履行中，供用电双方可依照合同约定的变更方式对相关条款进行修订、变更。

（3）对尚无条件按电价分类分别装表计费、实行定比定量的电力用户，应每年对各类用电量核对一次，如有变动要重新确定比例，并经双方签字作为合同附件保存。

（4）在合同有效期届满前约定的时间内，供用电双方均未提出终止、修改、补充意见时，原合同继续有效，期限按原合同有效期重复履行。

（5）供用电合同可依法或经双方协商一致后解除。

（6）在合同有效期届满前约定的时间内，一方对是否履行合同及合同内容提出异议，经协商，双方达成一致，重新签订供用电合同；不能达成一致，在合同有效期届满时，合同效力终止。

三、低压供用电合同变更的主要类型

（1）合同履行中发生下列情形之一的，双方应对相关条款的修改进行协商：

1）增加、减少受电点、计量点。

2）增加或减少用电容量。

3）改变供电方式。

4）对供电质量提出特别要求。

5）供用电设施维护责任的调整。

6）电费计算方式、交付方式变更。

7）违约责任的调整。

（2）下列事项的变更，以双方用电业务流程中的书面申请及批复、书面通知书、业务工作单票体现：当事人名称变更、非永久性减少用电容量、改变最大需量申报值、暂时停止全部或部分受电设备用电、临时更换大容量变压器、移动计量装置安装位置、暂时停止用电并拆表、供电线路变更、电能计量装置现场校验及更换、保护定值的调整。

上述变更的业务书证应由双方赋有履行本合同工作职责的人员签署。

四、变更供用电合同的示例

某红叶服装店为220/380V供电，供用电合同容量为30kW，计量方式为低供低计，执行商业电价；由于其经营滑坡，特申请过户给金顺皮鞋店（用电容量和性质不变）。请办理变更供用电合同。

供电企业应按下列办理，并变更供用电合同相关内容：

（1）在用电地址、用电容量、用电类别不变的情况下，允许办理过户。

（2）红叶服装店应与供电企业结清债务，才能解除原供用电关系。

（3）核实金顺皮鞋店的主体资格、经营资信应符合过户和签约条件，然后变更原合同相关内容，重新签订供用电合同。

（4）不申请办理过户手续而私自过户者，新客户应承担原客户所有债务。经供电企业检查发现客户私自过户时，供电企业应通知该户补办过户手续，必要时可中止供电。

【思考与练习】

1. 哪些情形允许变更或解除供用电合同？

2. 低压供用电合同变更的主要类型有哪些？

模块8　高压供用电合同变更（Z32E7009Ⅱ）

【模块描述】本模块包含高压供用电合同变更的条件、合同变更的业务流程、合同的终止、合同的续订及注意事项。通过合同变更的主要类型示例，使用电检查人员掌握高压供用电合同的变更的方法。

【模块内容】

原供用电合同的条款不适应形势的变化，或原合同已到期等都会引起合同的变更。供用电合同的变更有两种形式，一种是个别条款变更，供用双方在确认原合同主要内容继续有效的基础上，就需要变更的条款签订补充协议，与原合同的有效条款一并生效执行；另一种是合同的多项条款需要变更，原合同已难以执行，需重新签订合同。

一、高压供用电合同变更

1. 合同变更的条件

根据《供用电营业规则》规定供用电合同的变更或者解除，必须依法进行。有下列情形之一的，允许变更或解除供用电合同：

（1）当事人双方经过协商同意，并且不因此损害国家利益和扰乱供用电秩序。

（2）由于供电能力的变化或国家对电力供应与使用管理的政策调整，使订立供用电合同时的依据被修改或取消。

（3）当事人一方依照法律程序确定确实无法履行合同。

（4）由于不可抗力或一方当事人虽无过失，但无法防止的外因，致使合同无法履行。

2. 合同变更流程

高压供用电合同变更流程如图 7–8–1 所示。

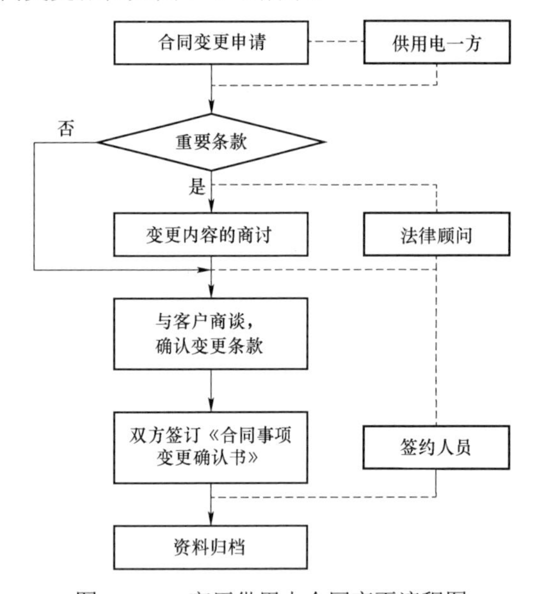

图 7–8–1 高压供用电合同变更流程图

3. 合同变更注意事项

（1）依法订立的供用电合同，对供用电双方具有法律约束力，供用电双方不得擅自变更或解除合同。

（2）供用电合同的变更必须依法进行，合同履行中，供用电双方可依照合同约定的变更方式对相关条款进行修订、变更。

（3）对尚无条件按电价分类分别装表计费、实行定比定量的电力用户，应每年对各类用电量核对一次，如有变动要重新确定比例，并经双方签字作为合同附件保存。

（4）在合同有效期届满前约定的时间内，供用电双方均未提出终止、修改、补充意见时，原合同继续有效，期限按原合同有效期重复履行。

（5）供用电合同可依法或经双方协商一致后解除。

（6）在合同有效期届满前约定的时间内，一方对是否履行合同及合同内容提出异议，经协商，双方达成一致，重新签订供用电合同；不能达成一致，在合同有效期届满时，合同效力终止。

二、高压供用电合同终止

1. 合同终止的条件

有下列情况之一的，供用电合同应终止，解除供用电关系：

（1）约定的履行期限届满。

合同约定的履行期限届满，如不续订，双方应解除供用电关系。

（2）用电人主体资格丧失或被依法宣告破产。

用电人被工商行政管理部门依法注销工商登记、主体资格丧失，供电人可对其销户，同时供电人拥有对用电人追缴所欠电费债务及其他债务的权利。

用电人依法破产终止供用电合同，这里的用电人只能是企业法人。企业法人可以是国有企业、民营企业、外商独资企业、中外合作企业等。企业法人破产以人民法院正式宣判的法律文书为准。对已破产的企业应予销户。

（3）供电人资格丧失或被依法宣告破产。

（4）合同解除。

合同履行中，有下列情形时，可以解除合同：

1）当事人一方提出解除合同，双方经协商一致。

如：用电人在缴清电费及其他欠缴费用后，经用电人申请，供电人终止与用电人的供用电关系，解除供用电合同并予销户。

2）当事人一方依法解除合同。

如：用电人连续6个月不用电，供电人可按规定终止供电并销户。用电人欠缴供电人的电费债权及其他债权，供电人有权要求原用电人清偿。

2. 合同终止流程

高压供用电合同终止流程如图7–8–2所示。

3. 合同终止注意事项

（1）协议解除的，双方达成书面解除协议后，在双方约定的时间生效。

（2）用电人行使合同解除权的，应立即前往供电人办理书面解除手续并由供电人实施停电后生效。

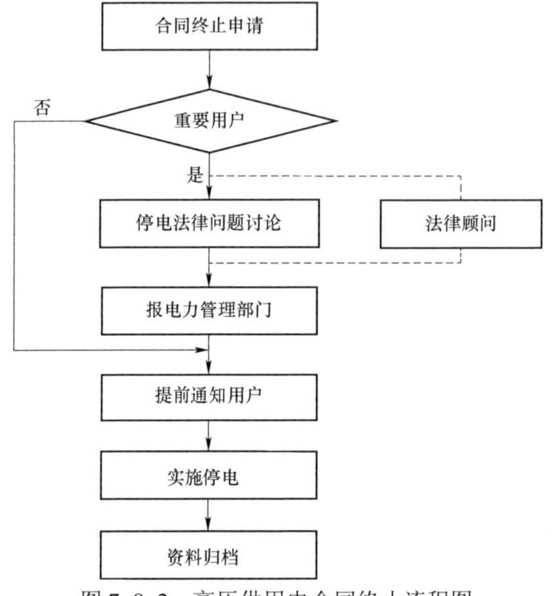

图 7–8–2 高压供用电合同终止流程图

（3）供电人行使解除权的，应按规定提前 15 日通知用电人并到期实施停电后生效。

（4）合同履行期限届满，供电人应按规定提前 15 日通知电力用户，并到期实施停电。

（5）供电人对重要客户行使供用电合同解除权或终止供电，应提前报当地电力管理部门。

三、合同续订

1. 合同续订的条件

供用电合同中供用电双方约定的合同履行期限届满，双方共同认为有必要续约合同。

2. 合同续订流程

高压供用电合同续订流程如图 7–8–3 所示。

3. 合同续签注意事项

（1）核实用电人主体资格、营业执照、税务登记证、组织机构代码等有效性，国家规定的许可项目还应包括许可证的有效性。

（2）调查核实用电人的履约能力。

（3）用电人是否拖欠供电人的电费或其他债务。

（4）用电人在原合同履行期间的诚信情况，是否存在违法违规用电行为。

（5）合同续订应严格履行审批流程。

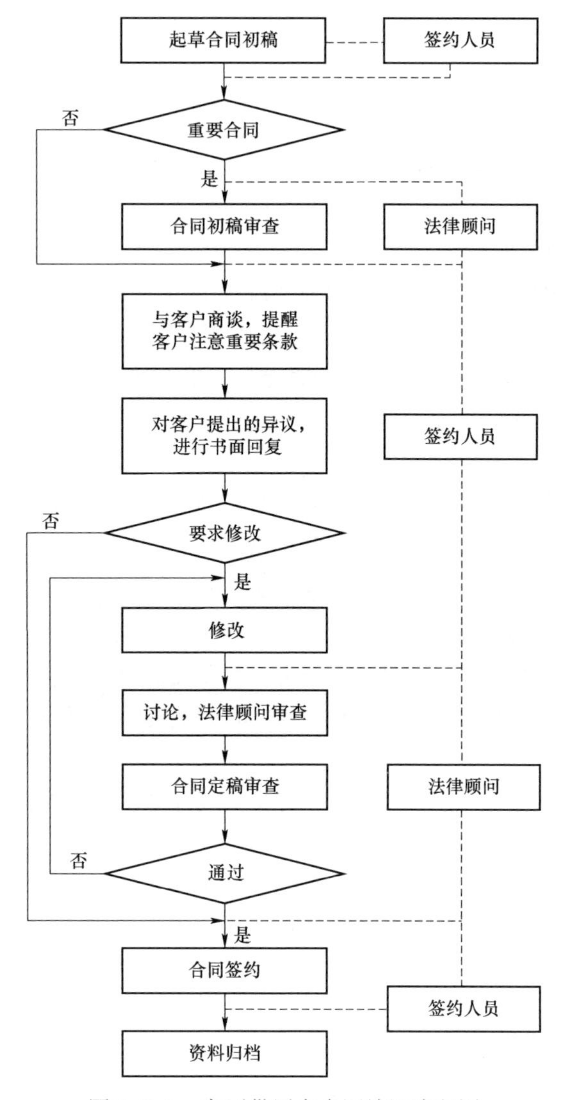

图 7–8–3　高压供用电合同续订流程图

（6）合同在具备合同约定条件和达到合同约定时间后生效。

（7）合同附件及有关资料要整理齐全，一并归入主合同档案，应做好合同档案管理工作。

四、高压供用电合同变更的主要类型

（1）合同履行中发生下列情形之一的，双方应对相关条款的修改进行协商：

1）增加、减少受电点、计量点。

2）增加或减少用电容量。

3）改变供电方式。

4）对供电质量提出特别要求。

5）供用电设施维护责任的调整。

6）电费计算方式、交付方式变更。

7）违约责任的调整。

（2）下列事项的变更，以双方用电业务流程中的书面申请及批复、书面通知书、业务工作单票体现：当事人名称变更、非永久性减少用电容量、改变最大需量申报值、暂时停止全部或部分受电设备用电、临时更换大容量变压器、移动计量装置安装位置、暂时停止用电并拆表、供电线路变更、电能计量装置现场校验及更换、保护定值的调整。

上述变更的业务书证应由双方赋有履行本合同工作职责的人员签署。

五、高压减容业务供用电合同变更的示例

某纺织厂为10kV供电，正式用电超已过两年，有1000kVA和500kVA各一台变压器在运行；计量方式为高供高计，计量TA为100/5、TV为10 000/100；执行大工业分时电价，基本电费按照变压器容量收取。由于受金融危机影响，生产需要压缩，现向供电公司申请永久性减容500kVA，即将500kVA变压器永久性停用。请办理供用电合同的变更。

供电企业对该户减容用电应按照以下几点办理并变更供用电合同：

（1）首先核实该户主体资格、营业执照、税务登记证、组织机构代码等有效性；调查核实其履约能力，是否拖欠供电企业的电费或其他债务，是否存在违法违规用电行为。

（2）供电企业正式受理该户减容用电申请之后，应根据其申请减容的日期对500kVA变压器进行加封或者让客户拆除500kVA变压器。从加封或拆除之日起，按原计费方式减收500kVA的基本电费。

（3）减容后该户用电容量为1000kVA，应从加封或拆除变压器之日起，将电压比为100/5的高压计量TA，更换为电压比为75/5的TA。

（4）根据上述用电变更情况，变更供用电合同的相关内容，双方重新签订供用电合同。

【思考与练习】

1. 供用电合同变更应注意哪些主要事项？

2. 供用电合同终止应注意哪些主要事项？

3. 供用电合同续订应注意哪些主要事项？

第二部分

常用节能技术原理及方案拟订

第八章

常用节能技术原理

模块1　绿色照明概述（Z32F1001Ⅰ）

【模块描述】本模块介绍绿色照明的定义、意义及工作内容，通过要点归纳，使节能服务工作人员掌握绿色照明的概况。

【模块内容】

一、基本概念

绿色照明是指以提高照明效率、节约电力、保护环境为主要目的的照明设计、设备选型及控制方法。

二、推动绿色照明的意义

1. 保护环境和节约能源

采用洁净光源、自然光源和绿色材料，控制光污染，并通过照明节电减少发电量，进而降低燃煤量，节约能源，同时也减少二氧化硫、氮氧化物等有害气体以及二氧化碳等温室气体的排放，有助于缓解环境问题和能源危机。

2. 提高照明环境质量

提供舒适、愉悦、安全的高质量照明环境，提高工作效率，这比节省电费更有价值，营造一个体现现代文明的光文化。

三、绿色照明的工作内容及指标

1. 主要内容

（1）开发并应用高光效光源。

（2）选择高效率节能照明器具替代传统低效的照明器具，使用先进（如智能化）的控制系统，提高照明用电效率和照明质量。

（3）采用合理的照明设计。

（4）充分利用天然光。

（5）加强照明节能管理。

2. 主要指标

（1）高效：以消耗较少的电能获得足够的照明。

（2）环保：减少光污染和大气污染排放。

（3）安全：不产生紫外线、眩光等有害光照。

（4）舒适：光照清晰、适度、柔和。

【思考与练习】

1. 绿色照明的定义是什么？

2. 绿色照明的主要工作内容是什么？

3. 绿色照明的主要指标是什么？

模块 2　高效电动机概述（Z32F1002 Ⅰ）

【模块描述】本模块介绍高效电动机的定义、性能比较、适用场合。通过概念讲解，使节能服务工作人员掌握高效电动机概念。

【模块内容】

一、基本概念

电动机：将电能转变为机械能的设备。它被广泛地作为风机、水泵、压缩机及其他拖动传送等设备的动力。

高效电动机：指具有通用标准、高效率的电动机。我国高效电动机是指能达到或超过《中小型三相异步电动机能效限定值及节能评价值》中的节能评价值的电动机，称之为高效电动机。其中：能效限定值是电动机最低效率允许值，属强制性指标；节能评价值是高效电动机的认定值，属推荐性指标。

一般而言，高效电动机与普通电动机相比，损耗平均下降 20%左右，高效电动机具有超高效、节能、低振动、低噪声、性能可靠、安装维护方便等特点。可用于压缩机、风机、水泵、破碎机等机械设备，及在石油、化工、医药、矿山及其他环境条件比较恶劣的场合作动力源使用。

二、发展趋势

2007～2011 年中小型节能高效电机市场规模年均增长率达到 50.8%。未来在国家政策及下游需求的影响下，中小型节能高效电机行业市场规模将得到大幅度的增长，综合各种影响因素，我们认为 2012～2016 年中小型节能高效电机市场规模年均增长率在 69.36%，预计到 2016 年中国中小型节能高效电机市场规模将达到 1092 亿元，占中小型电机市场规模的 61%。中小型节能高效电机市场规模基数小，导致市场规模增长率远远高于中小型电机规模增长率，并将长期维持此高增长态势。

【思考与练习】

1. 高效电机的定义是什么？
2. 高效电机的主要工作内容是什么？
3. 高效电机具有哪些优势？

模块3 集中空调系统运行管理概述（Z32F1003Ⅰ）

【模块描述】本模块介绍集中空调系统运行管理的重要性、基本要求和内容。通过概念讲解，使节能服务工作人员掌握集中空调系统运行管理的概况。

【模块内容】

一、集中空调系统运行管理的重要性

1. 节约能源

随着经济和社会的发展，建筑耗能在社会总耗能中所占的比重不断提高，建筑节能问题也日益引起全社会的广泛关注和高度重视。有关统计和研究表明，在设置空调系统的建筑物内，空调系统的耗能约占建筑耗能的50%左右。合理的空调系统运行管理能提高能源利用效率，减少能源损耗。

2. 提高空气质量

空调系统对于室内空气质量是一把双刃剑。它既改善室内环境温湿度方面的舒适性要求，又是空气传播性疾病的污染源和传播途径，对集中空调通风系统的卫生状况若不加以有效的监管与控制将直接影响室内环境空气质量与公众健康。

二、集中空调系统运行管理的基本要求及内容

为了加强集中空调系统运行管理工作，保证空调系统安全、高效运行，我国颁布了一系列的国家标准和规范，包括《集中式空调系统经济运行》《空调通风系统运行管理规范》《公共场所集中空调通风系统卫生管理办法》《公共场所集中空调通风系统卫生规范》《公共场所集中空调通风系统卫生学评价规范》和《公共场所集中空调通风系统清洗规范》。

集中空调系统运行管理包括制度管理、节能运行管理、卫生运行管理、安全运行管理以及突发事件的应急措施。通过运行管理的加强，保证空调系统的正常运行，达到运行能耗的较大降低，确保室内空气品质达到卫生标准，延长系统的使用寿命，快速有效地应对突发事件。

三、加强集中空调系统运行管理的理念

设计阶段的充分考虑；施工阶段的严格监理、文明施工；施工完成的系统调试验收和竣工图等文件验收；运行阶段的监测调控和运行记录、系统清洗和维护、故障诊

断和消除、系统改造等。这些环节是相互影响的，“设计”和“运行管理”是不可分割、相辅相成的。

【思考与练习】

1. 集中空调系统运行管理的重要性是什么？

2. 集中空调系统运行管理的基本要求和内容是什么？

3. 如何加强集中空调系统运行管理的理念？

模块4　热泵技术概述（Z32F1004Ⅰ）

【模块描述】本模块介绍热泵技术的定义、分类、标准。通过要点归纳，使节能服务工作人员掌握热泵技术概念。

【模块内容】

一、热泵的定义

热泵是将低位热能转化为高位热能的设备。当今，以可再生能源替代暖通空调中部分的传统炭能源，是暖通空调发展的必然趋势，热泵技术就是利用低温可再生能源的有效技术之一。热泵的快速发展是为了节能，也是为了改善环境，以热泵的应用与发展，推动暖通空调的可持续发展，实现暖通空调的生态化。

二、热泵分类

1. 按低温热源种类分

可分为空气源热泵、水源热泵、地埋管地源热泵。

（1）空气源热泵，利用空气作为低温热源，从周围空气中吸取热量。按其低温侧和高温侧所使用的载热介质，可分为空气—空气热泵和空气—水热泵。

（2）水源热泵，利用水作为低温热源，从水中吸取热量。根据水源不同，分为地下水、地表水（江、湖、河、海）、生活与工业废水热泵等。按吸热与供热的载热介质，可分为水—空气热泵和水—水热泵。

（3）地埋管地源热泵（亦称土壤源热泵、地耦合热泵），利用土壤中的低温热源，通过埋地管道从土壤中吸取热量或释放热量。按吸热与供热的载热介质，可分为水—空气热泵和水—水热泵。

2. 按热泵的驱动方式分

可分为电驱动热泵、热能驱动热泵、燃料发动机驱动热泵。

（1）电驱动热泵，有利用电能驱动压缩机工作的蒸汽压缩式热泵或气体压缩式热泵，前者最为常用，后者以气态进行循环而不发生相变。

（2）热能驱动热泵，以消耗较高品位的热能来实现将低品位的热能向高品位传送的目的，如吸收式热泵和蒸汽喷射式热泵。

（3）燃料发动机驱动热泵，是以燃气（油）发动机和蒸汽汽轮机驱动压缩机工作的机械减压缩式热泵。

3. 按热泵的供热温度分可分为低温热泵、高温热泵。

（1）低温热泵，供热温度＜100℃。

（2）高温热泵，供热温度＞100℃。

4. 按热泵用途分

可分为建筑物空调系统供热（冷）热泵、建筑物热水供应热泵、工业用热泵。

【思考与练习】

1. 热泵的定义是什么？
2. 热泵按低温热源种类分有哪几种？
3. 热泵按驱动方式分有哪几种？

模块 5 无功补偿作用（Z32F1005 Ⅰ）

【模块描述】本模块介绍无功补偿在降低线路损耗、提高设备利用率、改善电压质量和节约电费支出中的作用，通过术语分析，使节能服务工作人员掌握无功补偿的作用。

【模块内容】

无功电源与有功电源一样，是保证电能质量不可缺少的部分，在电力系统中应保持无功平衡，否则，将会使系统电压降低、设备损坏、功率因数下降，严重时还会引起电压崩溃、系统解列，造成大面积停电事故。因此，解决电网的无功容量不足，增装无功补偿设备，提高网络的功率因数，对电网的降损节电、安全可靠运行有着极为重要的意义。对于终端用电户，无功补偿可提高设备利用率、减少设备容量、降低线损、节省电费支出。

一、降低线路损耗

当电流通过电阻为 R 的线路时，其功率损失为

$$\Delta P = 3I^2 R \times 10^{-3}$$

或

$$\Delta P = 3\left(\frac{P}{\sqrt{3}U\cos\varphi}\right)^2 R \times 10^{-3} = \frac{P^2 + Q^2}{U^2} R \times 10^{-3} \qquad (8\text{–}5\text{–}1)$$

式中 I——流过线路的电流，A；

Q——线路传输无功功率，kvar；

$\cos\varphi$ ——线路负荷的功率因数。

由于线路有功损耗与有功功率的平方成正比，与 $\cos^2\varphi$ 成反比，所以提高功率因数 $\cos\varphi$ 可以大大降低线路损耗。

二、增加电网的传输能力，提高设备利用率

若 P_1 和 P_2 为补偿前后的有功功率，$\cos\varphi_1$ 和 $\cos\varphi_2$ 为补偿前后的功率因数，则

$$\Delta P = P_2 - P_1$$

$$S = P + \mathrm{j}Q \tag{8-5-2}$$

为补偿前后的有功功率增量。从上式可见，在视在功率 S 不变的前提下，输变电线路及设备的传输功率将有所增加，其增加值为 ΔP，或者说传送同样的有功功率，输变电设备容量可有所减少。

三、改善电压质量

配电线路电压损失的计算公式为

$$\Delta U = \frac{PR + QX}{U_e} \times 10^{-3} \tag{8-5-3}$$

电压损失率的计算公式为

$$\Delta U\% = \frac{PR + QX}{10U_e^2} \times 100\% \tag{8-5-4}$$

式中　R、X——线路的电阻和电抗，Ω；

U_e——线路电压，kV。

当线路加装补偿电容器后，其电压损失减小值为

$$\begin{aligned}\Delta U\% &= \Delta U_1\% - \Delta U_2\% \\ &= \frac{PR + QX}{10U_e^2} - \frac{PR + (Q - Q_C)X}{10U_e^2} \\ &= \frac{Q_C}{S_e} \times \frac{U_X}{1000} \times 100\%\end{aligned} \tag{8-5-5}$$

其中

$$U_X\% = \frac{\sqrt{3}I_e X}{U_e} \times 100\% \tag{8-5-6}$$

可见，通过无功补偿提高功率因数，可使电压损失下降，其损失下降值为 $\Delta U\%$。

四、节省电费支出

（1）因线损降低而节省支出电费。

直接按线路和变压器损失降低计算

$$F = (\Delta P_1 + \Delta P_b - \tan\delta)T\beta \tag{8-5-7}$$

（2）因功率因数提高而节省由于力率考核等因素而发生的电费支出。

【思考与练习】

1. 在电力系统中为什么要保持无功平衡？
2. 对于终端用电户，无功补偿有什么好处？
3. 简述节省电费支出的两个原因。

模块6 节能变压器基本概念（Z32F1006Ⅰ）

【模块描述】本模块介绍节能变压器的概述、优势及其应用实例，通过概念讲解，使节能服务工作人员掌握节能变压器的概念。

【模块内容】

变压器是电力系统中重要的电气设备。在电力系统中，大量电能的输送和分配以及各种设备的电能利用，都要通过变压器改变电压来实现。

变压器在传输电能过程中必定产生损耗。变压器的损耗主要来自铁心的空载损耗（铁损）和绕组的负载损耗（铜损）。这两个损耗数值是衡量变压器是否为节能系列产品的主要依据。

一、节能变压器概述

节能变压器是使用节能技术降低了损耗的变压器统称，节能变压器的节能方式有4种途径：降低空载损耗；降低负载铜耗；改进铁心结构和材质等结构件来降低损耗；利用工作机械的工作特性来降低损耗。我国配电网络每年损耗的电量数目惊人，配电变压器的损耗占到了变压器总损耗的60%～70%，大力开展使用节能变压器的工作是十分必要的。

二、节能变压器具有的优势

（1）节电数量大，是缓和电力供需矛盾的有力措施。

（2）节约费用，增加产值。

（3）与普通变压器相比具有先进性和现实性。

（4）使用调容变压器可以提高负载率，设备小型化，减少占地和投资，操作简便，节省原材料，简化工艺。

三、推广应用节能变压器的意义与实例

变压器是重要耗能设备，挖掘其节能潜力十分必要。同时，由于老、旧配电变压器的拥有量大，替换它们可以促进企业自身的节能降耗，带来经济效益。截至2014年，湖北省已更换1109台高耗能配电变压器。据测算，每年可节约电量近820万kW•h，减少二氧化碳排放量2050t。

【思考与练习】

1. 节能变压器是什么？
2. 节能变压器优势是什么？
3. 节能变压器的节能途径有哪些？

模块7　高效电加热技术概述（Z32F1007Ⅰ）

【模块描述】本模块介绍高效电加热技术的简介和节能评价。通过概念讲解，使节能服务工作人员掌握高效电加热技术概念。

【模块内容】

一、高效电加热技术简介

加热是生产工艺过程中必不可少的步骤，方法很多。其中电磁能加热以其加热定向性好、加热效率高、节能效果好等优点，在加热工艺分类越来越细、要求越来越高的今天，得到了越来越广泛的应用。

电磁能加热按工频划分，主要有低频、工频、中频、高频、微波、红外等数种。随着技术大为进步，不少高耗能的电磁能加热装置已被淘汰。而节能效果好，适用范围广泛的远红外加热，微波加热，中、高频感应加热等技术，目前在生产实践中作为主要高效电加热技术，发展很快。如红外加热技术广泛应用于机械制造与冶金工业、化学与橡胶工业、陶瓷与建筑材料工业、纺织工业、制革和制鞋行业、造纸、印刷、医学与制药、食品工业、建筑物采暖等领域；微波加热技术广泛应用于纺织与印染、造纸与印刷、烟草、药物和药材、木材、皮革、陶瓷、煤炭、橡胶、化纤、化工产品、医疗等行业；中、高频感应加热技术则在冶金、机械加工、高熔点氧化物的制备、食品等行业中得到广泛应用。

此外，为适应一些工艺对加热的更高要求，还出现了其他一些高效电加热技术，如等离子体加热技术（等离子切割、电弧冶炼）等。

二、电加热高效节能评价

电加热是将电能转化成热能，相当于火力发电的一种逆转化，单纯从能量转化的角度，是很不经济。

因此评价电加热是否高效节能，要根据加热对象不同、能否实现定向加热减少热损耗及预定加热目的不同来综合进行。如：是否能达到需要的目的；是否能减少被加热物的损耗；是否能提高劳动效率；是否环保以及减少资源的消耗；是否能提高产出率，使资源的利用最大化；是否采用其他方法无法实现；投资回报高低；可控制性高低等。

【思考与练习】

1. 高效电加热技术分类是什么？
2. 电加热技术评价有哪些？
3. 目前在生产实践中作为主要高效电加热的是哪种技术？

模块 8 余热利用原理和方法（Z32F1008 Ⅰ）

【模块描述】本模块介绍余热资源概述和余热利用原理。通过概念讲解，使节能服务工作人员掌握余热利用的原理和方法。

【模块内容】

一、余热源形态

余热源的形态（固体、液体、气体、蒸汽、反应热）不同和温度水平（高温、中温、低温）差异而各不相同。

二、余热的回收利用方式

余热回收方式多种多样，总的可概括为热回收（直接利用热能）和动力回收（转变为动力或电力后再用）两大类。从回收技术难易程度看，利用余热锅炉回收气、液的高温余热比较容易，回收低温余热则比较麻烦和困难。在回收余热时，首先应考虑到所回收余热要有用处和在经济上必须合算。若为了回收余热所耗费的设备投资过多，而回收后的收益又不大，就显得得不偿失了。通常进行余热回收的原则是：

（1）对于排出高温烟气的各种热设备，其余热应优先由本设备或本系统加以利用。如预热助燃空气、预热燃料或被加热物体（工质、工件），以提高本设备的热效率，降低燃料消耗。《合理用能导则》为此规定了工业锅炉的最低热效率标准（表 8–8–1）和排烟温度标准（表 8–8–2）。

表 8–8–1　　工业锅炉最低热效率标准表

锅炉容量/MW	热效率（%）	锅炉容量/MW	热效率（%）
＜0.35	≥58	≥2.8～7	≥70
≥0.35～0.7	≥60	＞7	≥74
＞0.7～2.8	≥65		

表 8–8–2　　工业锅炉排烟温度标准

锅炉容量/MW	排烟温度/℃	锅炉容量/MW	排烟温度/℃
<0.35	≤300	≥2.8～7	≤200
≥0.35～0.7	≤250	>7	≤180
>0.7～2.8	≤220		

《合理用能导则》也规定了工业炉烟气余热回收率、排烟温度和预热空气温度的标准（表 8–8–3）。

表 8–8–3　　工业锅炉烟气余热回收率标准

烟气出炉温度/℃	使用低发热量燃料时			使用高发热量燃料时		
	余热回收率（%）	排气温度/℃	预热空气温度/℃	余热回收率（%）	排气温度/℃	预热空气温度/℃
500	20	350	250	22	340	220
600	23	400	250	27	380	220
700	24	460	300	27	440	260
800	24	530	350	28	510	300
900	26	580	350	28	560	300
1000	26	670	400	28	650	350
>1000	26～28	710～470	≥450	30～55	670～400	≥400

表 8–8–3 中的低发热量燃料指高炉燃气、发生炉煤气及发热量小于 8360kJ/m³（2000kcal/m³）的混合煤气等，高发热量燃料指焦炉煤气、煤、重油等。表中的余热回收率即预热空气所获热量与烟气的载热量之比，所列预热空气温度是选定的经济温度。

（2）在余热余能无法回收用于加热设备本身，或用后仍有部分可回收时，应将其用来生产蒸汽或热水，以及产生动力等。

（3）要根据余热的种类、排出的情况，介质温度、数量及利用的可能性，进行企业综合热效率及经济可行性分析，决定设置余热回收利用设备的类型及规模。

（4）应对必须回收余热的冷凝水，高、低温液体，固态高温物体，可燃物和具有余压的气体、液体等的温度、数量和范围制定利用的具体管理标准。

【思考与练习】

1. 余热的回收利用有哪两大类方法？

2. 余热回收的原则是什么？

3. 余热的回收利用方法有什么不同？

模块 9 建筑节能概述（Z32F1009 Ⅰ）

【模块描述】本模块介绍建筑节能的基本概念、意义、发展现状、建筑能耗与能效现状。通过概念讲解，使节能服务工作人员掌握建筑节能的概念。

【模块内容】

一、建筑节能的基本概念与意义

建筑节能是指建筑物在使用和建造过程中，合理地使用和有效地利用能源，提高建筑使用过程中的能源效率，主要包括采暖、通信、空调、照明、炊事、家用电器和热水供应等的能源效率，以便在满足同等需要或达到相同目的条件下，尽可能降低能耗。

随着人民生活质量和工作环境的改善，住宅、商业等民用建筑的使用量日益增大，建筑将可能超越工业、交通、农业等其他行业成为首个耗能行业。建筑节能将成为全社会提高能源使用效率的重要组成部分。其中建筑围护结构散失的能量和供暖制冷系统的能耗在整个建筑能耗中占很大一部分，因此，现在世界各国建筑节能的重点都放在节约采暖和降温能耗上，并且把建筑节能工作同提高热舒适性、降低采暖和空调费用以及减轻环境污染结合起来。

二、国外建筑节能的发展

随着能源问题日益突出，大部分国家对建筑节能技术进行研究，并取得一定成果。具体的可归纳为：① 减少建筑物的耗能量，加强保温隔热措施；② 有效利用可再生能源；③ 建筑物采用高效节能设备与技术；④ 加强节能管理工作，加强节能意识；⑤ 关注居住环境的水平。同时，各国都结合本国实际情况，从行政、经济和技术等多方面采取措施，制定相应法规和标准，保证了节能工作的顺利进行，有效地减少了建筑能耗。

三、我国建筑能耗与能效现状

在能源消耗的众多形式中，建筑能耗在我国能源总消费量中所占的比例逐年上升，已经从 20 世纪 70 年代末的 10%上升到目前的 27.6%，我国的建筑节能工作起步较晚，建筑用能耗要比发达国家高很多。我国住宅建筑采暖能耗约为发达国家的 3 倍，外墙为 4～5 倍，屋顶为 2.5～5.5 倍，外窗为 1.5～2.2 倍。我国建筑能耗高的原因，主要是室内的热量没能蓄住，散失太多、太快，由于能耗需求增长的速度大于能源生产速度，能源供需矛盾日益尖锐，因此，我国政府越来越重视建筑节能工作。

四、我国建筑节能的主要目标和内容

1. 建筑围护结构节能

建筑围护结构包括窗、墙体、屋面等，改善建筑围护结构的热工性能，使得供给建筑物的热能在建筑物内部得到有效利用，不至于通过其围护架构很快散失，从而达到减少能源消耗的目的。实现围护结构的节能，提高门窗和墙体的密闭性能，以减少传热损失和空气渗透消耗热能。

2. 采暖供热系统节能

采暖供热系统包括热源、热网和户内采暖设施三大部分。要提高锅炉运行效率和管网输送效率，而不至于使热能在转换和输送过程中过多的损失。因此，必须改善供热系统的设备性能，提高设计和施工安装水平，改进运行管理技术。

3. 开发使用可再生能源

开发使用可再生能源是建筑能源消耗的方向。可再生能源是清洁能源，指在自然界中可以不断再生、永续利用、取之不尽、用之不竭的资源，它对环境无害或危害极小，而且资源分布广泛，适宜就地开发利用。可再生能源主要包括太阳能、风能、水能、生物质能、地热能和海洋能等。

【思考与练习】

1. 建筑节能的定义是什么？
2. 建筑节能的主要技术有哪些？
3. 建筑节能的发展目标和内容是什么？

第九章

节能方案拟订

模块1　项目现状描述（Z32F2001Ⅰ）

【模块描述】本模块介绍DSM项目规划制定的基本情况。通过规划的制定，使节能服务工作人员掌握用户的用能现状。

【模块内容】

一、规划的制定

电力需求侧管理（DSM）规划的制定，涉及规划、经济、财政、环保、能源等许多部门，政府一方面要明确各部门的职责，协调部门之间的关系，建立配合机制；另一方面要针对本地区电力生产、输送和终端用电效率，出台相应的配套政策，促进工作顺利开展。

DSM实施规划的制定，要求组建项目工作机构，配置相应的工作人员，负责规划的制定、实施、管理。

DSM项目实施规划的制定，要根据本地区电力供应情况选择规划的具体内容。当本地区电力供不应求时，规划的重点应放在负荷管理上；当本地区电力供需平衡或供大于求时，规划的重点应放在长期节能战略上。

二、类型和目标的筛选

1. 项目类型

DSM 项目的类型大致可分为三大类：① 电力负荷管理项目，如各类负荷监控和管理项目，采用电价和其他激励措施鼓励用户调峰的项目等。② 提高能效的节电项目，主要是提高终端用电设备的效率，推广各种高效节能设备和技术，降低用户的能耗成本。③ 公益性节能项目，如提高公民节能意识宣传项目、家庭节能技术培训项目、节能型家电推广项目、相同功能电气设备替代项目、低收入家庭节能产品项目等。

2. 目标制订和项目确认

（1）目标制订。在对用户用电特性和数据分析的基础上，制订出需求侧管理项目目标。该目标按行业可分为行业目标和企业目标。按时间可分为长期目标和短期目标。

目标的量化内容应包括节约电力和电量指标、单位产品降低能耗指标、将节能量转换成降低环境污染水平的环保目标等。

（2）项目确认的基本规则。① 所选项目的技术措施是否成熟，是否具备商业运作的条件，是否能得到市场支持；② 所选项目是否符合本地区用电状况和条件，如气候条件、建筑风格和使用设备类型、用电习惯等；③ 所选项目是否是对可选的多种技术方案进行性能分析比较后得出的最佳方案；④ 所选项目的节能效果可否量化；⑤ 所选项目是否会影响到为用户提供的服务质量和舒适程度；⑥ 所选项目是否会引起潜在的环境、健康等方面的问题。

另外，对入选的项目还要进行经济评估和成本效益对比。效益/成本比大于 1 的项目可进入实施阶段，防止项目投资在项目的寿命期内难以收回。项目寿命期内产生的效益，通常包括项目实施后节约的电量和高峰电力、运行和维护费用，以及采用高效设备提高生产率所增加的效益等。项目实施成本，包括由于实施项目增加的设备投资、施工费用以及项目投入运行增加的运营和维护成本。

三、选定项目实施方式

项目的实施方式通常有三种：一是业主单位自己组织人力和物力实施；二是业主单位由于资金和人力问题只能承担部分工作，将剩余部分的业务对外承包；三是将整个项目工程打包全部对外承包。

实施方式的选定在某种程度上取决于项目的类别和业主是否具有实施的技术实力和经济实力。

（1）如果选定的是负荷管理项目，业主单位可能是用户、行业主管部门或电力公司，在实施过程中负责制订实施计划、筹措资金和进行项目管理。

（2）如果选定的是节能项目，主要由节能服务机构和企业依靠市场的力量来促进该项目的实施。

（3）如果选定的是公益性节电项目，应在政府能源主管部门指导下，利用征收的节能基金，委托电力部门或其他能源服务机构实施。

【思考与练习】

1. DSM 项目的类型有哪些？
2. DSM 项目确定的基本原则有哪些？
3. DSM 项目的实施方式有哪几种？

模块 2　项目改造思路（Z32F2002 Ⅰ）

【模块描述】本模块介绍能效项目改造的主要思路。通过对能效项目实施过程的描述，使节能服务工作人员掌握项目实施的主要思路。

【模块内容】

一、节能服务机构的分类

（1）从事能源管理的大型公司。具有自己的技术和财务专业人员，能从能源审计、设计、施工和设备维护、检测、运行等方面全方位提供项目服务，多采用项目总承包方式开展业务。

（2）从事节能设备服务的大型公司。大部分具有某些方面的专业技术，能提供从设备设计、制造、安装到运行的多种服务。

（3）节能技术咨询公司。拥有自己的专家队伍，或凭借自身的实力，能与其他公司合作，开展能源审计、项目设计、设备管理、项目管理和检测等服务项目。

（4）从事专门技术的节能服务公司。主要提供专门的技术服务、生产和销售专门的节能产品，如销售节能电动机和变频调速装置的公司、从事暖通空调专门技术和改造的公司等。

二、确定对外承包方式

（1）全面承包方式。这种承包方式包括项目要求的全部服务内容，即企业能源审计、工程设计、工程管理、施工安装、设备或项目试运行、节能效果担保、项目融资安排、设备维护等。

（2）不包括项目融资和设备维护的承包方式。一些专业节能技术必须由专业的节能服务公司承包才能实现最大的节能效益。

（3）不需担保节能效果的承包方式。采用这种承包方式，实施单位是在业主监管下，按合同要求完成工程设计、项目施工和设备试运行各项指标，不需对项目进行后续管理和对项目的效果承担责任。

三、实施单位的选择

（1）制订标书。选择实施单位通常要通过竞标。标书的内容一般包括：① 项目目标的描述，包括项目特征的概述、项目的性能描述、项目实现的目标和要求；② 要求实施单位提供的服务内容，例如能源审计、设备安装、施工管理、工程设计、设备试运行等；③ 对投标方案评估和选择的规则；④ 项目工程的进度表；⑤ 注意事项和提交投标书的截止时间。

（2）评标并选定实施单位。组成项目评标委员会或小组，人员可由本单位和主管业务部门相关的技术人员和经济师组成。采用文件审查和面谈形式对每一个投标单位的技术、财务状况和项目管理经验进行评估检查。要对比各个投标单位技术队伍的水平和经验。同时要求投标单位提供简单的能源审计报告和可行性研究方案，最后选出合适的项目实施单位并和入选单位商讨签订合同事宜。

四、选择和签订项目实施合同

（1）分享节能效果合同。该合同一般由实施单位负责项目的融资、项目的实施，以及后续的项目管理。具体合同条款和内容由合同双方协商确定。此外，测量和计算节能效果的方法、分享节能效益的方法均需要在合同中说明。

（2）保证节能效果合同。该合同的主要条款是实施单位保证项目实施后达到约定的节能效益目标，如果项目达不到约定的节能效益目标，实施单位不但得不到分享的效益，还要负责补偿业主由此造成的损失。

（3）不保证节能效果的节能服务合同。签订这样的合同主要取决于业主对项目熟悉的程度和实力，如果业主具有丰富的项目管理人力资源和经验，同时具有足够的项目资金，采用这种方式可以从项目中获得较高的经济效益。

（4）签订合同要考虑的因素：① 不要过高地估计节能量担保的作用，重点应放在选择合适的实施单位、正确的能源审计方式和要求；② 明确在实施过程中需要业主监督和审批的内容；③ 约定项目实施期间产生节能效益的归属问题；④ 约定阶段性实施内容和完成时间，如是否雇佣分包商、如何进行能源审计、选定节能措施、试运行和项目启动、确定项目节能效果的监测、计算方法和程序等；⑤ 约定终止协议的条款；⑥ 标明项目的验收和付款的条件；⑦ 标明项目后期的管理责任；⑧ 约定合同到期后设备的归属权和处理问题。

五、能源审计

1. 初步能源审计

初步能源审计多用于项目初选和初期谈判阶段。它是在一两天时间内对企业的能耗情况和节能潜力做出简单评估，并决定下一步是否要进行投资级审计。

2. 投资级审计分为

（1）单项审计。这种审计针对一个或多个项目提供单项的、详细的能源分析。这些项目分析可能是在初步能源审计的基础上做出的进一步分析，也可能是企业进行一项维修或改造工程所需要的专项分析。

（2）全面综合审计。它是对企业主要能耗系统和设备调查分析后提出的一份完整而详细的报告。

以上全面综合审计方法考虑了所有项目之间的相互影响和所有耗能设备的能耗情况，并对节能效果和项目成本进行了详细计算。因而提供的项目成本和节能效果数据最精确，但其成本在几种审计方法中也最高。

全面综合审计主要参考内容包括：① 企业能源消费；② 企业能源管理体系；

③ 企业能源统计；④ 企业用能分析等。

六、确定项目节能效果基准值

1. 建立能耗基准值

对大多数DSM项目来说，节能效果不能进行直接测量，只能通过计算公式或程序由人工或计算机来估算。估算的结果只有在双方约定的误差范围内时，才能作为项目实现的节能效果。通常，企业实施项目前所测定和估算的用能量数值被定义为计算企业节能量的基准值。

2. 基准值的修改

建立能耗基准值是衡量项目实施效果与合同各方合理分享项目效益和风险的关键，但不同的节能措施采用的基准值计算方法不同。而且对一个企业来说，内部耗能和生产情况每时每刻都在发生变化，加上天气、市场等许多变数，都会对基准值产生影响。在合同中对这个影响的标准要有明确约定（通常为用电量的变化超过总节能量的10%）。

七、项目施工

1. 施工前期准备工作

（1）确认改造设备或系统的详细数据，如型号、数量、年代、位置等。

（2）弄清现场的有害和危险因素。要提前弄清工作现场是否存在有害和危险的不利因素，以及现场是否存在狭窄空间、气体泄漏等有害和危险因素。

（3）与中标单位签订具体的施工合同。

（4）准备与项目有关的各种技术规范和施工计划，及各种文件。施工文件也应包含项目技术规范和试运行计划。

（5）审查施工要求的各种许可手续并报批。一些具体事项也可以留给分包商去解决，并在合同中约定这些内容。

（6）大型复杂项目有许多独立的施工工程，这些工程都涉及预算和施工进度，还含有劳动力和设备等方面的问题，费用和时间安排都要事先精确估算。

（7）定期召开项目组工作会议，及时发现问题及时解决，确保项目按设计要求推进。

（8）施工前的安全教育和人身保险。

2. 施工阶段的工作

（1）根据合同要求对项目施工现场进行管理，也可以雇佣第三方专业施工管理人员或机构进行项目管理。

（2）在项目施工结束前，确保企业的设备运行和维护人员得到良好培训。

（3）实施工程监理，确保施工质量和进度达到合同或设计要求的重要举措。

3. 施工结束后的工作

（1）检查和处理各个施工单位的遗留问题。

（2）监督改造设备或系统的试运行和各种性能检验工作。

（3）组织人员对项目进行验收，确保各种测试指标满足设计要求。

（4）要求施工单位提供各种最终的项目文件和资料，包括各种施工和设备蓝图、系统运行和保养手册或说明书、各种施工记录以及最终项目终结报告。

（5）项目施工验收结束后，合同双方要根据合同要求明确设备及系统的运行、维护责任。

【思考与练习】

1. 节能服务机构的分类是什么？
2. 节能项目的实施主要步骤有哪些？
3. 能效项目对外承包的方式有哪些？
4. 项目实施的主要事项是什么？

模块 3　节电量预测（Z32F2003 Ⅰ）

【模块描述】本模块介绍项目的节电量预测方式。通过对节能量计算公式的描述，使节能服务工作人员掌握项目的节能收益情况。

【模块内容】

项目实际能耗的测量和节能量的确认。

1. 节能量的计算

一般而言，节能量指的是采取技术和经济措施后能耗减少的数量。能源成本节约量指的是和基准值基数相比降低的能耗成本和运行维护费用。大多数国家和地区采用的节能量是通过比较项目实施前后的能耗情况来计算的。项目的节能量，即

$$S_s = (E_B - E_P) \pm A \tag{9-3-1}$$

式中　S_s——项目的节能量，包括电、煤、油、天然气和水等；

E_B——基准年的能耗基准值；

E_P——项目实施后的能耗值；

$\pm A$——调整量。

式中只有两项需要采集的数据：基准年的能耗基准值 E_B 和项目实施后的能耗值 E_P。基准年的能耗基准值 E_B 是在项目开始实施前就已经通过采用历史数据和测量来确定，在评估项目效果阶段只是根据项目运行条件的变化，对基准值进行调整。项目

实施后的能耗数据 E_P 主要来自两个方面，一是核查电力和煤气等能源供应单位每月提供的能耗账单，二是通过安装各种表计对终端耗能设备和系统进行测量。

2. 实际能耗的监测

实际能耗监测要随设备和系统的试运行一起进行。首先要组成一个评估小组，人员由业主和实施单位以及第三方单位的专业人员组成，根据设计和合同的要求对项目进行全面考察和评估，并对一些主要的能耗数据进行计量和监测。

首次评估应在项目完成后的1～3个月内进行，以后根据项目合同和业主要求可以每3个月或半年进行一次。评估信息要及时反馈给项目施工单位，以便施工单位进行必要的改进和调整，使项目的节能效果达到设计和合同的要求。如果项目的效果达不到要求，施工单位要负责采取改进措施并按合同约定的条款承担相应的赔偿责任。

监测报告应包含：① 项目基本信息，包括现场名称、准备评估报告的单位和人员的联系资料、项目的实施日期、节能效果的报告期等；② 描述项目对耗电量、电力成本、其他能耗和环境的影响效果；③ 描述项目对高峰负荷的平均影响效果，包括对所有分时电价时段负荷的影响；④ 电价结构信息、环保排放系数、分时电价各个时段的界定；⑤ 累计各个时段对耗电量、电力成本、其他能耗、环境和高峰负荷的影响效果。

【思考与练习】

1. 节能量的计算方法是什么？
2. 实际能效检测的方式是什么？
3. 监测报告应包含哪些内容？

模块4 合同能源管理（Z32F2004Ⅰ）

【模块描述】本模块介绍合同能源管理的基本概念、操作模式和实施方法。通过对合同能源管理的概念、类型等内容的讲解，使节能服务工作人员掌握合同能源管理。

【模块内容】

一、基本概念

合同能源管理机制的实质是：节能服务公司（EMCO）以合同能源管理机制为客户实施节能项目，为客户提供节能潜力分析、节能项目可行性分析、项目设计、项目融资、设备选购、施工、节能量检测、人员培训、节能量监测等项目全过程服务，向客户保证实现合同中所承诺的节能量和节能效益。

二、基本类型

目前，我国合同能源管理项目有三种基本类型。

1. 节能效益分享型

EMCO 提供资金和全过程服务，在客户配合下实施节能项目，在合同期间与客户按照合同约定比例分享节能收益；合同期满后，项目节能效益和项目所有权归客户所有。

2. 节能效益保证型

客户提供节能项目资金并配合项目实施，EMCO 提供全过程服务并保证节能效果，客户向 EMCO 支付服务费用。如果项目没有达到承诺的节能量，EMCO 按照合同约定赔付未达到的节能量的经济损失。

3. 能源费用托管型

客户委托 EMCO 进行能源系统的节能改造和运行管理，系统按照合同规定的标准运行后，客户支付托管费用给 EMCO。通过提高能源效率降低能源费用，按照合同约定收取委托管理费。如果 EMCO 不能达到合同中规定的能源服务质量标准，应按合同给予赔偿。

三、EMCO 的经营方式

1. 能源服务合同的开发与实施

EMCO 开展业务的核心内容就是开发和实施“能源服务合同”，由能源服务合同开发与能源服务合同实施两大部分组成。

（1）能源服务合同的开发。

① 能耗初步审计；② 估算节能；③ 提出初步建议书；④ 客户承诺意向；⑤ 详细的能耗调研和分析计算；⑥ 准备能源服务合同；⑦ 客户承诺合同。

（2）能源服务合同的签订与实施。

1）节能改造方案设计。

2）签订合同。

3）项目融资：EMCO 自有资本、银行的商业贷款、融资租赁、电力公司的能源需求侧管理基金、政府节能转款、设备供应商允许的分期付款、购机资金。

4）原材料/设备采购和项目的施工、调试。

5）系统运行及维护试运行：EMCO 对操作人员的培训；EMCO 对系统和设备的保养、维护和管理。

6）节能量的检测及确认：需要保证节能能量检测的准确性；设备在何种负荷下进行测量。

7）确定测量点以及测量时所使用的仪器；确定根据测量数据进行计算的公式。

2. EMCO 的特点

（1）商业性。以营利为直接目的，通过为客户实施节能项目并从中获取节能效益来赢得自身的滚动发展。

（2）整合性。EMCO 为客户提供的是集成化的节能服务和完整的节能解决方案。可以将实施节能项目所需的各种资源进行有机整合，以实现能源服务合同中约定的节能量。

（3）风险性。EMCO 负责为项目筹措资金并承诺、保证节能量，实际为客户承担了技术风险、经济风险以及与项目相关的大多数其他风险。

由上述特点可以看出，合同能源管理这种业务在所有介入者（指 EMCO、客户、银行、技术/设备供应商等）之间创造了一种相互依靠的“多赢”局面，使各方都能从一个成功实施的节能项目中获益。

3. EMCO 实施合同能源管理项目的优势

EMCO 之所以能在激烈的市场竞争中得到生存和发展，与其采用合同能源管理机制实施项目的内在优势是分不开的。这些优势体现在以下几个方面：

（1）EMCO 将合同能源管理用于技术和经济均可行的能效项目，这种双赢机制形成了双方实施节能项目的内在动力。

（2）EMCO 承担了与项目有关的大部分风险和负担。

（3）EMCO 是专业化的节能服务公司，具有技术服务、系统管理、资金筹措等多方面的综合优势。

（4）合同能源管理机制不仅使 EMCO 替企业解决了后顾之忧，提高了企业的节能积极性，而且也促进了 EMCO 与其他单位的合作关系。

四、成功实施合同能源管理项目的关键

实施合同能源管理项目的全过程有几个关键步骤需要特别注意：

（1）项目前的能源审计。EMCO 对客户的能耗设备及其运行情况进行监测，通过对预改造设备能耗情况的调研，分析其改造后可能达到的节能效果，从节能潜力上判断项目的可行性。

（2）项目设计。项目设计是至关重要的一步。项目设计一定要尽可能通盘综合考虑，从可行性分析到拟采用的技术和拟选用创设备等，都要经过谨慎设计，这样才能保证项目顺利实施。

（3）节能量的监测和计算。节能效益分享的依据是通过实际监测得出的数据。在项目可行性的前提下，得到一个相对合理的节能效果。避免出现实际节能效果达不到对客户承诺的效果。

（4）风险控制。风险控制从头到尾贯穿整个项目，可以将这些风险大致分为投资风险、技术风险和财务风险。

1）投资风险。EMCO 在项目实施前就应根据调查、评估，客户是否具有良好的资信和财务能力偿付EMCO的投资并与之分享节能效益，最后做出是否投资的决策。

2）技术风险。一旦决定为客户实施项目，EMCO就要面临项目实施过程中的技术风险。有效地防范技术风险，需要注意：① 认真编写和认证可研报告，并“保守”预计节能效果。② 选择好的技术和产品。③ 选择优秀的供应商和施工队伍，计划施工步骤，确定产品的交付日期。

3）财务风险。从自身的财务角度出发，制订切实可行的年度投资/财务计划，注意不同的投资额、技术含量和回收期在各项目之间的平衡，将公司的资产负债率和偿债率保持在合理范围，将所有与项目相关的杂费、间接成本等都计入项目成本，保证项目利润不会因为这些“额外”成本而打折扣。

【思考与练习】

1. 合同能源管理具体指的是什么？

2. EMCO的特点是什么？

3. 成功实施合同能源管理项目有哪些关键因素？

第三部分

节能项目诊断及方案拟订

第十章

照明系统诊断及方案拟订

模块1　照明基础知识（Z32G1001Ⅰ）

【模块描述】本模块介绍照明光源的特性、主要参数和路灯节能调查表，通过特性讲解和参数分析，使节能服务工作人员掌握照明基础知识。

【模块内容】

一、特性

照明光源和灯具的特性，主要分为“光电转换利用的电特性”和“显示光品质的光特性”。此外还有防触电保护、防尘、防水、防爆等性能和寿命、价格、使用要求等。

二、衡量光电利用效率的主要指标

（1）功率。灯具在单位时间里发光所消耗的电能，叫电功率，简称功率，常用字母 P 表示，单位为瓦（W）和千瓦（kW）。

（2）光通量 Φ。光源在单位时间内，向空间发射出使人产生光感（波长为 380～760nm）的能量，单位为流明（lm），是衡量光源发光强度的重要参数。

（3）照度 E。被照面单位面积上接受的光通量，单位为勒克斯（lx），也称每平方米流明。$E=\Phi/S$。E 的大小取决于光源的光通量、被照面与光源的间距、光源通过灯具罩的影响。

高档办公室、设计室、高档超市，照度标准值为 500lx（参考平面及高度为 0.75m 水平面）；普通办公室、阅览室、一般超市，照度标准值为 300lx（参考平面及高度为 0.75m 水平面）。

（4）发光效率 η。光源发出的光通量与输入的电功率之比，单位为流明/瓦（lm/W）。是衡量光源是否节能的重要指标。

三、衡量光质的主要参数

（1）频闪效应。指光波的幅度变化使人视觉产生的闪烁感。无频闪，即光幅闪烁波动幅度小于 5%，用仪器测得的“光幅—时间曲线”基本呈直线。

（2）色温。当光源的色品与某一温度下完全辐射体（黑体）的色品完全相同时完全辐射体（黑体）的温度。色温偏高趋于冷光，色温偏低趋于暖光。单位为开尔文（K）。光源色表分组及适用场合见表10–1–1。

表10–1–1　　光源色表分组及适用场合

色表分组	相关色温/K	色表特征	应用场所举例
Ⅰ	＜3300	暖	客房、病房、酒吧、卧室、餐厅等
Ⅱ	3300～5300	中间	诊室、办公室、图书馆、教室等
Ⅲ	＞5300	冷	热加工车间、高照度场所

（3）显色性。指光源呈现被照物体颜色的性能。显色性越高，则光源对物体颜色的还原性能越逼真，表示光源发出的光谱越接近自然光。

（4）显色指数 R_a。在待测光源照射下物体的颜色，与在另一相近色温的黑体或日光参照光源照射下相比，物体的颜色相符合的程度。显色指数越高，光源的显色性越好。

以路灯节能调查表为例来详细了解，见表10–1–2。

表10–1–2　　路灯节能调查表

<table>
<tr><td>用户名称</td><td colspan="2"></td><td colspan="2">路段名称</td><td colspan="4"></td><td colspan="2">调查时间</td><td colspan="2"></td></tr>
<tr><td colspan="13">路灯参数</td></tr>
<tr><td>工作电压</td><td colspan="2"></td><td colspan="2">变压器容量/kVA</td><td></td><td rowspan="3">路灯数量详细情况/盏</td><td colspan="2">1000W</td><td></td><td>150W</td><td colspan="2"></td></tr>
<tr><td>运行时间/（h/天）</td><td colspan="2"></td><td colspan="2">月用电量/（kW·h）</td><td></td><td colspan="2">400W</td><td></td><td>其他型号</td><td colspan="2"></td></tr>
<tr><td>电费单价</td><td colspan="2"></td><td colspan="2">路灯类型</td><td></td><td colspan="2">250W</td><td></td><td></td><td colspan="2"></td></tr>
<tr><td colspan="13">实测数据</td></tr>
<tr><td rowspan="2">名称</td><td colspan="3">电压/V</td><td colspan="3">电流/A</td><td colspan="3">功率因数/cosφ</td><td colspan="3">实测功率/kW</td></tr>
<tr><td>A相</td><td>B相</td><td>C相</td><td>A相</td><td>B相</td><td>C相</td><td>A相</td><td>B相</td><td>C相</td><td>A相</td><td>B相</td><td>C相</td></tr>
<tr><td>主回路</td><td></td><td></td><td></td><td></td><td></td><td></td><td></td><td></td><td></td><td></td><td></td><td></td></tr>
<tr><td>支路1</td><td></td><td></td><td></td><td></td><td></td><td></td><td></td><td></td><td></td><td></td><td></td><td></td></tr>
<tr><td>支路2</td><td></td><td></td><td></td><td></td><td></td><td></td><td></td><td></td><td></td><td></td><td></td><td></td></tr>
<tr><td>支路3</td><td></td><td></td><td></td><td></td><td></td><td></td><td></td><td></td><td></td><td></td><td></td><td></td></tr>
<tr><td>支路4</td><td></td><td></td><td></td><td></td><td></td><td></td><td></td><td></td><td></td><td></td><td></td><td></td></tr>
<tr><td>说明</td><td colspan="12"></td></tr>
</table>

【思考与练习】

1. 照明光源和灯具的特性有哪些？

2. 衡量光电利用效率的主要指标？

3. 衡量光质的主要参数？

模块 2　高效节能光源（Z32G1002Ⅰ）

【模块描述】本模块介绍高效节能光源的分类和各类光源的性能比较，重点介绍了荧光灯、气体放电灯和半导体灯，通过分类比较，使节能服务工作人员掌握高效节能光源技术。

【模块内容】

我国当前使用的主要照明光源有白炽灯（包括卤钨灯）、荧光灯（包括直管荧光灯、异型管荧光灯、紧凑型荧光灯、无极荧光灯）、气体放电灯（包括高压钠灯、高压汞灯及金卤灯等）、半导体灯等。其中白炽灯属低效光源，高压汞灯因显色性差，汞含量高，环保性能差，已逐步被淘汰。

一、荧光灯

原理是利用放电产生紫外线辐射激发荧光粉层而发光。按组合方式分为两类：一是直管和异型管荧光灯，需外配镇流器；二是紧凑型荧光灯，灯管和电子镇流器组合为一体。按启动方式分为三类：一是普通电感镇流器，启动慢、耗电高，发热大；二是高频电子镇流器，启动快，耗电低，是目前启动方式的主流；三是节能型电感节流，与普通镇流器相比，耗电小，稳定性高，但耗电仍高于电子镇流器。按使用的荧光粉分为两类：一是普通荧光灯使用的卤磷酸钙荧光粉；二是三基色荧光灯使用由红、绿、蓝谱带区域发光的三种稀土荧光粉。它与普通荧光灯相比，光效高、寿命长、显色性好，但价格偏高。

1. 直管型荧光灯

几种主要直管型荧光灯特性比较见表 10–2–1。

表 10–2–1　　几种主要直管型荧光灯特性比较

型号	T12	T8	T5	T2
管径/mm	38	26	16	7
长度/mm	590～1500	440～1500	550～1450	219～523
功率/W	20～65	10～58	14～80	6～13
光通量/lm	1000～4800	650～5200	1300～7000	310～930

续表

型号	T12	T8	T5	T2
光效/（lm/W）	70	96	104	80
镇流器	CCG/ECG	CCG/ECG	ECG（CCG）	ECG

注 CCG 为电感镇流器；ECG 为电子镇流器。

据测，用 T8、T5 细管荧光灯代替 T12 粗管荧光灯可节电约10%。用三基色荧光灯代替普通荧光灯可节电约 15%。

2. 异形管荧光灯

为适应不同场合使用，将灯管做成环形、方形、U 形、H 形等，其光效一般略低于直管荧光灯。

3. 紧凑型荧光灯

紧凑型荧光灯的荧光灯管与电子镇流器合为一体并小型化，可直接替代白炽灯用于室内照明的光源，常见类型：单 H、单 U、双 H、双 U、双Ⅱ、3H、3U、3Ⅱ、4U、螺旋形、球形等。功率：2W、5W、…、26W 或更高。大功率螺旋形或多 U 形灯已达到 55～125W。

4. 无极荧光灯

无极荧光灯的放电管是一个内涂荧光粉的玻璃泡，放电管内充以汞和氩等惰性气体。高频电源通过感应线圈耦合，在放电管中产生交变电磁场，从而使放电管中的气体电离和激发放电时产生的紫外线辐射经过荧光粉转变成可见光。

无极荧光灯的特点：光效较高，寿命特长，可达 60 000h 以上，无频闪，能瞬时启动，但价格高，特别适用于维护费用昂贵且更换光源困难的场合，如桥梁、高塔、高层建筑外部。

二、气体放电灯

1. 金属卤化物灯

金属卤化物灯（简称“金卤灯”）是利用金属卤化物蒸气扩散，在电弧作用下分解，产生辐射光，通过扩散—分解—扩散—复合—扩散循环过程，在灯内不断重复进行产生的光源。金卤灯是高强度气体放电灯中显色性好的光源，并且光效高、尺寸小、性能稳定。

金卤灯的优点是：光效高，显色性优良，尺寸小，寿命长，色温范围广。主要适用场合：高顶工业建筑、商场、展示厅等。

2. 高压钠灯

钠蒸汽放电发出的共振辐射位于可见光区，且位于光谱光效率函数最大值的附近，因此光效很高，高压钠灯可达 140lm/W。其寿命较长，可达 20 000h 以上。

改进后的高压钠灯有三大类：

（1）提高显色性的灯。这类高压钠灯通常在放电管的末端装上热屏蔽后获得更高的冷端温度从而改进显色性，但灯的光效会损失 10%～15%，且寿命也会缩短。这类灯适用于室内的工业和商业照明以及泛光照明中。

（2）“白光”高压钠灯。提高钠蒸汽压后，显色指数可达 85，光通量明显增多。它们主要适用于需要更高照度和长寿命的室内场所。

（3）用脉冲电子工作方式的灯。它是使高压钠灯用高频脉冲方法激发等离子体产生白光。这类灯可用在高质量照明的室内、装饰和演示等照明场合。

三、半导体灯（LED 灯）

发光二极管是继白炽灯、荧光灯和钠灯、金卤灯之后的第四代新光源。

使用氧化镓芯片 LED 产生蓝光，激发和借助荧光物质产生宽带光谱，合成白光或有色光，通过改变荧光粉的化学组成可以获得色温为 3500～10 000K 的各种白光和显色指数，以满足不同照明场合的要求。

LED 优点：省电；寿命长，可达 100 000h；工作电压低、抗振耐冲击、免维护、易控制、光响应速度快、利于环保。但目前价格过高，单体功率小（美国现已造出单体 5W LED 灯，我国已造出单体 1.5W LED 灯）。真正直接用于照明的规模化商业产品尚有待时日。

目前适用范围：维护和换灯困难的场合；需快速响应使用场合；环境恶劣场合，如交通信号指示、汽车尾灯、转向灯、夜景照明等。

四、各类光源性能指标比较（见表 10–2–2）

表 10–2–2　　各类光源性能指标比较

归类	光源种类	光效/（lm/W）	显色指数 R_a	色温/K	平均寿命/h	备注
白炽灯	白炽灯	15	100	2800	1000	不推广
	卤钨灯	25	100	3000	2000～5000	不推广
荧光灯	普通荧光灯	70	70	全系列	10 000	不推广
	三基色荧光灯	93	80～98	全系列	12 000	推广
	紧凑型荧光灯	60	85	全系列	8000	推广
	高频无极灯	50～70	85	3000～4000	40 000～80 000	特殊用途

续表

归类	光源种类	光效/（lm/W）	显色指数 R_a	色温/K	平均寿命/h	备注
气体放电灯	高压汞灯	50	45	3300～4300	6000	淘汰
	金属卤化物灯	75～95	65～92	3000/4500/5600	6000～20 000	推广
	高压钠灯	100～120	23/60/85	1950/2200/2500	24 000	推广
	低压钠灯	200	20	1750	24 000	推广
半导体	LED 白灯	—	＞80	5000～10 000	100 000	特殊用途

【思考与练习】

1. 我国推广节能照明灯具有哪些？
2. 半导体灯的优点有哪些？
3. 主要光源性能比较？

模块 3　绿色照明设计（Z32G1003 Ⅰ）

【模块描述】本模块介绍光源选择、灯具配置、照明设计和照明的自动控制技术，通过术语说明，使节能服务工作人员掌握绿色照明设计。

【模块内容】

绿色照明设计是推动绿照明工作的首要环节。推广绿色照明的场合十分广泛，总体可分为户内、户外两大类。包括工厂、矿山、商场、宾馆、写字楼、学校、宿舍、广场、体育场馆、公园、道路及交通设施、广告牌箱、居民住宅、农村等。

绿色照明设计应遵循以下基本原则：

一、选择合适的高效光源

1. 选用原则

（1）发光效率高。

（2）显色性好，即显色指数高。

（3）使用寿命长。

（4）启动可靠、方便、快捷、无频闪。

（5）性能价格比高。

2. 选用建议

（1）灯具安装高度较低的场所，使用荧光灯，按光效、寿命、显色性排序，为三基色直管、异形管，紧凑型荧光灯。一般办公场所、普通生产车间都应优先选用直管荧光灯。

（2）灯具安装高度较高的场所宜选用金卤灯，也可用中显色高压钠灯，对于显色性要求高的场所宜用陶瓷金卤灯，对于没有显色性要求的工业场所，可以用高压钠灯或低压钠灯。

（3）安装高度较高且不宜维护的场所（如高层建筑障碍灯、航标灯、高塔灯等）宜选用高频无极荧光灯，其寿命可达6000h以上。

（4）户外道路、广场、仓库宜选用钠灯、金卤灯，并配以户外灯具。

二、选用光利用率高及配光合理的灯具

光的利用效率是灯具对光源光通量有效的利用程度。利用率越高则节能效果越好。

（1）使用高效长寿命反射材料。

（2）对高天棚和室外照明用大功率灯具，部分反射面采用多棱面组合，以减少光源的遮光程度。

（3）提高光源利用系数，即选择灯具效率高、配合适合房间室形条件的产品，一般情况下房间室形指数大，选用宽配光灯具，反之，选用窄配光灯具。

室形指数计算公式为

$$RI = WL / H(W + L) \tag{10-3-1}$$

式中　W——房间宽；

L——房间长；

H——灯具至工作面高度。

光质是防止眩光的品质及配光的合理性，提高人们视觉工作效能。

（1）采用合理形状的格栅，可以防眩光，并投光均匀。

（2）室内墙壁、顶篷应装饰明亮，使用长寿命反射率高的材料。

（3）灯罩使用长寿命聚丙烯透光板，并压制成折光棱镜，形成蝙蝠翼形配光，可加大灯具间隔，获得均匀照明，有益于提高视觉效能并节省费用。

三、镇流器的选择

镇流器是耗能器件，同时对照明质量和电能质量有较大影响，选用原则如下：

（1）运行可靠，使用寿命长。

（2）自身功耗低。

（3）频闪小，噪声低。

（4）谐波含量低（符合国家标准），电磁兼容性符合要求。

（5）淘汰传统高耗能电感镇流器，优先选用电子镇流器或节能电感镇流器。

四、实施“绿色照明”的途径

（1）使用最有效的照明装置（包括光源、灯具、镇流器等）。

1）采用高节能的电光源。

2）优选直射光通量比例高、控光性能合理的高效灯具。

3）采用各种照明节能的控制设备或器件：光传感器、热辐射传感器、超声传感器、时间程序控制、直接或遥控调光等。

4）采用传输效率高、使用寿命长、电能损耗低、安全的配线器材。

（2）合理选择照明控制方式及其系统。

1）尽量减少不必要的开灯时间、开灯数量和过高照度，杜绝浪费。

2）充分利用天然光并根据天然光的照度变化，决定照明点亮范围。

3）对于公共场所照明、室外照明，可采用集中遥控管理的方式或采用自动控光装置。

【思考与练习】

1. 绿色照明设计主要内容是什么？
2. 绿色照明适用范围主要是什么？
3. 高效光源的选用原则是什么？

模块 4　照明改造方案技术分析（Z32G1004 Ⅰ）

【模块描述】本模块介绍经济技术分析的主要影响因素、分析方法，通过重点介绍成本效益分析法，使节能服务工作人员掌握照明改造方案的技术分析。

【模块内容】

照明设计应根据光源种类及性能（光效、色温、寿命）的选择、使用数量、维护系数、设计照度等，在达到国家标准要求的基础上确定两个及两个以上方案进行经济技术分析比较。

一、影响技术经济分析比较的主要因素

（1）初始投资。含光源价格、灯具价格、安装人工费。

（2）年固定费用。含折旧年限、折旧率。

（3）年用电量及电费。

（4）年光源费及系统维护费用。

（5）投资资本的利息。

二、初级分析方法

初级照明经济分析方法，定义 1000lm 1h 的花费U［单位：元/（klm·h）］为

单位。

照明成本 U 的表达式为

$$U = (C_d + C_r) / L + PRL / \Phi L \qquad (10\text{–}4\text{–}1)$$

式中 Φ——灯的光通量，lm；

C_d——灯的价格，元；

C_r——每换一只灯的人工费，元；

L——灯的寿命，kh；

P——每只灯（包括镇流器等电器）的功率，W；

R——电费，元/（kW·h）。

现以 40W 白炽灯和 11W 一体化紧凑型荧光灯（CFL）为例进行比较，有关数据列于表 10–4–1 中。从表 10–4–1 中可以看出，11W CFL 的单位照明成本约为 40W 白炽灯的 1/4。

表 10–4–1　40W 白炽灯和 11W CFL 的单位照明成本比较

项目	40W 白炽灯	11W CFL
P/W	40	11
R/［元/（kW·h）］	0.65	0.65
Φ/lm	600	600
L/kh	1	6
C_d/元	2	12
C_r/元	0.4	0.4
U/［元/（klm·h）］	0.047 3	0.012 5

某一场所原采用 40W 白炽灯照明，为了节电改用 11W CFL。假定灯每年工作时间 T=2000h，则年电费为 TPR，年换灯数 $n=T/L$，年换灯费用为 $n=(C_d+C_r)$。将这些数据列于表 10–4–2 中。虽然改用CFL时，需要一定初始投资费用，但改用CFL后每年的运行费用却比原先减少很多。

表 10–4–2　初始投资和年运行费的比较

项目	40W 白炽灯	11W CFL
A 初始投资/元	—	12
B 年电力费 TPR/元	52	14.3
C 年换灯数 n	2	0.33

续表

项目	40W 白炽灯	11W CFL
D 年换灯费 $n（C_d+C_r）$/元	4.8	4.1
E 年运行费（$B+D$）/元	56.8	18.4

在本例中，投资回收期为

$$A_N/(E_O-E_N)=12\text{ 元}/(56.8\text{ 元}-18.4\text{ 元})=0.31(\text{年}) \tag{10-4-2}$$

在以上的分析中，只考虑了光源，并没有考虑灯具的因素。事实上，在照明系统中，灯具的初始投资费用比较大，清洁维护的开支也不小，所以在对照明系统进行经济分析时必须考虑灯具的影响。此外，在上面计算单位照明成本、投资回收期时，没有计及投资费用的时间价值。由于利息的关系，资本随时间会增值。当利率较高、项目周期较长时，投资费用的时间价值这一因素对于照明系统的经济分析的影响也就较大，必须加以考虑。成本效益分析法将会弥补上述分析方法的一些不足之处。

【思考与练习】

1. 照明绿色设计的主要内容是哪些？
2. 投资回报期计算方法有哪些？
3. 影响技术经济分析比较的主要因素有哪些？

模块 5　照明节电其他措施（Z32G1005 Ⅰ）

【模块描述】本模块介绍照明节电的其他措施和合理控制方法，通过重点介绍措施方法及原理，使节能服务工作人员掌握照明节电的其他措施和方法。

【模块内容】

一、充分利用天然光

天然光是取之不尽，用之不竭，无污染的巨大洁净能源。充分利用天然光资源，改善建筑采光和照明环境，节约人工照明用电，是实施绿色照明工程的一项重要措施。

建筑利用天然光的方法不少，概括起来主要有被动式采光法和主动式采光法两类。

1. 被动式天然采光

被动式天然采光方法主要取决于采光窗的种类，可归纳为侧窗和天窗两类。侧窗采光就是在房间一侧或两侧的墙上开窗采光。天窗采光又称顶部采光，它是在房间或大厅的顶部开窗，将天然光引入室内。这一采光方法在工业建筑、公共建筑如博展建筑和建筑的中庭采光应用较多。

2. 主动式天然采光

这种采光方法特别适用于无窗或地下建筑、建筑朝北房间以及识别有色物体或有防爆要求的房间。目前主动式天然采光方法主要有以下六类：

（1）镜面反射采光法。所谓镜面反射采光法就是利用平面或曲面镜的反射面，将阳光经一次或多次反射，把光线送到室内需要照明的部位。

（2）利用导光管导光的采光法。导光管也是一种远程传光系统，而且可以用来传输大的光通量。现在常用的导光管有两种，一种是有缝导光管，另一种是棱镜导光管。

（3）光纤导光采光法。光纤导光采光法就是利用光纤将阳光传送到建筑室内需要采光部位的方法。光纤导光采光方法的构成如图 10–5–1 所示。

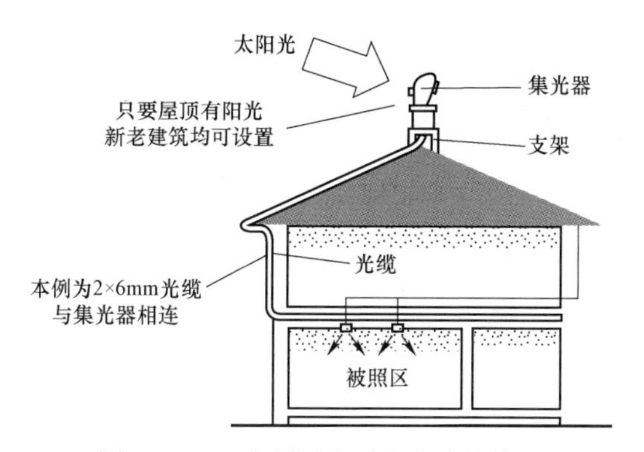

图 10–5–1　光纤导光采光方法的构成

光纤导光采光的核心是导光纤维（简称“光纤”），在光学技术上又称光波导，是一种传导光的材料。这种材料是利用光的全反射原理拉制的光纤，它具有线径细（一般只有几十微米，一微米等于百万分之一米，比人的头发丝还要细）、重量轻、寿命长、可挠性好、抗电磁干扰、不怕水、耐化学腐蚀、光纤原料丰富、光纤生产能耗低，特种经光纤传导出的光线基本上无紫外和红外辐射线等一系列优点，以致在建筑照明与采光、工业照明、飞机与汽车照明以及景观装饰照明等许多领域中推广应用，成效十分显著。

（4）棱镜传光的采光方法。旋转两个平板棱镜可产生光的折射。这种控制机构的机理是当太阳方位角、高度角有变化时，使各平板棱镜在水平面上旋转，适当地调节各棱镜方向即棱镜折射角度，使被采集的光线在配光板上进行漫射照射，将光传输到所需位置。

（5）卫星反射镜采光法。前四种采光法的采光量有限，而且只能解决建筑物部分房间白天的采光问题。因此人们于 20 世纪 60 年代提出利用卫星反射镜的采光法的设想，利用安装在高达 36 000km 的同步卫星上的反光镜，将阳光反射到地球需要采光或照明的地区。不仅在白天，而且夜晚也可利用这一技术采集阳光进行照明，即人们所说的人造“月亮”或称“不夜城计划”。

（6）光伏效应间接采光照明法。光伏效应间接采光照明法（简称“光伏采光照明法”），就是利用太阳能电池的光电特性，先将光转化为电，而后将电再转化为光进行照明，而不是直接利用阳光采光的照明方法。

由于太阳能电池的能量转换效率较低，必须采取措施提高电池吸收阳光数量，并降低系统中能量的损耗，可以采取以下措施：

1）合理选择太阳能电池板的安装位置与角度，以求最大限度地获取太阳能的辐射量。

2）负载，也就是发光器件，应选择光效高的光源和相应电气附件，如节能荧光灯、金卤灯、高压钠灯或 LED 光源以及相应电气附件等。

3）系统的元器件选择，应选用损耗低的控制元器件，如压降小的保护用开关、防反充二极管以及比较常用的分压电阻等。

4）采取其他方式，如在电池前加聚光板或加跟踪装置，使电池板跟着太阳旋转等，以求最大限度地吸收太阳能辐射能量，提高系统的能源利用率。

二、采用合理控制方法

照明控制有单一功能的，有多种功能综合的，各种照明控制是建立在不同时间、不同条件下的光环境，以满足人们对照明的要求，而合理节约电能。

1. 分布式智能照明控制系统

这是以 PC 监控机和微处理器为核心，多种功能综合，具备智能特点的照明控制系统，用于酒店、餐厅、会堂、办公楼等，其功能如下：

（1）开灯软启动：防止电压突变对灯的冲击，有利于延长灯的寿命和节能。

（2）调光：对不同场所按不同需要调光，用调压方式平缓调节白炽灯光源的光输出，用调频控制带调光的电子镇流器以调节荧光灯的光通量。

（3）实施多场景预置：以满足不同区段照明亮度和气氛的变化，将多个场景存放在调光器的存储器中，按指令调用。

（4）按多种方式和要求开关灯：

1）按设定程序。

2）按预设时钟。

3）按天文时钟，按所处地纬度自动调整，按每天日出、日落时间开关灯，适用于道路照明。

4）合理利用天然光的照度补偿，以调节室内灯光。

5）用红外跟踪检测、动静检测方式自动开关灯，用于个人办公室等。

6）远控开关灯，通过键盘发指令操作。

（5）监测：测量各种参数，显示运行状态，发出信号和报警。

2. 智能照明调控装置

该装置以微处理器和抽头变压器、固态开关等组成，具有多种功能的智能调控系统，主要用于道路、隧道、停车场、港口、机场等的照明，其功能如下：

（1）开灯软启动，调节平缓过渡：从200V启动（保持2.5min），再平缓升压至210～220V（经10min），有效地延长了灯寿命。

（2）稳压：装置维持输出电压在±2%范围内，有利节能、延长灯寿命、保持照度恒定和光色的稳定。用高压钠灯作城市道路照明，若按后半夜电压平均升高8%计算，灯功率增加22%，后半夜年运行约2200h，则一只400W钠灯，稳压条件下可节电达193.6kW・h。

（3）节能调压降功率运行：对于道路照明，后半夜车流、人流少，可以适当降低路面亮度时，定时自动平缓将电压降至180～190V。当用高压钠灯，电压降至187V时，光通降至59%，灯功率降至66%，一只400W钠灯，后半夜降功率运行2200h，年节电299.2kW・h。

（4）智能控制灯光开关时间：对路灯按天文时间逐日自动调整开关灯时间。

3. 照明调控系统

照明调控系统发出控制指令，控制各种照明负荷的开关、调光和调色，主要用于酒店、餐厅、会议中心、多功能厅、舞厅、展览馆等场所，以节约能源，控制室内空间的色彩、明暗分布，创造多种光环境效果。

4. 照明节能调光器

该调光器是一个自动稳压和调压装置，由电子控制器、自耦变压器、变速装置组成，适用于道路、广场、体育场馆、港口、机场、工厂、办公楼等场所，主要功能如下：

（1）开灯软启动。

（2）稳压：调光器的输出电压稳定到±1%范围。

（3）节能调压：在允许降低照度的条件下，降低电压运行，对高压钠灯和金卤灯可降到183～190V，荧光灯不低于190V。

以上三项功能的节能效果和其他效果基本上与智能照明调控装置相同。

5. 照明节能电源

该装置由微电脑和自控装置、自动变换器组成。根据使用要求，可分档调节电压，降低电压3%～9%，通过调压可使三相电压保持平衡。另外，当电压过高时，可保持电压稳定在额定值以内。

6. 照明节能自动调光系统

该系统适用于办公室、会议室、教室等场所，为了更好地利用天然光，节约电能。通过检测室内相关区段（如近窗）照度，调节可调光电子镇流器以降低近窗段荧光灯功率，保持室内照度近似恒定。

7. 几种节能调节型镇流器

为了节能，延长光源的寿命，有多种节能调光或稳定型镇流器，其功能如下：

（1）可调光电子镇流器：运用自动、远控或手动方式调节电子镇流器的控制电压，以降低灯功率，获得节能效果，可广泛用于各种室内外场所。

（2）恒功率型节能电感镇流器：当电压升高时，镇流器能自动保持灯功率的恒定，有很好的节能效果，提高灯寿命，稳定照度。

（3）双功率节能电压镇流器：用于道路照明的高压钠灯或金卤灯。

通过变更镇流器参数，可以在额定功率和降低功率两种状态下运行。降低功率到额定功率的50%～60%，用于后半夜需要降低光输出的条件下运行。

【思考与练习】

1. 介绍照明节电的其他措施有哪两种？
2. 主动式天然采光方法有哪几种？
3. 分布式智能照明控制系统有哪些功能？

模块6 绿色照明工程典型案例（Z32G1006Ⅰ）

【模块描述】本模块介绍绿色照明典型案例，通过重点介绍具体改造案例，使节能服务工作人员掌握绿色照明系统诊断和方案拟订。

【模块内容】

【例10-6-1】北京市中小学校更换高效照明光源

2005年市发改委、市教委联合开展在中小学校更换高效照明光源工作。据初步调查，北京中小学校教室照明条件较差，其中远郊区县的中小学校的教室照明条件更差，普遍存在着教室照明布局不合理，照度低、照明灯具老化等问题。

北京市2046所中小学校，在不改变灯具的前提下，采用高效照明光源实施节能改造。以T8 36W细管径稀土三基色荧光灯替代T12 40W粗管径荧光灯；以紧凑型荧光灯替代普通白炽灯。共更换151万只高效照明光源，年可节电1440万kW·h，年节约电费821万元。对更换前和更换后照明光源的教室照度变化情况进行监测，城八区中小学校更换高效照明光源后教室照度提高65%，显色指数全部达到85以上。

实施绿色照明工程达到提高照度和显色指数、改善教室照明环境、保护学生视力、节约能源、保护环境的目的，取得了良好的经济效益和社会效益。

【例10–6–2】成都银河王朝大酒店更换高效照明光源

成都银河王朝大酒店是一家四星级标准的大型涉外酒店，共有400个标准客房、1个1200m^{2}的大型宴会厅、4个会议室、4个餐厅，还有大堂及娱乐、商务场所。原照明光源采用40～60W白炽灯9727盏，还有其他规格的白炽灯、卤钨灯741盏，共用灯10 468盏。

（1）存在的主要问题。

1）照明能耗高。

2）光源寿命短。

3）更换光源的工作量大。

4）受光源发热影响进一步增加空调能耗。

5）照度不够。

6）光源舒适度差，有明显的眩光，舒适的环境受到影响。

7）由于白炽灯和卤钨灯功率大、温升高，造成一定的火灾隐患。

8）过大的电网电流引起线损增加，变压器负担过重。

（2）改造方案。经过多次论证，决定在不改变原有灯具的基础上，以7～11W反射形、蘑菇形、球形紧凑型荧光灯为主改造客房、楼道和大堂；以3W/2U、7W/2U、9W/2U、13W/2U、40W/4U紧凑型荧光灯为主改造宴会厅、工作车间、娱乐等场所。光源颜色全部采用暖白光，即2700K色温。

改造总用灯数量为10 468盏，3～40W多种规格的紧凑型荧光灯，总投资35万元。

（3）改造结果。改造后大幅度降低了照明用电量和电费：

1）年节约照明用电量173万kW·h。

2）年节省照明用电费107万元。

3）空调耗能明显减少，年节约空调用电14万kW·h。

4）年节约照明维护费3万元。

5）照度增加10%，照明质量提高。

6）紧凑型荧光灯质量好，寿命长，损坏率低，减少了更换次数，减轻了维护人员的劳动强度，节约了日常维护费用。

7）紧凑型荧光灯优良的外形没有破坏原有的装饰效果。

8）增加了酒店的用电安全性和可靠性。

（4）改造结论。通过 8 个月的使用及跟踪测试，成都银河王朝大酒店在 4 个月内收回全部投资，为酒店带来了良好的社会效益和经济效益，综合照明质量大幅度提高。

【思考与练习】

成都银河王朝大酒店是一家四星级标准的大型涉外酒店，共有 400 个标准客房、1 个 1200m^2 的大型宴会厅、4 个会议室、4 个餐厅，还有大堂及娱乐、商务场所。原照明光源采用 40～60W 白炽灯 9727 盏，还有其他规格的白炽灯、卤钨灯 741 盏，共用灯 10 468 盏。

1. 存在的主要问题有哪些？

2. 简述改造方案。

3. 改造结果如何？

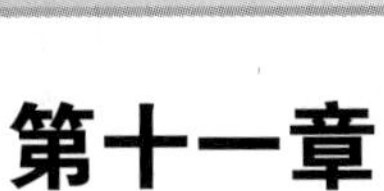

第十一章

电机系统诊断及方案拟订

模块1 电机系统节能（Z32G2001Ⅰ）

【模块描述】本模块介绍风机、泵机的分类、特性、节能改造措施。通过术语说明，使节能服务工作人员掌握电机系统节能。

【模块内容】

一、风机节能

1. 风机的分类

风机的种类繁多，在风机的分类方式中最为我们所熟悉的，是按照气体流动方向不同所区分的几个类别的风机，如离心风机、轴流风机、斜流风机和横流风机等。

2. 风机的节电改造

（1）风机的更新换代。目前新型风机的效率已有提高，在风机的改造中，可以考虑些叶片的更换，采用高效型的风机叶轮代替旧的低效型的风机叶轮。

（2）合理布置管道，减少风阻。在管道中尽量减少各种弯头，分支管越少越好，避免直角和“Z”形管道，拆除多余的挡板，以减少管道阻力。对扩管、三通管等会造成压降大的构件应装设导流叶片。可把风机出口的扩散器做成向叶轮一边单面扩散形状。

（3）保持叶轮的清洁。由于空气中有尘埃以及有些气体中含有油垢，当叶轮上附着尘埃或油垢时，会降低风机的性能，要经常清扫叶轮，使之保持清洁。

（4）风机叶轮的加工与更换。风机叶轮直径的改变，可影响风量、风压和轴功率的数值，因此，对风量需减少10%～20%时，可采用车削叶轮的方法来改造风机。

（5）风机的风量调节。风量调节有以下方法：

1）送风风门控制。在风道出口处装设风门，调节风门开度，即可改变风阻力，其实质是改变出口风道上的流动损失，从而改变风道的阻力曲线特性，改变工作点。

2）进风风门控制。改变设在风道进口处的风门开度，以改变输送的风量。这种调节方式不仅改变风道的阻力曲线特性，同时也由于进入风机前的风压已下降，因此也使风机本身特性曲线发生变化。

3）导流器调节。在风机前装有可转导流叶片轮栅，改变风机的特性曲线来调节气流。导流器的作用是使进入风机前的气流产生预旋，减少节流损失。导流器结构较为简单，使用可靠，调节性能优于送风风门控制，但较变速调节差。

4）风机的变速调节。改变叶轮的转速，可以改变风机的特性曲线。转速 n、风量 Q、风压 H、功率 N 的关系式为

$$\frac{Q_1}{Q_2}=\frac{n_1}{n_2} \quad (11\text{–}1\text{–}1)$$

$$\frac{H_1}{H_2}=\left(\frac{n_1}{n_2}\right)^2 \quad (11\text{–}1\text{–}2)$$

$$\frac{N_1}{N_2}=\left(\frac{n_1}{n_2}\right)^3 \quad (11\text{–}1\text{–}3)$$

二、泵节能

1. 泵的分类

泵的种类很多，一般分为离心泵、混流泵和轴流泵。离心泵主要依靠叶轮的离心力，给水一定的压力和动能；混流泵是依靠叶轮出来的水的动能变成压力，叶轮内的水流对轴倾斜成一角度，因此又称为斜流泵；轴流泵是由水沿轴的方向流动而得名的，靠叶轮的推力给水以一定的压力和动能。

2. 泵的特性

（1）泵的一般特性。

泵的主要参数为流量 Q、扬程 H、轴功率 N 和效率，这些工作参数之间存在着一定关系。泵的特性一般用百分率表示，常取泵的最高效率点的流量、全扬程、效率和轴功率为 100%。

全扬程 = 吸入总扬程 + 排出总扬程 = 实际扬程 + 管道损失扬程

（2）泵的并联与串联运行特性。

1）并联运行。当工艺上需要增大流量，原有的泵已不能满足流量要求时，可以将多台泵并联运行。流量需求变化时，为了获得高效的泵性能，将泵并联与变速泵相结合是有效的方法。

2）串联运行。当工艺上需要的扬程增加时，则可以将泵串联运行。泵的串联运行，实质上相当于一台多级泵。串联后的流量比单台泵的流量大，但不是成倍数叠加。

3. 泵的异常现象

（1）气蚀。泵在运行过程中，由于叶片进口的冲击或摩擦损失，因升力作用造成

压力下降，以及流速水头变化等原因，水流中局部形成高度真空，水被汽化而产生大量细小的蒸汽泡。这种汽泡被压碎时，使泵产生振动和噪声，经过一段时间后，金属表面就被腐蚀。

（2）水击。在管道中，因某种原因使流速产生急剧变化，例如在泵的启动、停止、泵的转速变化、阀门的开闭，特别是停电时，造成管道内压力的变动，严重时将导致管道的破坏。

（3）喘振。喘振现象在流量与压力相当激烈地发生周期性变化时就会断续发生。喘振的防止是避免在流量—扬程（Q—H）曲线的左侧圆滑部位运行。

4. 泵在使用中存在的问题

（1）选型不合理。

（2）设备陈旧，设备布局不合理。

（3）流量调节方法不当。

（4）管系损失太大。

（5）管理不善、不定期维护、阀门泄漏等引起流量损失。

5. 泵的节电途径

主要是提高泵的运行效率，减少节流损失，以达到节电的目的，其措施如下：

（1）更换低效水泵。对于设备陈旧的低效水泵，可重新选型，以高效水泵来代替。

（2）抽级运行。如果泵的出口压力高于需要值，扬程过高，可采取抽级办法以降低压力。

（3）切割水泵叶轮。在切割水泵叶轮时要通过计算，使之符合经济运行条件。

（4）改善管道配置。尽量缩短泵的吸入和输送管道长度，加大管道内径，防止逆止阀、蝶阀和隔离阀不严而造成流量损失，要清洗管道以防止堵塞。

（5）调节泵的转速。用挡板或阀门来调节流量的方法比较简单，但是不经济。对于泵的调速，有以下方法（按效率高低为序）：改变电动机绕组极对数、变频调速、串级调速、转子串电阻、液压联轴器、液力耦合器等。

【思考与练习】

1. 风机节能原理及方法？
2. 泵在使用过程中存在哪些问题？
3. 泵系统节能方法有哪些？

模块 2　电机系统节能与分析方法（Z32G2002 Ⅰ）

【模块描述】本模块介绍电机系统节能原理、评估方法和电机系统节能调查表。

通过具体情况分析，使节能服务工作人员掌握电机系统节能与分析方法。

【模块内容】

一、电机系统节能

电机系统节能通常是指从电机启动开关开始直至拖动的装置产出产品（流体）能量的最终消耗。它包括电机启动开关、供电馈线，电机速度控制装置，电动机、联轴器、拖动装置（泵、风机或压缩机等）、拖动装置产出的产品（一般为液体和气态流体）、输送管线、终端负载。

所以，电机系统节能是指整个系统效率的提高，它不仅追求电机效率拖动装置效率的最优化，而且要求系统各单元相互匹配及系统整体效率的最优化。

二、电机系统节能评估

电机系统节能评估是指对现有的电机系统电能利用状况进行评定的一种方法。评估目的在于了解该系统目前的电能利用情况、存在的问题以及改进措施，并对改进措施进行经济性分析。

三、电机系统节能评估分析方法

电机系统节能评估通常采用现场调查和现场测试相结合的方法进行，为此，首先要熟悉所评估的体系和体系的划分，如画出示意图，标上必要的参数、工艺流向，获得文字资料的说明或记录资料，如设备的参数和工艺要求、目前运行状况的记录数据。进一步了解所评估的系统存在什么问题，是否进行处理，效果如何。通过现场的调查，制订详细的测试方案，方案中应列出测试目的、要求、所需仪器仪表、测点的布置，同时把存在的疑问列入测试方案，以便在测试过程中得到求证。

测试结束后，分析测试数据及计算结果，归纳测试中发现的现象，常常需要参考泵或风机的特性曲线图，分析出设备处在什么状态下运行，是什么原因造成的。如果工艺不能改变，设备的状态处在不经济运行下就应采取措施，如：选高效的设备，包括电机及拖动设备与工艺要匹配；减少系统的阻力和不必要的能耗；安装节能节电装置；加强管理，制订更合理操作顺序规程等。当需要对设备进行较大的改造并且需要较大的资金投入时，应进行技术经济分析和投入产出回报分析，必要时还应进行全寿命成本分析。

四、全寿命成本分析法

采用全寿命成本分析法的目的就是对该产品在其寿命周期内的各项成本进行综合考虑以求优化。设备采购成本和安装调试费用约占全寿命成本的23%，运行电费成本约占32%。若片面追求采购成本低，而带来设备运行成本（运行电费、维修保养费用、停工生产损失费用）增加是不可取的。只有把每项成本相加，经济性、安全性、可靠性最优的方案，即全寿命成本最低的方案为首选方案。

五、节能调查表

低压绕线式电机节能应用调查表见表 11–2–1。

表 11–2–1　　低压绕线式电机节能应用调查表

编号：

用户名称			
联系人		联系电话	
月均用电量/（kW·h）		电费单价/[元/（kW·h）]	
日均运行时间/h		年均工作时间	
电机铭牌数据			
电机型号		厂家	
额定功率/kW		启动方式	
定子电压/V		定子电流/A	
转子电压/V		转子电流/A	
电机转速/（r/min）		同类电机数量/台	
电机实际运行数据			
定子实际运行电压/V		定子实际运行电流/A	
功率因数 $\cos\varphi$		电机级数	
电压/V		运行电流/A	
补充说明：			
数据提供人：		提供时间：	

恒转矩电机能效调查表见表 11–2–2。

表 11–2–2 **恒转矩电机能效调查表**

编号：

用户名称			
联系人		联系电话	
月均用电量/（kW·h）		电费平均单价/[元/（kW·h）]	

实测数据

序号	额定功率/kW	额定电压/V	运行功率因数	正常负载电流/A		电机启动方式	绕组接法	电机用途	日工作时间/h	年工作时间/d	同类电机台数
				最小	最大						
1											
2											
3											
4											
5											
6											
7											
8											
9											
10											
11											
12											
13											
14											

数据提供人：	提供时间：

抽油机应用调查表见表 11–2–3。

表 11–2–3 **抽油机应用调查表**

编号：

用户名称			
联系人		联系电话	
井号		电压等级/V	
日运行时间/h		年均运行时间/d	
月均用电量/（kW·h）		电费单价/［元/（kW·h）］	

续表

电机及设备运行数据			
电机型号		同类电机数量/台	
电机功率/kW		启动方式	
定子电压/V		定子电流/A	
定子运行电压/V		定子运行电流/A	
转子电压/V		转子电流/A	
上行运行电流/A		下行运行电流/A	
设计产量/（t/d）		实际产量/（t/d）	
原油含水率（%）		是否属注水井	
上冲次时间/min		下冲次时间/min	
热采油井情况			
中频电源的电压等级/V		中频加热每日工作时间/h	
抽油机名称		中频电源的功率/kW	
额定电压/V		运行电压/V	
额定电流/A		运行电流/A	
额定频率范围/Hz		实际工作频率/Hz	
加热温度设定值		实际温度/℃	
备注：			
数据提供人：		提供时间：	

风机用电能效调查表见表 11–2–4。

表 11–2–4　　风机用电能效调查表

客户情况	单位名称			单位性质	□办公楼　□商场　□宾馆　□工厂　□其他			
	地址			联系人		联系电话		
	电价/元		电费/[元/（kW·h）]	峰	平	谷	年用电费/元	
设备及运行数据								
风机类型（1）	□离心风机 □罗茨风机 □其他____	控制方式	常用___台 备用___台 互为备用___台	风机类型（2）	□离心风机 □罗茨风机 □其他____	控制方式	常用___台 备用___台 互为备用___台	
风机型号		额定流量/（m^3/h）		风机型号		额定流量/（m^3/h）		

续表

额定压力/kPa		进风口压力/kPa		额定压力/kPa		进风口压力/kPa	
电机型号		电机功率/kW		电机型号		电机功率/kW	
额定电压/V		运行电压/V		额定电压/V		运行电压/V	
额定电流/A		运行电流/A		额定电流/A		运行电流/A	
启动方式	□星三角 □自耦	是否有调速装置	□变频器 □软启动	启动方式	□星三角 □自耦	是否有调速装置	□变频器 □软启动
功率因数 $\cos\varphi$		同类风机数量/台		功率因数 $\cos\varphi$		同类风机数量/台	
控制参数	□风压 □风量 □人工调节	风门开度	出口 入口	控制参数	□风压 □风量 □人工调节	风门开度	出口 入口
运行电流/A				运行电流/A			
风量需求/（m^3/h）				风量需求/（m^3/h）			
风压需求（或恒定）/kPa				风压需求/kPa			
时间/min				时间/min			
日均工作时间/（h/d）		年均工作时间/（d/y）		日均工作时间/（h/d）		年均工作时间/（d/y）	
备注：				备注：			

水泵用电能效调查表见表 11–2–5。

表 11–2–5　水泵用电能效调查表

客户情况	单位名称			单位性质	□办公楼 □商场 □宾馆 □工厂 □其他			
	地址			联系人		联系电话		
	电价/元		电费/[元/（kW·h）]	峰	平	谷	年用电费/元	
设备及运行数据								

水泵类型（1）	□卧式水泵 □立式水泵 □斜式水泵	控制方式	常用___台 备用___台 互为备用___台	水泵类型（2）	□卧式水泵 □立式水泵 □斜式水泵	控制方式	常用___台 备用___台 互为备用___台
水泵型号				水泵型号			
电机型号		电机功率/kW		电机型号		电机功率/kW	

续表

额定电压/V		运行电压/V		额定电压/V		运行电压/V	
额定电流/A		运行电流/A		额定电流/A		运行电流/A	
启动方式	□星三角 □自耦	是否有调速装置	□变频器 □软启动	启动方式	□星三角 □自耦	是否有调速装置	□变频器 □软启动
功率因数 $\cos\varphi$		同类水泵数量/台		功率因数 $\cos\varphi$		同类水泵数量/台	
流量调节方式		阀门开度		流量调节方式		阀门开度	
设计扬程/m		实际扬程/m		设计扬程/m		实际扬程/m	
设计吸程		实际吸程		设计吸程		实际吸程	
设定流量/m^3		实际流量/m^3		设定流量/m^3		实际流量/m^3	
设定压力/kPa		实际压力/kPa		设定压力/kPa		实际压力/kPa	
日均工作时间/（h/d）		年均工作时间/（d/y）		日均工作时间/（h/d）		年均工作时间/（d/y）	
备注：				备注：			

【思考与练习】

1. 什么是电机系统节能？
2. 简述电机系统节能方法。
3. 简述全寿命成本分析法。

模块 3　交流电动机调速运行技术（Z32G2003 Ⅰ）

【模块描述】本模块介绍电动机的调速分类、调速与节能的关系、调速的技术分类和特点。通过术语说明，使节能服务工作人员掌握交流电动机的调速运行技术。

【模块内容】

一、交流电动机调速分类

从节能角度讲，交流电动机的调速装置可以分为高效调速装置和低效调速装置两大类。高效调速装置的特点是调速时基本保持额定转差，不增加转差损耗，或可以将转差功率回馈至电网。低效调速装置的特点是调速时改变转差，增加转差损耗。

（1）高效调速包括：① 变极对数调速；② 变频调速；③ 串级调速；④ 无换向器电机调速。其中，变极对数调速方式、变频调速方式主要适用于笼型交流异步电动机，串级调速方式主要适用于绕线式交流电动机，无换向器电机调速方式主要适用于交流同步电动机。

（2）低效调速包括：① 定子调压调速；② 电磁滑差离合器调速；③ 转子串电阻调速。其中，电机定子调压调速方式、电磁滑差离合器调速方式主要适用于笼型交流异步电动机，转子串电阻调速方式主要适用于绕线式交流电动机。

二、各种高效调速方法的特点

1. 变极对数调速

（1）优点：① 无附加转差损耗，效率高；② 控制电路简单，易维修，价格低；③ 与定子调压或电磁转差离合器配合可得到效率较高的平滑调速。

（2）缺点：有级调速，不能实现无级平滑的调速。且由于受到电机结构和制造工艺的限制，通常只能实现 2～3 种极对数的有级调速，调速范围相当有限。

（3）应用范围：适用于不需要无级调速的生产机械，如金属切削机床、升降机、起重设备、风机、水泵等。

2. 变频调速

（1）优点：① 无附加转差损耗，效率高，调速范围宽；② 对于低负载运行时间较多，或启停运行较频繁的场合，可以达到节电和保护电机的目的。

（2）缺点：技术较复杂，价格较高，对电网有污染。

（3）应用范围：适用于要求精度高、调速性能较好场合。

3. 无换向器电机调速

（1）优点：① 具有交流同步电动机结构简单和直流电动机良好的调速性能；② 低速时用电源电压、高速时用电机反电动势自然换流，运行可靠；③ 无附加转差损耗，效率高，适用于高速大容量同步电动机的启动和调速。

（2）缺点：过载能力较低，电机本身的容量不能充分发挥。

（3）应用范围：在各类伺服及驱动系统中得到了广泛的应用。

4. 串级调速

（1）优点：① 可以将调速过程中产生的转差能量加以回馈利用，效率高；② 装置容量与调速范围成正比，适用于 70%～95%的调速。

（2）缺点：功率因素较低，有谐波干扰，正常运行时无制动转矩，适用于单象限运行的负载。

（3）应用范围：适合于风机、水泵及轧钢机、矿井提升机、挤压机上使用。

5. 内馈调速技术

（1）优点：① 可以将转差能量加以回馈利用，效率高；② 控制电压低，控制容量小，可靠性高，比较经济；③ 谐波污染较小。

（2）缺点：只适合于绕线式电机。

（3）应用范围：主要集中在高电压大容量电机的调速。

综上所述，这些调速方式各有优点和不足，各有一定的适用范围和场合，变频调速优点最多，被国内外公认为最理想和最有发展前景的交流调速方式，从调速性能角度看，交流电动机最理想的调速方法应该是改变电动机供电电源的频率，即变频调速。

【思考与练习】

1. 交流电动机调速分类有哪些？
2. 简述各种高效调速方法的特点。
3. 低效调速包括哪些？

模块 4　变频器选择（Z32G2004 Ⅰ）

【模块描述】本模块介绍变频器按不同侧重点的选择。通过原理分析，使节能服务工作人员掌握变频器的合理选择方案。

【模块内容】

一、变频器原理

变频器是一种用来调控三相电动机转速的设备，变频器不但可以改变电流频率，而且还可以改变电动机的电压，从而实现电机调速功能。

从结构上看，变频器可以分为交—直—交变频和交—交变频两种变频方式，前者适用于高速小容量电动机，后者适用于低速大容量的拖动系统。只要设法改变三相交流电动机的供电频率，就可以十分方便地改变电动机的转速。

变频器的电路主要包括整流器部分、滤波部分、逆变部分和控制电路。

（1）整流部分：把交流电压变成直流电压。

（2）滤波部分：把脉动较大的交流电进行滤波变成比较平滑的直流电。

（3）逆变部分：它的作用与整流器相反，是将直流电逆变为电压和频率可变的交流电，以实现交流电机变频调速。逆变电路由开关器件构成，大多采用桥式电路，常称逆变桥。

（4）控制电路：这部分电路由运算电路、检测电路、驱动电路、保护电路等组成，实现输出各种驱动信号、通断控制信号、保护信号和反馈信号等，达到综合控制的目的。

二、变频器的分类

1. 根据变频器电压调制方式不同的分类

（1）正弦脉宽调制（SPWM）变频器。这种变频器的电压的大小是通过调节脉冲宽度与脉冲占空比来控制的。常见的中、小容量的变频器大多数属于此种类型的变频器。

（2）脉幅调制（PAM）变频器。这种变频器的电压的大小是通过调节直流电压幅值来控制的。

2. 根据变频器直流电路的储能环节不同的分类

（1）电压型变频器。这种变频器的储能元件是电容器。中、小容量的变频器大多数属于电压型变频器，应多电机拖动。

（2）电流型变频器。这种变频器的储能元件是电感线圈。适用于一台逆变器对一台电机供电的单机运行方式。

3. 根据变频器变流环节不同的分类

（1）交—直—交变频器。这种变频器先将固定频率的交流电整流成直流电，再由电力电子器件把直流电逆变成频率任意可调的三相交流电。目前的变频器以此种类型居多。

（2）交—交变频器。这种变频器直接把频率固定的交流电转换成频率任意可调的、具有相同相数的交流电。

4. 根据输入变频器电源的相数不同的分类

（1）三进三出变频器。变频器的输入侧是频率固定的三相交流电，输出侧是频率可调的三相交流电。绝大多数的变频器属于此类变频器。

（2）单进三出变频器。变频器的输入侧为频率固定的单相交流电，输出侧为频率可调的三相交流电。这种变频器的容量一般不大，主要用在家用电器中。

三、变频调速技术发展展望

随着电力电子技术、微电子技术、计算机网络等高新技术的发展，变频器的控制方式今后将向以下几个方面发展：

（1）数字控制变频器。现在变频器的控制方式用数字处理器可以实现比较复杂的运算，变频器数字化将是一个重要的发展方向。

（2）多种控制方式结合。有些控制场合，需要将一些控制方式结合起来，例如与神经网络控制、自适应控制与模糊控制、直接转矩控制与神经网络控制等相结合，实现取长补短，达到理想的控制效果。

（3）实现远程控制。计算机网络的发展，使得依靠计算机网络对变频器进行远程控制也是一个发展方向。例如通过 RS485 接口及一些网络协议对变频器进行远程控制。

【思考与练习】

1. 变频器的定义是什么？
2. 变频器的分类有哪些？
3. 变频器将向哪几个方面发展？

模块 5　变频调速技术应用（Z32G2005 Ⅰ）

【模块描述】本模块介绍变频技术在风机系统、水泵系统、空气压缩机组中的应用实例。通过具体事例分析，使节能服务工作人员掌握变频调速技术应用。

【模块内容】

交流电动机在进行调速节能运行以前，一般应先根据工艺过程的需要进行调速节能的分析。下面给出一些调速节能的实例供大家参考。

一、变频技术在风机中的应用实例

【例 11–5–1】某厂的烟花炉风机，根据冶炼的工艺要求，一个冶炼周期的不同过程中，需要的风量是不同的。冶炼周期风量变化曲线如图 11-5-1 所示。该烟花炉每天冶炼 8 炉，平均每炉冶炼周期为 180min。

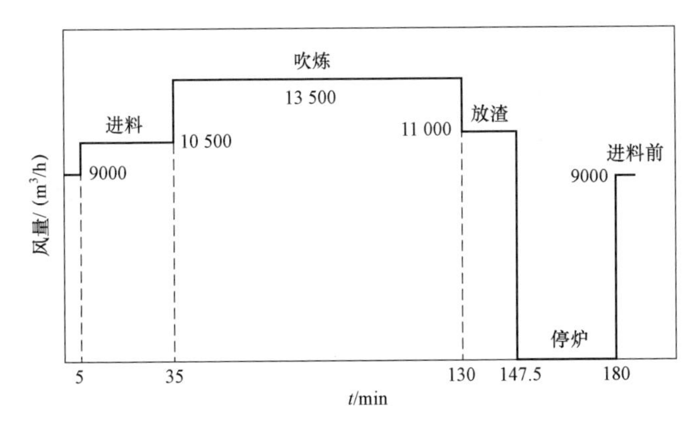

图 11–5–1　烟花炉冶炼周期风量变化曲线

由图 11–5–1 可知，一个冶炼周期内，风量需要发生多次改变。如前所述，改变风量的方法之一是可以通过采用传统的调节挡风板开度的办法来调节风量。这种情况下，一个冶炼周期内总的耗电 W_1 可用下列算式进行计算，即

$$W_1 = P_H \times T \tag{11–5–1}$$

式中　P_H——最大风量时电机消耗的功率，即 440kW；

T——冶炼周期，即 3h。

将有关数据代入，可得风机电机在一个冶炼周期内总的耗电 W_1 为

$$W_1 = 1320\text{kW} \cdot \text{h}$$

则整套装置所消耗的电能 W_{a1} 为

$$W_{a1}=W_1/\eta \tag{11-5-2}$$

式中 η——装置的效率，这里取 $\eta=0.94$。

将数据代入，可得整套装置所消耗的电能 W_{a1} 为

$$W_{a1}=1404.3\text{kW}\cdot\text{h}$$

调节风量的另一个方法是不改变挡风板的开度，通过调节电动机的转速来达到调节风量的目的。本例中为满足烟花炉冶炼送风需要，采用高压变频器调节风机电机的转速，以调节风量。这里的风机电机是一台电压为6kV、功率为500kW的笼型异步电动机。

由前面的分析知，风机功率与转速的三次方成正比。当采用变频调速以调节风量时，风机电机在一个冶炼周期内总的耗电 W_2 可用下列算式进行计算，即

$$W_2=\sum_{i=1}^{n}\left(\frac{Q_i}{Q_H}\right)^3\times P_H\times t_i \tag{11-5-3}$$

式中 Q_i——各阶段实际需要的风量；

Q_H——最大风量，即15 000m³/h；

t_i——各阶段的时间，h。

将图11-5-1中的数据代入，可以得到在采用调速的办法以调节风量时，风机电机在一个冶炼周期内总的耗电 W_2 为

$$W_2=641.9\text{kW}\cdot\text{h}$$

则整套装置所消耗的电能 W_{a2} 为

$$W_{a2}=W_2/\eta=682.9\text{kW}\cdot\text{h} \tag{11-5-4}$$

故节电率为

$$K=W_{a2}/W_{a1}=48.63\% \tag{11-5-5}$$

若每年实际工作日按250天计算，则年节电为

$$W_i=440\times3\times8\times250\times48.63\%=128.38\times10^4\text{（kW·h/年）} \tag{11-5-6}$$

若平均电价按0.65元/（kW·h）计算，则每年共可节约电费

$$128.38\times10^4\times0.65=83.45\text{（万元/年）} \tag{11-5-7}$$

大约一年半就可收回装置的全部投资，可见直接经济效益十分显著。

需要注意的是，利用变频器对风机进行调速节电时，有时候不仅仅需要考虑风量这一指标，为保证产品质量，还要考虑风压这一指标。

二、变频技术在热电厂给水泵中的应用实例

【例11-5-2】江苏某热电公司原有6台35t/h的锅炉，给水方式采用母管制，配备

6 台给水泵，单台给水泵电机的功率为 132kW。给水母管的压力在 5.0～5.6MPa 之间，而实际满足锅炉给水要求的正常压力则为 5.1MPa 左右。这样，给水泵长期处于轻载运行状态，造成了一定程度的能源浪费。

变频器投入自动运行后，系统会根据给水母管压力的大小自动调节变频器的输出频率。当母管压力低于设定值时，变频器的输出频率增加，如果受控制的一台水泵的电源输入频率（即变频器的输出频率）达到 50Hz 时，母管压力还没有达到设定值，这时系统给出增泵信号，同时启动另一台受控制的水泵。当母管压力高于设定值时，变频器的输出频率减少，如果输出频率降到 30Hz 时，母管压力还没有降到设定值，这时系统给出减泵信号，同时停止一台受控制的水泵。

本例中，给水系统运行的技术数据如下：给水压力为 5.1MPa（精度±0.04MPa），上限 5.3MPa，下限 5.0MPa；压力信号为 4～20mA（精度：0.2 级）；响应时间小于 1s，电源电压为 360～440V；环境温度为–10～+50℃。

改造后的给水系统的功能特点是：

（1）给水泵变频运行时，节电效果显著。

（2）供水压力稳定，变频系统能根据给水母管压力的变化，调节给水泵的出水流量，以保证母管水压稳定。

（3）给水泵的启动方式为变频软启动，有效地减少了直接启动时大电流的冲击，延长了水泵电机的使用寿命。

（4）设备的保护功能齐全，能有效地实现电气设备的安全可靠运行。

（5）设备的可靠性高，减少了设备维护、检修费用。

（6）设备的自动化程度高，减轻了操作人员的劳动强度。

采用变频调速技术后，取消了原来的阀门调节，给水泵转速的下降，使其电耗也随之降低。该系统投入使用后，给水泵运转时表计指示电流由原来的 160～170A 减少到 110～120A，电机功率因数由原来的 0.75 提高到 0.95，节电效果十分显著，一年半左右收回系统改造的全部投资。

三、变频技术在循环氢压缩机组中的应用

炼油厂催化重整装置中的离心压缩机在运行过程中，管网特性（流量、压力）是不断变化的。为了使压缩机能和管网协调一致，就要求压缩机的流量、出口压力也随着变化，也就是要求不断地改变压缩机的运行点，即压缩机需要进行变工况调节。

通常采用的变工况调节方法有三种：一是出口节流调节；二是进口节流调节；三是改变转速调节。上述三种方法中，以第三种方法最为经济、可靠。

电机调速时，随着电机频率的降低，输入电压也降低。而为了保证负载的要求，电流需增大。但由于电机的散热要求，不允许电流增大到所需值时，电机输出功率势

必无法满足负载的要求，即拖动不了压缩机。在这种情况下，必须进一步增大电机功率。

通过实测发现，多数压缩机在使用变频调速后节电率在20%左右。故变频调速的投资可以在一定时间内收回。另外，采用变频调速技术以后，可以使压缩机的控制质量大为提高，使压缩机被控制的参数始终保持恒定。这是一个值得大力推广的技术。

【思考与练习】

1. 简述变频技术在风机中的应用实例。
2. 简述变频技术在热电厂给水泵中的应用。
3. 简述变频技术在循环氢压缩机组中的应用。

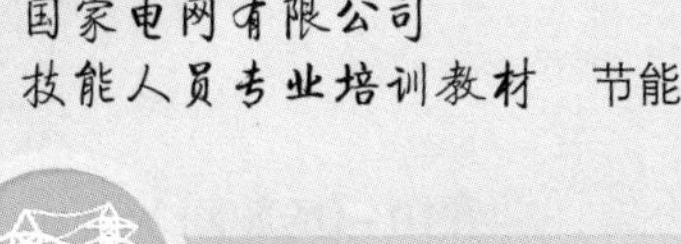

第十二章

空调系统诊断及方案拟订

模块1　空调系统节能技术及产品（Z32G3001Ⅱ）

【模块描述】本模块介绍空调系统节能技术和产品、用电能效调查表。通过概念讲解和分析，使节能服务工作人员掌握空调系统产品和节能技术。

【模块内容】

一、节能技术及产品

1. 冷热源

大型公共建筑的采暖、生活热水多采用市政热网，部分采用自备锅炉。其冷源形式以电力直接驱动的冷水机组为主，也有一部分选择溴化锂吸收式、直燃式等。电制冷机组按其压缩机形式主要分为活塞式、离心式和螺杆式，如图12–1–1所示。

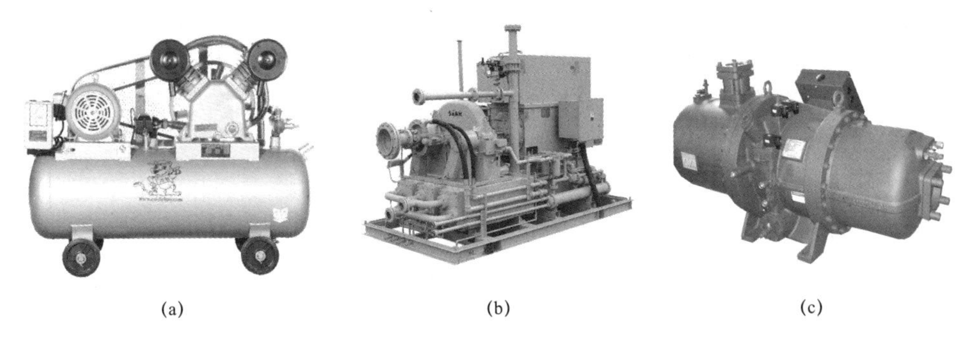

(a)　(b)　(c)

图12–1–1　不同类型的冷源

（a）活塞式冷水机组；（b）离心式冷水机组；（c）螺杆式冷水机组

目前制冷设备的制造技术已经趋于成熟，很难找到更好的替代品。随着热泵技术的不断发展，供暖技术在悄悄发生着变革。一些热泵产品甚至可以运行在两种工况下，兼有制热和制冷的功能。

按照环境介质不同，热泵可以分为空气源热泵、水源热泵、土壤源热泵等。空气源热泵通常效率并不高，但具有配置灵活等优点，这里不做详细介绍。水源热泵和土壤源热泵比较类似，其基本原理如图 12–1–2 所示，比较典型的有以下几类：

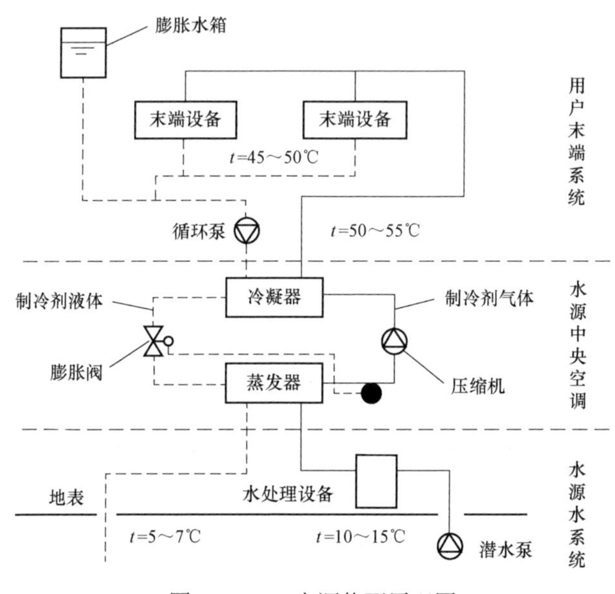

图 12–1–2 水源热泵原理图

（1）地下水水源热泵，即从地下抽水经过热泵提取其热量后再把水回灌到地下。这种方式用于建筑供热，其电热转换率可达到 3～4。这种技术在国内外都已广泛推广，但取水和回灌都受到地下水文地质条件的限制，并非普遍适用。研究更有效的取水和回灌方式，可能会使此技术的可应用范围进一步扩大。

（2）污水水源热泵，直接从城市污水中提取热量，是污水综合利用的组成部分。据测算，城市污水充当热源可解决城市 20%建筑的采暖。目前的方式是从处理后的中水中提取热量，这限制了其应用范围，并且不能充分利用污水中的热能。污水换热器近年来研制成功，可直接大规模从污水中提取热量，并在哈尔滨实现了高效的污水热泵供热，处于世界领先水平。如果进一步完善和大规模推广，应能成为我国北方大型城市建筑采暖的主要构成方式之一。

（3）地埋管式土壤源热泵（图 12–1–3），通过在地下垂直或水平埋入塑料管，通入循环工质，成为循环工质与土壤间的换热器。在冬季通过这一换热器从地下取热，成为热泵的热源；在夏季从地下取冷，使其成为热泵的冷源。这就实现了冬存夏用，或夏存冬用。目前这种方式的问题是初投资较高，并且需要大量从地下取热、储热，因而仅适宜低密度建筑。因此与建筑基础有机结合，进一步降低初投资，提高传热管与土壤间的传热能力，将是今后低密度建筑采用热泵解决采暖空调冷热源的一种有效方式。

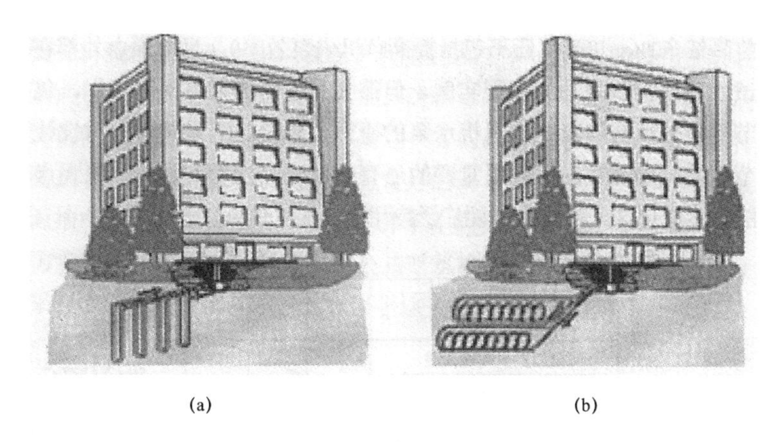

(a)　　(b)

图 12–1–3　土壤源热泵的两种埋管方式

（a）垂直埋管；（b）水平埋管

热泵技术的核心思想是通过逆卡诺循环提升能源品位，以较少的能源（通常为电能）消耗获得较多的冷热量。应用热泵技术的前提有两个：一是有足够可用、易得的低品位热能（通常从水体、土壤、空气中获得）；二是整个系统的综合效率超过采用传统冷热源技术的系统。只有同时具备这两个条件，热泵技术才能应用于大型公共建筑。

2. 输配系统

在大型公共建筑采暖空调能耗中，60%～70%的能耗被输送和分配冷量、热量的风机水泵所消耗。这是导致此类建筑能源消耗过高的主要原因之一。输配系统连接采暖空调过程的各个环节如图 12–1–4 所示。降低输配系统能源消耗应是建筑节能中尤其是大型公共建筑节能中潜力最大的部分。

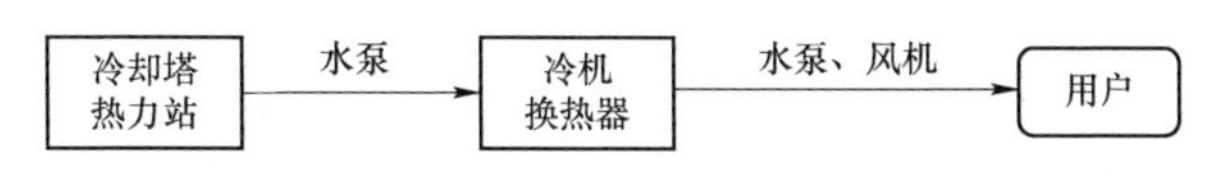

图 12–1–4　输配系统连接采暖空调过程的各个环节

如何通过调节改变风机水泵工作状况，使其与已有管网相匹配，从而在高效工作点工作，是对风机水泵和管网技术的挑战。仅这一技术的突破，就可使输配系统能耗降低一半，因此是具有巨大节能效益的挑战。目前国内外都有在此方面努力，但尚无创新性突破。

3. 末端设备

常规的末端设备有风机盘管、空调箱等，与空调箱对应的末端装置有各种散流器、风口等。这些设备和装置体现着新的空气调节理念。

（1）置换通风。置换通风的工作原理是以极低的送风速度（0.25m/s 以下）将新鲜的冷空气由房间底部送入室内，由于送入的空气密度大而沉积在房间底部，形成一个空气湖。当遇到人员、设备等热源时，新鲜空气被加热上升，形成热羽流作为室内空气流动的主导气流，从而将热量和污染物等带至房间上部，脱离人的停留区。回（排）风口设置在房间顶部，热的、污浊的空气就从顶部排出。于是置换通风就在室内形成了低速、温度和污染物浓度分层分布的流场。

（2）热湿独立控制。温度和湿度调节是空调系统的两大功能，夏季空调的作用是对空气进行降温和除湿处理。由于除湿的需要，空调一般使用 5～7℃冷水或更低的低温水作为冷源，对空气进行处理。而如果仅为了降温，采用 18～20℃的冷源都可满足要求。除湿时为了调节相对湿度进行再热而导致的冷热抵消，还可用高温冷源吸收显热，使冷源效率大幅度提高。同时这种方式还可有效改善室内空气质量，因此，被普遍认为是未来的主流空调方式。

二、中央空调用电能效

中央空调用电能效调查表见表 12-1-1。

表 12-1-1　　中央空调用电能效调查表

<table>
<tr><td rowspan="4">客户情况</td><td>单位名称</td><td colspan="2"></td><td>单位性质</td><td colspan="4">□办公楼　□商场　□宾馆　□工厂　□其他</td></tr>
<tr><td>地址</td><td colspan="2"></td><td>联系人</td><td></td><td>联系电话</td><td colspan="2"></td></tr>
<tr><td>电价/元</td><td></td><td>电费
元/（kW·h）</td><td>峰</td><td>平</td><td>谷</td><td>年用
电费/元</td><td></td></tr>
<tr><td>燃气价
/（元/m³）</td><td></td><td>燃油价
/（元/t）</td><td></td><td></td><td></td><td colspan="2"></td></tr>
<tr><td colspan="9">设备及运行数据</td></tr>
<tr><td>是否单独
供电</td><td>□是
□否</td><td>与楼控系
统相联系</td><td>□是
□否</td><td>系统供电电压/V</td><td></td><td>系统功率因数
cosφ</td><td colspan="2"></td></tr>
<tr><td>供冷面积
/m²</td><td></td><td>供冷效果</td><td>□好
□一般
□差</td><td>日均工作时间
/（h/d）</td><td></td><td>年均工作时间
/（d/y）</td><td colspan="2"></td></tr>
</table>

续表

主机	序号	品牌型号	台数	单台制冷量/冷吨	冷却流量L/s	冷冻流量L/s	单台输入功率/kW	卸载电流/A		压缩机类型			冷凝器饱和温度/℃	冷凝水温差/℃	负载率(%)
								最大	最小	活塞	螺杆	离心			
	1														
	2														
	3														
	4														

冷冻泵	序号	功率/台数	运行电流/A	运行方式	启动方式	扬程/m	冷冻水进水			冷冻水出水		
							流量/(m³/h)	压力/MPa	温度/℃	流量/(m³/h)	压力/MPa	温度/℃
	1	___kW ___台		_用 _备								
	2	___kW ___台		_用 _备								
	3	___kW ___台		_用 _备								

冷却泵	序号	功率/台数	运行电流/A	运行方式	启动方式	扬程/m	冷却水进水			冷却水出水		
							流量/(m³/h)	压力/MPa	温度/℃	流量/(m³/h)	压力/MPa	温度/℃
	1	___kW ___台		_用 _备								
	2	___kW ___台		_用 _备								
	3	___kW ___台		_用 _备								

冷却塔		功率/台数	运行电流/A	运行方式	出水流量/(m³/h)	出水温度/℃	热水泵	功率/台数	运行电流	供热、制冷共用	新风机	功率/台数	运行电流/A	控制方式
	1	___kW ___台		_用 _备				___kW ___台				___kW ___台		
	2	___kW ___台		_用 _备				___kW ___台				___kW ___台		
	3	___kW ___台		_用 _备				___kW ___台				___kW ___台		

【思考与练习】

1. 电制冷机组按其压缩机形式主要分为哪些？
2. 怎样降低输配系统能耗？
3. 常规的末端设备有哪些？

模块2 节能诊断中常见问题及案例分析（Z32G3002Ⅱ）

【模块描述】本模块介绍空调系统节能诊断常见问题及案例分析。通过具体案例讲解和分析，使节能服务工作人员掌握空调系统节能注意事项。

【模块内容】

由于设备系统形式、运行时间长短和经营状况的不同，同类大型公共建筑之间的能耗会有所差异，但更主要的原因则是由于设计方案、工程实施和运行维护阶段中的失误乃至错误造成的各类技术问题，从而导致包括围护结构、空调系统、照明和用电设备存在巨大的能源浪费。

一、新风的问题

由于新风处理需要较大的冷量和热量，运行维护人员通常不会主动增加新风，有些大楼为了节能甚至将新风关死，因此对于大型公共建筑，目前主要的问题是一些难以被发现的无组织新风和不合理的新风使用导致的能耗增加。相反，有一些大楼通过春秋季引入新风实现了较好的节能效果。

【例 12–2–1】烟囱效应导致某写字楼大堂冬季偏冷。

某写字楼大堂冬季温度偏低，一般为10℃左右，无法达到设计要求。此外，在首层电梯厅，有风速过大的现象，电梯经常发出啸叫，电梯门关不上，需要保洁员在电梯外闭合才能正常运行。

针对上述问题，首先在楼道内放烟雾，检查漏风，发现电梯井和消防逃生用楼梯井等处跑烟严重，初步确定为问题所在，之后详细测试了大楼的风平衡。

从图 12–2–1 所示风平衡测试结果可看出，写字楼一层大厅有 22 932m^3/h 的冷空气渗入，大厅的新风量增大，新风负荷远大于设计值。

导致新风量偏大的原因是电梯井的烟囱效应。办公楼楼顶电梯机房与电梯井相通，电梯机房的屋顶又开了两个大洞，这样恰好形成了热气流沿电梯井上升的通路，而大厅的外门则是室内补风的通畅入口。这样，电梯井就像大厦的一个敞口的排风道，将大厦内的热空气抽到室外。此外，大厅装修时，吊顶和室外部分施工孔洞没有完全封堵，也加重了室外冷风渗入的影响。通过将电梯机房上方的洞口用活动盖板堵住，加强电梯机房门窗的密闭性，使热空气不能从此处流向室外，消除了烟囱效应，从而减少大厅的新风进风量，使一层大厅变暖并解决电梯啸叫问题。

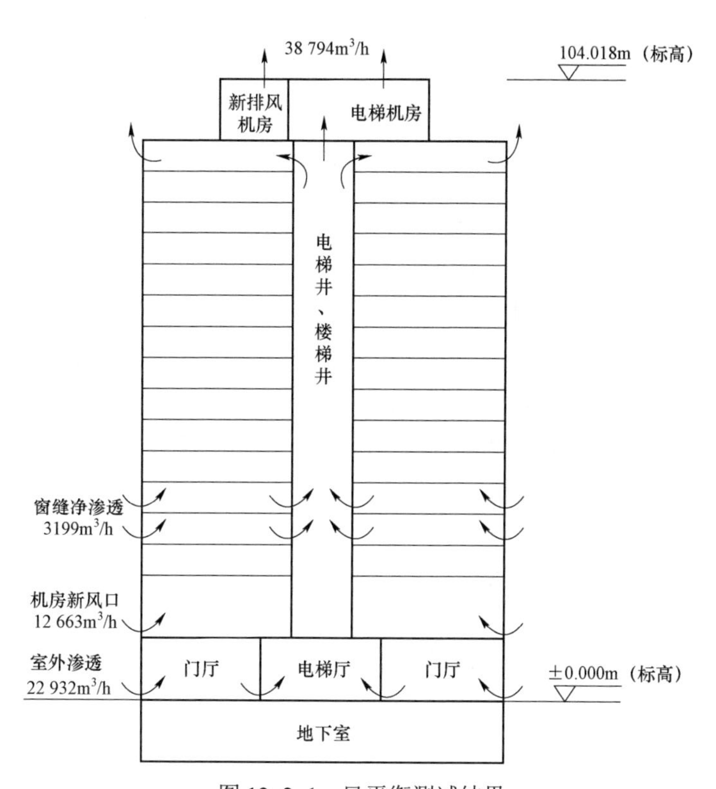

图 12–2–1　风平衡测试结果

二、冷热源的问题

大型公共建筑冷热源的主要问题有系统方式不合理、冷冻机选型偏大、运行维护不当三个问题，具体如下：

【例 12–2–2】采用风冷热泵供热导致电耗偏高。

某政府办公建筑采用风机盘管加新风的空调方式，冷热源为风冷热泵机组。冬季由于供水温度在实际运行当中达不到使用要求，又增设了一组 100kW 的电加热器。结果发现冬季总电耗急剧升高。以 2004 年为例，如图 12–2–2 所示，4 月与 1 月的总电耗相差 11 万 kW • h。

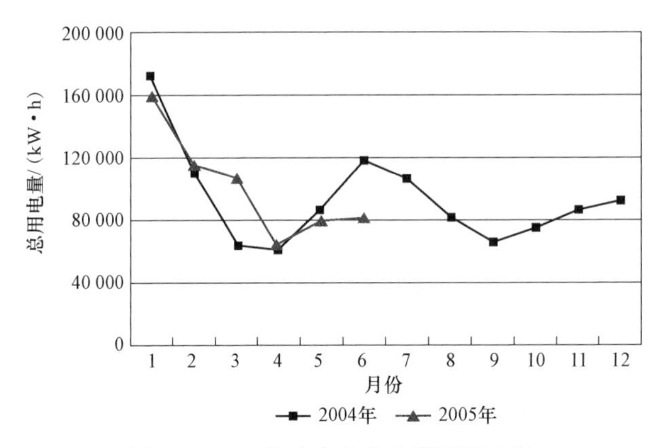

图 12–2–2　某政府办公大楼逐月电耗

即使不考虑结霜等因素的影响，按照风冷热泵样本中不同温度下的制热量，机组在环境温度为 –1℃时的制热量为 400kW，输入功率为 180kW，再计入电加热的 100kW 及水泵的 15kW，系统最大负荷下的综合 COP（性能系数）值仅为 1.69，效率偏低。因此对于该办公楼来讲，采用风冷热泵和辅助电加热的供热方式不合理。由于电耗偏高，该政府机关已考虑采用市政热网供热，为减少改造工程量，室内仍然使用原有的风机盘管。

【例 12–2–3】冷冻机选型普遍偏大导致运行调节困难。

图 12–2–3 是北京十家商场平均单位空调面积的冷冻机装机容量和实际峰值冷量的数值，由于考虑各种各样的安全系数，使商场平均单位空调面积的冷冻机装机容量远大于实际运行中的单位空调面积峰值冷量。大量的调查和测试表明，冷冻机选型偏

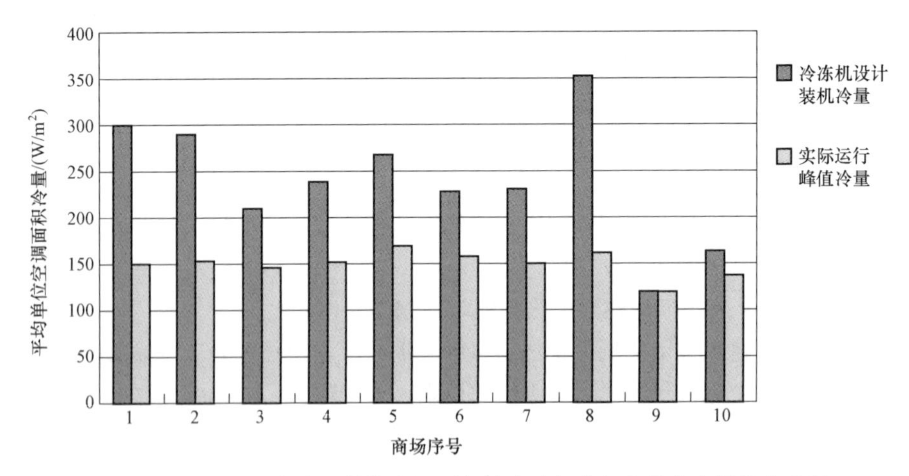

图 12–2–3　北京十家商场单位空调面积的冷冻机装机容量和实际峰值冷量

大不仅是商场而且也是大型公共建筑中普遍存在的问题，很多大楼的冷冻机甚至一用两备。冷冻机选型偏大不仅造成空调系统初投资的大量增加，而且在运行管理中带来一系列问题。

以某饭店为例，设有两台离心压缩制冷冻机，每台制冷量 450 冷吨（1575kW）。根据饭店冷冻机运行记录绘制冷冻机制冷量曲线，如图 12–2–4 所示，建筑的实际负荷处于峰值负荷的时间很短，冷冻机大多数时间在比较小的负荷率下运行，在过渡季 5 月及 9 月期间，冷冻机的制冷量大约为 750kW，是现有冷冻机额定制冷量的 50%。低负荷率导致 COP（性能系数）很低，如图 12–2–5 所示，过渡季冷冻机的能效比为 2.5 左右，仅是额定值的 50%。同时这段时间和周末需要加班空调时，还容易发生喘振。

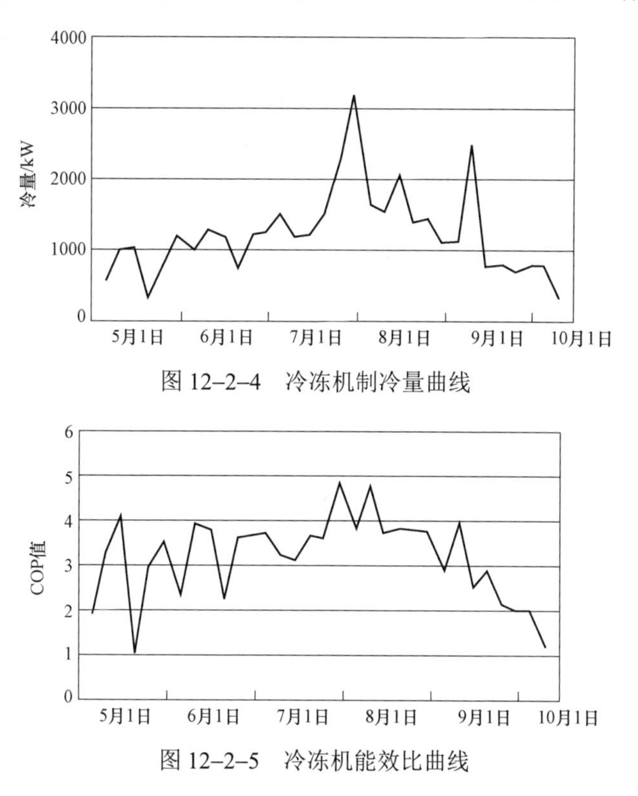

图 12–2–4　冷冻机制冷量曲线

图 12–2–5　冷冻机能效比曲线

三、输配系统的问题

由水泵和空调箱风机组成的输配系统，尽管装机功率比冷冻机低，但由于运行时间长、控制调节效果差，电耗往往比冷冻机还高，是测试过程中发现问题最多的环节。概括来讲，主要有选型偏大导致偏离高效工况点、管路设计和阀门设置不当、控制调节效果差三类问题。

【例 12–2–4】泵选型普遍偏大、效率低下。

图 12–2–6 是对全国各地 63 家直燃机用户单位空调面积水泵（包括冷冻冷却泵）电耗的统计数据，图 12–2–7 是北京市部分星级宾馆的冷冻泵电耗占冷冻机电耗的百分比。可见水泵电耗在空调电耗中占很大比重，此外不同建筑物的水泵电耗差异较大。

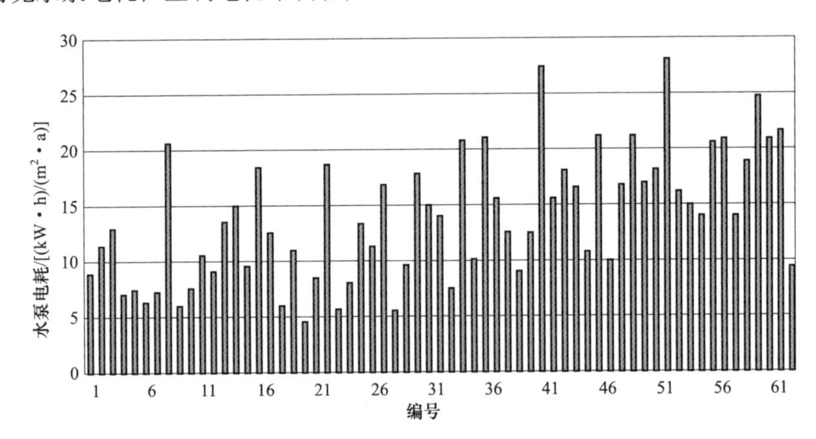

图 12–2–6 单位空调面积冷冻泵冷却泵电耗

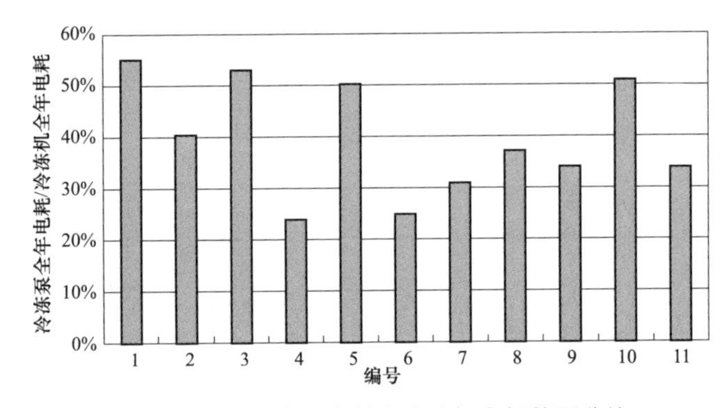

图 12–2–7 冷冻泵电耗占冷冻机电耗的百分比

导致上述问题的原因有地域不同、空调系统运行时间不同、水系统形式不同、 建筑类型不同的因素，但仔细分析能耗高的几个建筑，都存在水泵工作扬程小于铭牌值、工作流量大于铭牌值、工作点严重偏移的共同现象。

【例 12–2–5】水系统不合理的阀门设置导致水泵电耗增加。

某宾馆两台冷冻机，原设计为确保两台冷冻机流量分配均匀，在冷冻泵出口均安装了平衡阀，如图 12–2–8 所示。实测结果表明水泵扬程为 40m，但平衡阀压降达 12m。统计宾馆全年泵耗，仅水泵出口处的平衡阀造成其前后的压力损失，一年的电耗约 15 万 kW·h。

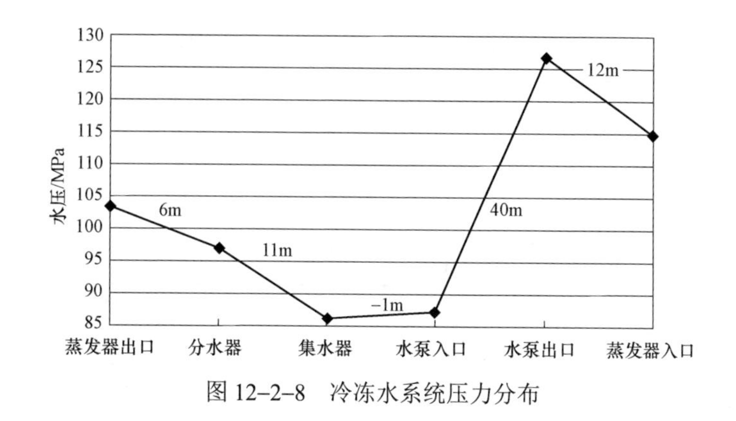

图 12-2-8 冷冻水系统压力分布

除平衡阀的问题外，还有一些工程实施中的问题，诸如闸板阀阀板掉落、电动阀阀位显示开启，实际上机械部分工作不正常、工程安装完成后一些诸如手套等杂物未取出等，也是导致空调水系统工作异常的原因。如不加详细诊断，运行人员通常会认为是水泵偏小，于是更换大号水泵，结果导致水泵电耗增加。

【例 12-2-6】二次泵系统的控制调节问题。

通常的观念认为，如图 12-2-9 所示的二次泵系统相比一次泵系统要节能。但是对北京市部分建筑的冷冻泵电耗进行统计，见表 12-2-1，目前大多数一次泵系统水泵全年电耗达到冷冻机全年电耗的 20%～35%，但是二次级泵系统的冷冻泵全年电耗一般达到冷冻机全年电耗的 30%～50%。也就是说二次泵系统在实际运行过程中反而更费能，与理论上二次泵系统更节能的提法不一致，而且是一个非常严重的普遍性现象。

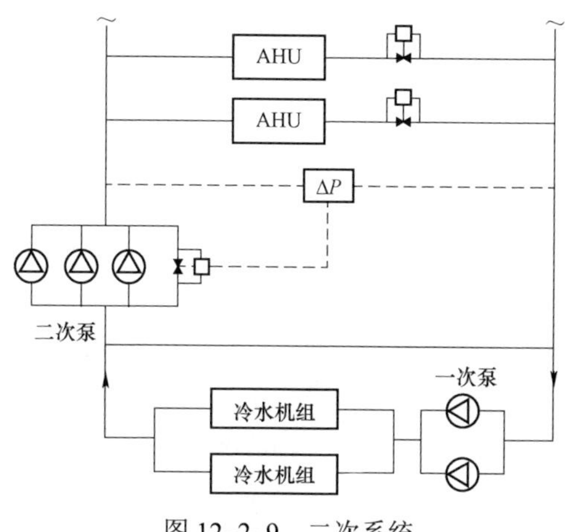

图 12-2-9 二次系统

表 12–2–1 若干水系统水泵电耗与冷冻机电耗比值

水系统分类	建筑名称	冷冻泵电耗与冷冻机电耗的比值（%）
一次泵系统	BC	20.41
	HD	23.81
	GBL	25.11
	HP	36.55
	GJ	33.96
二次泵系统	LMH	55.02
	XS1	40.01
	XS	53.54
	CC	50
	MZ	30.71
	CFG	50.59
	XY	34.02

经过测试和分析可知，在同样的冷量下，当采用不同种类的空调末端时，用户侧水系统和冷冻机流量的关系是不同的。当水系统末端是水阀自控的空调机组时，部分负荷下，用户侧需要的流量通常比冷冻机需要的流量小，当采用数台调节的二次泵系统时，可以减少次级泵的运行台数，以达到节能的目的。但是当末端存在大量水侧不控的空调末端并且采用台数调节的二级泵系统时，用户侧运行在大流量和小温差的工况下，二次泵电耗会偏高。因此合理的水系统形式和控制调节方式对能耗有很大影响。

四、空调末端的问题

【例 12–2–7】末端软管风道变形导致空调送风温度过低。

某写字楼采用变风量空调系统，实际运行过程中，某些房间的客户投诉夏季偏热，为满足这些房间的温度要求，不得不降低送风温度，最低时候设定为 14℃。偏热的投诉减少了，但是相邻房间的其他客户反映过冷，而且房间有噪声。

观察中控室的监测数据，发现投诉偏热的房间的变风量箱的开度已达到最大值，而其他房间的变风量箱的开度普遍为最低限。检查投诉偏热房间的变风量箱，发现连接变风量箱出口和末端风口之间的软管风道在写字楼的客户对房间进行二次装修时遭到破坏，具体来讲有图 12–2–10 所示的三种情况：

（1）软管风道末端变形，风道出口面积大大减小。

（2）软管风道中部有扭曲或大角度拐弯，风道截面积变小。

（3）软管风道没有和送风口直接连接，送风只到吊顶，而未进入房间。

和出现上述三种情况的软管风道相连接的 VAV–BOX，运行时会出现风阀开到很大（80%～100%）以后送风量还远远达不到要求的问题。

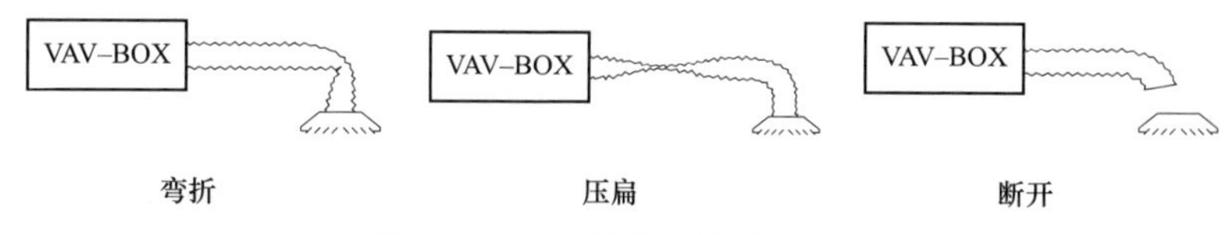

图 12–2–10　软管风道风量比较

软管风道被破坏后，与之相连的房间的送风量很小，以夏天为例，送入房间的冷空气量很少、冷量很小，客户感到闷热后，将房间温度的设定值大幅度降低（18℃），即使如此，房间内仍然会很热，于是客户向运行管理人员投诉。对于这种投诉的处理，大厦运行管理人员采用的方法是尽可能地降低送风温度，甚至到一个不合理的值（14℃），这种方法虽然可以使得投诉客户所在的房间温度有所降低，但是并不能根本解决房间过热的现象，而且会影响整个系统的运行。此外送风温度越低，要求的冷冻水温度越低。冷冻水温度降低以后（该大厦现有的冷冻水出水温度有时低至 5℃或 6℃），会导致冷冻机的效率降低，产生同样的制冷量需要的电耗增加。

由上述分析可知，二次装修对软管风道的破坏，并不仅仅影响一两个房间，它会对整个空调系统产生很大的影响，从相邻房间的 VAV–BOX 到所在系统的空调机组到整个大厦的冷冻机，最终不仅使得房间内的舒适性差，而且会浪费很大一部分电能，使得整个空调系统的运行费用增加。

五、容易忽视的浪费“黑洞”

【例 12–2–8】降低电动制冷机待机电耗。

电脑等办公设备的待机电耗已引起人们的重视，但同样存在待机电耗的大型用电设备的管理却往往被操作人员忽视。

以某政府办公建筑为例，由于冷冻机选型偏大，夏季最热的时候仅需要 1 台运行，为避免机器常年闲置失效，3 台冷冻机轮流运行，操作人员每天进行一次切换。测试中发现夏季夜间以及冬季停止供冷期间，计量冷冻机用电的电能表仍然走字。图 12–2–11 是一台制冷量为 1582kW 离心机的日耗电数据，在待机状态下冷冻机的电流为 10A 左右，按照运行记录，这台冷冻机全年运行 1500h，则待机 7260h，电耗为 4 万 kW・h，大楼 3 台冷冻机全年的待机电耗高达 12 万 kW・h。

产生上述问题的原因是操作工人为方便切换，使得每台冷冻机均处于待机状态，此时电动制冷机（离心机、部分螺杆机、活塞机）油路系统的油泵和润滑油加热需要用电，此外冷冻机附带的液晶显示屏也消耗一部分电量。

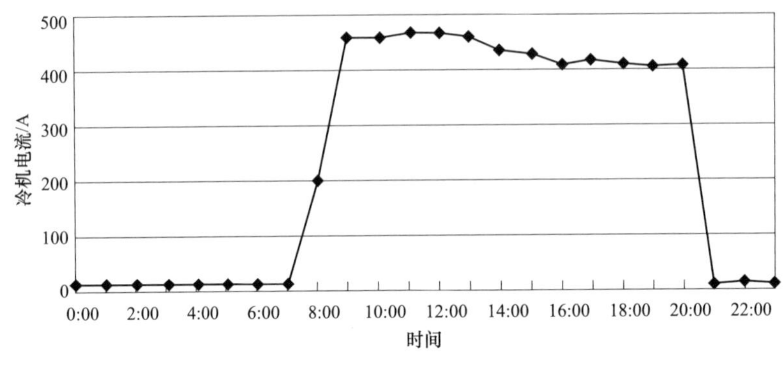

图 12–2–11 某离心机单日逐时电流

【例 12–2–9】厨房通风系统节能改造。

某酒店厨房面积约 300m²，层高 2.4m。原空调通风系统，如图 12–2–12 所示为全新风定风量系统，送风口位置是在天棚均匀布置的，排风口为排烟罩。总排风量为 50 000m³/h，新风量占总换气量的 90%，为 45 000m³/h。

测试过程中发现厨房内含烹饪、炒菜、蒸柜、洗碗机等部分，但是这些部分的使用时间经常是错开的，且在大部分时间不是 100%的使用煤气。例如，每餐后只洗碗机工作 2h 左右，排气量相对很小，但总的排风机却要一直运转，能源浪费严重，厨房一年耗电近 100kW・h。

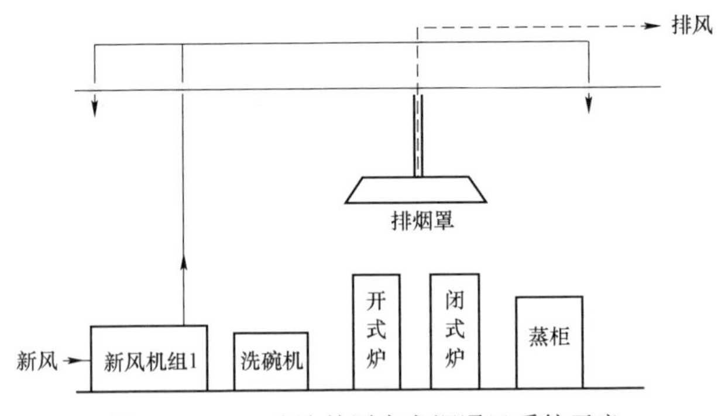

图 12–2–12 改造前厨房空调通风系统示意

考虑到厨房设备的使用特点，酒店工程部通过设置主、副排风机，对原系统进行了改造。如图 12–2–13 所示，改进后的空调通风系统中，增加了排烟罩两侧的风幕送风，用于稀释厨师呼吸区污染物浓度和依靠风幕空气动力抑制污染物溢出；增加了炉台四周下风幕送风，将含氧量最高的室外空气直接送到炉台附近用于煤气燃烧；上、下组合风幕送风由单独的一台新风机组供给；增加了补给闭式炉的未经处理的室外新风；增加了洗碗机和蒸柜各自单独的排风系统，当不使用煤气，厨师、洗碗工及清扫工工作时，仅使用1号新风机组送风和几台局部排风机。改造后统计用电量，节省60%，当年即收回了投资。

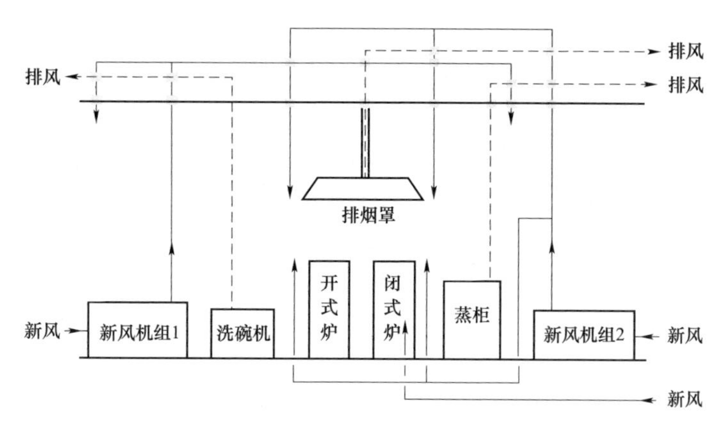

图12-2-13　改造前厨房空调通风系统示意

【思考与练习】

1. 新风的问题有哪些？
2. 冷热源的问题有哪些？
3. 输配系统的问题有哪些？
4. 空调末端的问题有哪些？

模块3　集中空调系统运行管理技术（Z32G3003Ⅱ）

【模块描述】本模块介绍集中空调系统的节能技术、卫生技术和安全技术。通过技术讲解，使节能服务工作人员掌握集中空调系统运行管理技术。

【模块内容】

一、节能技术

1. 风系统节能技术

（1）空调房间在满足使用要求的前提下，适当降低室内温湿度标准：冬季供暖时适当降低室内设计温度，每降低1℃可节能10%～15%；夏季供冷时，适当提高室内设计温度，每提高1℃可节能10%左右。

（2）舒适性空调房间在满足使用要求的前提下，适当降低室内相对湿度（ϕ）标准，夏季$\phi \leqslant 70\%$，冬季$\phi \geqslant 30\%$。

（3）当空调系统采用侧面上部送风气流组织形式时，宜尽量采用贴附送风方式加大送风温差，并应符合下列规定：送风高度小于或等于 5m 时，温差不宜超过 10℃；送风高度在 5m 以上时，温差不宜超过 15℃。

（4）空调系统中的热回收装置应定期检查维护。转轮式全热回收器要防止泄漏，以免产生新风与排风的交叉污染，要及时清理转轮空气进口处的空气过滤器。

（5）对有再加热器的空气处理设备，运行中宜减少冷热相抵发生的浪费。

（6）对于控制室温允许波动范围大于±1℃的系统，应尽量避免采用空气电加热器作为一、二次空气加热器，尽量采用二次回风进行再加热。

（7）对设有变风量（VAV）装置的空调系统，运用时要求正确地按房间负荷的变化而调节送风量，并注意送、回风量的同步变化和每个变风量末端装置的最小送风量。

（8）空气过滤器的前后压差应定期检查，当压差不能直接显示或要求远程显示时，宜增设仪器仪表。

（9）运用自控装置，对空气处理系统采用变露点调节，使冬季保持最低露点温度，夏季保持最高露点温度，并充分利用二次回风加热空气。

（10）充分利用室外空气的自然冷却能力，尽量推迟开启和提前关闭制冷机运行，以减少制冷机的全年运行时间。

（11）当空调系统采用间歇运行方式时，应根据气候、负荷、建筑条件，合理确定开机停机时间。

（12）定期检查空气处理设备和风管连接处的漏风情况，以减少能耗。

（13）对人员集中的公共场所，如商场、影剧院、体育馆等，当散场闭门后，应打开新风口与排风口运行全新风系统，进行环扫清除污浊空气。

（14）风管内外表面应光滑平整，非金属风管不得出现龟裂、粉化现象和散发异味。

（15）空调系统中设备和风管的检查孔、检修孔和测量孔，不应取消或遮挡。

（16）当各个空调房间送风量出现不平衡而不能满足设计送风量时，应及时进行调整，风量失调率（风系统中各并联支管的实际风量同设计风量的偏差，与设计风量的比值）不宜超过 15%，最大不应超过 20%。

（17）有的空调房间（如百货商场内区）冬季需供冷时，宜采用新风或冷却塔直接供冷。

2. 水系统节能技术

（1）夏季供冷时，在满足空调要求的基础上，尽量采用较高的冷水初温，每提高制冷机蒸发温度 1℃，可节省耗电量 2%～3%。

（2）空调系统在夏季供冷时，水系统的供回水温差小于 3℃时（设计温差 5℃），以及在冬季供热时，水系统的供回水温差小于 6℃时（设计温差 10℃），宜采取减小流量的措施，但不应影响系统的水力平衡。

（3）当空调系统各个空调房间的使用功能和负荷发生变化时，各室末端装置供水量不平衡而不能满足室温要求时，应对空调水系统进行调整，水力失调率（空调水系统中各并联管路的实际流量同设计流量的偏差，与设计流量的比值）不宜超过 15%，最大不应超过 20%。

（4）空气冷却器的冷水进水温度，应比空气出口温度至少低 3.5℃。

（5）当有条件时，适当加大冷水系统的供、回水温差，可以减少水量，节省输送能耗，但不宜大于 8℃。

（6）由于冰蓄冷提供了低温冷源，为低温送风和大温差送风系统的技术创造了有利条件，冰蓄冷技术与大温差、低温送风技术的结合，既可节能与降低造价，又可以使供电峰谷差减小。

（7）对多风机冷却塔，在确保冷却水回水温度能满足冷水机组正常运转的条件下，尽量减少运转风机的数量。

（8）当不同负荷下的水泵电流偏高（与额定电流值对比）和供冷供暖水系统的水输送系数大于下列数值时，应通过技术经济比较采取有效的节能措施。

（9）空调系统应安装相应的节水器具，应制订节水措施，并应检验节水效果。

（10）冷却塔补水总管上应安装水表，应定期记录与分析耗水量，并采取措施节省水量。

（11）为确保各个空调房间末端设备的供冷（热）水量，必须保证水管网的压力平衡，对已装的平衡阀要合理调节，正确使用，必要时需要补装一些平衡阀。

3. 设备、配件与自控系统节能技术

（1）制冷机、空调机组、风机、水泵、热交换器和冷却塔等设备应定期维护和保养。

（2）设备、水阀、风阀和管道须保持整洁，无明显锈蚀，无跑、冒、滴、漏、堵和结露现象，绝热层无脱落、破损、虫蛀等。

（3）空调系统的温度、压力、流量、热量、耗电量、燃料消耗量等计量监测仪表，应定期检验、标定和维护，保持能正常工作和准确计量状态。

（4）空调自控系统、设备和仪表应定期检查、维护、校验和检修。

（5）设备进行更新时，应选用节能环保型产品。

（6）多台并联运行的制冷机、空调机组、风机、水泵、热交换器和冷却塔等设备应根据负荷变动情况调整运行台数，输出总容量应与需求相匹配。

（7）具有调速功能的制冷机、空调末端、风机、水泵和冷却塔等设备的输出能力宜自动随控制参数的变化而变化。

二、卫生技术

（1）空调系统运行时应确保设计新风量，并均衡地送到各个空调房间。应正确使用装在室内回风口处的 CO_2 传感器及新风控制系统，确保空调房间内 CO_2 浓度小于0.1%。

（2）空调系统新风口的周边环境应保持清洁，并应远离排风口、冷却塔、制冷室外机和厕所、厨房以及其他污染源。不得从吊顶、机房和楼道内吸入新风。新风口应设置防护网和初效过滤器。新风口的位置须考虑反恐要求。

（3）对空调房间内的空气质量应定期检测，不符合卫生标准时应及时采取措施解决。

（4）空气过滤器应定期检查、清洗或更换。

（5）空调系统初次运行和停止运行较长时间后再次运行之前，应对空气过滤器、空气冷却器、空气加热器、空气加湿器、冷凝水盘进行检查并清洗。对各种设备进行检查，加润滑油并单机试运行。

（6）送风口、回风口和排风口应设置防鼠装置，并定期清洗，保持风口表面清洁，不得有积尘与霉斑。

（7）空气处理设备的凝结水集水部位不应存在积水、漏水、腐蚀和有害菌群滋生现象。

（8）空调机房内应保持清洁干燥，不得放置杂物。

（9）冷却塔经常保持清洁，应定期检测和清洗，每年清洗和检查不少于 1 次，清洗时先将冷却水排空，再对内壁彻底清洗，做到表面无污物。当冷却水中检出军团菌和致病微生物时，还要先用高温或化学方法对冷却水和塔壁进行消毒，然后再彻底清洗。同时定期做好过滤、缓蚀、阻垢、杀菌和灭藻等水处理工作。

（10）空调风管和空气处理设备应定期检查、清洗和验收，去除积尘、污物、铁锈和菌斑等，并应符合下列要求：

1）风管检查周期每两年不应少于 1 次，空气处理设备、空气冷却器、加热器、加湿器、热交换器等清洗和检查周期每年不应少于 1 次；空气过滤网、过滤器和净化器每六个月检查或更换一次，并根据压差报警仪的指示及时清洗。

2）对下列情况应及时进行清洗：① 空调系统存在污染；② 系统性能下降；③ 对室内空气质量有特殊要求。

3）清洗效果应进行现场检验，并应达到下列要求。① 目测法：当内表面没有明显碎片和非黏合物质时，可认为达到了视觉清洁；② 称质量法：通过专用器材进行擦拭取样和测量，残留尘粒量应少于 $1.0g/m^2$。

（11）卫生间、厨房、餐厅、汽车库、吸烟室以及产生污染物等场所应保持负压，不得将污染空气渗入其他空调房间。

（12）当空调系统有微生物污染时，停止系统运行后再进行消毒，采用国家认可的消毒药剂和器械，进行消毒时须保护人员与财产不受伤害。

三、安全技术

（1）当制冷机组采用的制冷剂对人体有害时，应对制冷机组定期检查、检测和维护，并应设置制冷剂泄漏报警装置，须定期检测与维护。

（2）电气设施、操作装置与自控系统以及接地装置须可靠，接线须牢固，不得过载，应定期检查维护。

（3）冷热源的燃油燃气管道系统的防静电接地装置须安全可靠。

（4）所有安全装置和自控系统必须能正常工作，要经常检查。如发生异常情况，应立即向领导报告并做好记录。特殊情况下必须停止使用安全装置或自控系统时，应经审批同意并做好记录。

（5）对安全防护设施应保持良好状态，并应定期检查。对各种化学危险物品须由专人保管，专门场所存放，并应定期检查。

（6）制冷系统的压力容器应按有关规定进行定期检查。

（7）水冷冷水机组的蒸发器冷冻水管和冷凝器冷却水管上装设的水流开关应能正常工作，以防止断水而产生危险，应定期检查。

（8）在冬天到来之前，应对新风机组、新风加热与冷却盘管、冷却塔等的防冻设施进行检查。对冬天停用的设备（如冷却塔），应将水放空。

（9）应定期检查水冷冷水机组冷凝器的进出口压力差，并应定期对冷凝器内的水垢和杂质进行清除。

（10）应定期检查防排烟系统的风机、防火阀、防排烟阀、感温感烟传感器以及控制系统，确保能正常使用。

（11）当氨制冷机组氨气泄漏时会使人中毒，甚至爆炸起火，应定期检查消防器材和安全设施，检查防毒面具、紧急泄氨装置、门外紧急泄氨阀、两个出口通道的通畅等措施应能正常使用。

（12）对制冷机房安全性要求（对既有制冷机房进行改造，增加安全设施）：

1）根据所选用的不同制冷剂，采用不同的检漏报警装置，并与机房内的通风系统连锁起来。测头应安装在制冷剂最易泄漏的部位。

2）各台制冷机组安全阀出口或安全爆破膜出口应用钢管并联起来，引至室外，以便发生超压破裂时将制冷剂引至室外上空释放，确保制冷机房运行管理人员的人身安全。

3）在冷冻机房两个出口门门外侧，应设置紧急手动启动事故通风的按钮。

（13）易燃、易爆和有毒危险物品应有专存仓库并有专人管理，在制冷机房和空调机房内禁止存放。

（14）制冷机组、水泵和风机等运转设备的基础与隔振装置应牢固，传动装置应能正常运转，传送皮带打滑应及时更换，轴承和轴封的冷却、润滑、密封应良好，不能有电动机过热、振动或异常声音。

（15）制冷机组应在正常范围内运行，不得超温、超压。

（16）冷却塔除了在机房内设置启动开关外，还应在冷却塔附近设置就地紧急开关，以满足临时紧急故障停机和维修用，应定期检查维护。

（17）空气处理机组的进出水管上应安装压力表和温度计，应定期检查维护。

（18）应定期检查压缩式制冷机组的安全保护装置：

1）压缩机安全保护装置。

2）排气压力、温度过高保护，排气过热度过低保护或冷凝压力过高保护。

3）制冷剂蒸发压力温度过低保护或冷水出口温度过低保护。

4）润滑油压差过低保护和供油压力过低保护。

5）电动机绕组过载、温度过高保护。

6）电压过高、过低、三相不平衡保护。

7）冷水、冷却水流量不足保护。

8）冷凝器冷却水断水保护，蒸发式冷凝器通风机故障保护。

9）卧式壳管式蒸发器冷水防冻保护。

10）轴承温度过高保护。

【思考与练习】

1. 风系统节能技术有哪些？

2. 水系统节能技术有哪些？

3. 对制冷机房有哪些安全性要求？

模块4 集中空调系统运行管理要求（Z32G3004Ⅱ）

【模块描述】本模块介绍集中空调系统的技术资料、管理人员、管理制度和应急措施。通过技术讲解，使节能服务工作人员掌握集中空调系统运行管理要求。

【模块内容】

一、齐全的技术资料

1. 保存相关资料

妥善保存空调系统的设计、施工、调试、检测、维修、清洗和评价等技术资料，并及时归档。

这些资料包括：① 初步设计和施工竣工图，图纸会审记录，设计变更通知书；② 设备、材料明细表和出厂合格证明、说明书以及进现场检验报告；③ 仪器仪表出厂合格证明、使用说明书和送检报告；④ 施工安装与检验记录，工程验收记录，隐蔽工程检查验收记录，设备与管道试验记录；⑤ 设备单机运转记录，空调系统无负荷和有负荷运行与调试记录；⑥ 历次检测、维修、清洗和评价报告书。

2. 做好日常记录

日常运行管理、设备事故及处理情况、运行值班和交班记录、维修保养记录、阶段运行总结与分析，都要撰写清楚，签上姓名与日期，归档备查。

二、合格的管理人员

按工程规模大小配备合格的专职专业管理人员，并配备必需的检测仪表、维修工具。管理人员应具备空调与制冷基础知识，熟悉本工程，经培训考核合格后上岗。管理人员须掌握节能技术、卫生技术和安全技术，并能处理突发事件。

三、完善的管理制度

建立健全管理工作规章制度。有关领导应定期检查制度执行情况，凡对节能、卫生、安全方面做出贡献的人员应予以表扬与奖励。要制订规划，定期对空调系统进行检查、清洗和维修。

四、突发事件应急措施

所谓突发事件是指传染病流行期，病原微生物有可能通过空调系统扩散；突发化学污染或生物污染，有可能通过空调系统扩散；发生不明原因的空调系统的空气被污染。

针对不同突发事件的性质，应制订不同的应急预案和长期防范措施，其主要应急技术措施是：

（1）高危区空调系统应独立运行，随时可紧急停运。

（2）疏散区应设在上风方向处。

（3）安全区应设置全新风系统，保持正压，防止串风污染。

（4）新风口的位置必须是安全的，不易遭受袭击，周围环境必须保持清洁，不易受污染，且远离排风口，禁止从吊顶内、机房和楼道吸取新风。确保所吸入的室外空气是新鲜清洁的。

（5）对室内污染源产生的污染物，应设置局部排风系统排除，该房间设置独立的空调系统，不要和集中空调系统串在一起，以防扩散污染物。

（6）传染病流行期间，空调系统应采用全新风运行模式，防止交叉感染；并应对空气处理设备中的过滤器、空气冷却器、加热器、加湿器、凝结水盘定期清洗消毒，应在无人夜间进行，消毒后必须冲洗与通风，以消除残留药液对人体的危害。

此外，应建立突发事件应急处置领导小组、组建实施队伍，调配熟悉空调系统的专业人员，并进行培训。培训内容包括清洗消毒的卫生知识及可能造成污染的性质、范围、危害程度、隔离措施、疏散方案等，必要时应进行预演。

【思考与练习】

1. 空调系统的资料有哪些？

2. 集中空调运行管理资料要求有哪些？

3. 集中空调运行管理应急措施要求有哪些？

模块5 热泵技术在空调系统中的应用（Z32G3005Ⅱ）

【模块描述】本模块介绍空气源热泵、水源热泵、地源热泵的特点、原理和适用范围。通过术语说明，使节能服务工作人员掌握热泵技术在空调系统中的应用。

【模块内容】

一、空气源热泵

1. 工作原理

热泵的运行与传统的制冷系统一样，主要由压缩机、冷凝器、节流机构和蒸发器等四大部件组成。还配置热泵系统独有的四通阀，以实现冷凝器与蒸发器的功能转换，另外还具有机组的控制与安全保护装置。热泵循环与制冷循环一样，同样包括压缩过程、冷凝过程、节流过程和蒸发过程。在夏季制冷时，室内换热器为蒸发器，从室内吸热；室外换热器为冷凝器，向环境放热。冬季制热时，室外换热器为蒸发器，从室外吸热；室内换热器为冷凝器，向室内供热。

2. 适用范围与选型

《公共建筑节能设计标准》（DB 11/687—2015）、《民用建筑供暖通风与空气调节设计规范》（GB 50736—2012）和《蒸气压缩循环冷水（热泵）机组第1部分：工业或商业用及类似用途的冷水（热泵）机组》（GB/T 18430.1—2007）对空气源热泵冷热水机组规定如下：

（1）较适用于夏热冬冷地区的中、小型建筑。

（2）夏热冬暖地区采用时，应以热负荷选型，不足冷量可由水冷冻机组提供。

（3）在寒冷地区，当冬季运行性能系数低于1.8或具有集中热源、气源时不宜采用。

（4）单台容量及台数的选择，应能适应空调负荷全年变化规律，满足季节及部分负荷要求。

（5）机组名义工况制冷、制热性能系数应高于国家现行标准。

（6）具有先进可靠的融霜措施，融霜所需时间总和不应超过运行周期时间的 20%。

（7）应避免对周围建筑物产生噪声干扰，符合环境噪声标准的要求。

3. 特点与存在问题

（1）特点：

1）安装在室外，不占机房面积，节省土建投资。安装方便，缩短施工周期。

2）省去冷却塔和冷却水系统，节省投资与空间，避免冷却塔的危害与冷却水系统水处理的麻烦。

3）冬季供暖节电，比用电直接供暖要省一半以上，对局部环境空气不污染，有利于环保。

（2）存在问题：

1）对冬季室外空气相对湿度较高的地区，特别在室外气温 0～5℃或雨雪天气时，盘管结霜频繁，除霜间隔时间热泵停止供热，影响供暖效果。当结霜严重时，制冷剂蒸发量急剧减少，回液过多造成压缩机液击而损坏。

2）当布置不当时，热泵机组排热气流短路，多台热泵排热气流互相干扰或上下布置出现“青蛙跳”现象，影响了制冷量。

3）室外机日晒雨淋，易锈蚀，特别是目前有些地区酸雨频繁，沿海地区盐雾腐蚀更为严重；室外盘管易于积尘腐蚀，影响制冷（热）量。

4）热泵机组夏季制冷工况与冬季制热工况运行差别较大，制冷剂流量不同。

5）冬季热泵关机后冷媒溶入冷冻机油造成运行故障。

6）大容量热泵机组的噪声影响周围居民楼。

二、水源热泵

以水为低位热源的热泵称为水源热泵，其特点是利用地下水、地表水（江、河、湖、海水）、工业余热、污水废热为热源，供采暖和空调系统使用。由于水的比热容比空气大 3300 倍，同时夏季水温比空气低得多，冬季水温比空气高得多，因此水源热泵的性能系数远高于空气源热泵，节能效果显著。

1. 特点

（1）节能效果好。以水作为冷热源的热泵能效比远高于空气源热泵，一般在选用机组时能效比不低于 3.5。

（2）可以利用各种低位能源作为辅助冷热源，例如地下水、江湖河海水、土壤能热源、工业或生活废水、太阳能等，也可以利用夜间低谷与蓄热水箱，减少辅助热源容量，节省运行费用。

（3）小型水源热泵可省去集中的制冷（热）空调机房。

（4）可以避免冷却塔对四邻建筑物噪声干扰的危害，也可以减少由于向大气排放热量而形成的热岛效应。

（5）采用分体式可将压缩机安装在走廊或封闭式阳台上，以降低噪声影响。

（6）与空气源热泵相比，水系统较复杂。

2. 设计选用要则

（1）水源热泵机组采用地下水为水源时，应采用闭式系统；对地下水应采取可靠的回灌措施，回灌水不得对地下水源造成污染。

（2）水源热泵机组采用地下水、地表水时，机组所需水源的总水量应按冷（热）负荷、水源温度、机组和板式换热器性能综合确定。

（3）选用合适的机组送风余静压力，以利于室内空气均匀分布和控制噪声水平。

（4）选用机组时，应同时满足夏季设计日房间最高小时冷负荷和冬季设计日房间最高小时热负荷。

（5）根据使用条件和平面布置选用合适的机型。

（一）水环热泵

水环热泵为闭式水环路热泵的空调系统，是小型水—空气热泵的一种应用方式，通过一个封闭的双管水环路系统将多台小型水—空气热泵并联在一起，组成一个以回收建筑物内部余热为主要特点的空调系统。夏季制冷时，可通过冷却塔排热；冬季制热时，可由锅炉提供热量，也可以采用地表水、地下水或埋地换热器作为冷却和加热的能源。

1. 特点

（1）对大部分时间有同时供冷供暖的建筑物，热回收效果好，也可以达到四管制风机盘管的效果。

（2）便于分户计量、分户控制、分户安装。

（3）可按各用户的各自要求自行调节，任何时间可任意进行供冷或供暖调节，应用灵活。

（4）没有庞大的风管和机组，系统简单、灵活，水管不必保温，不需要空调机房。

（5）小型水环热泵机组性能系数比大型水源热泵机组差。

（6）设备总投资比大型集中系统高。

（7）热泵直接安放在空调房间内，噪声大。

（8）新风较难处理。夏季新风温湿度较高，进入水环热泵室内机，不仅负荷太大，而且除湿能力不足。冬季新风温度过低，可能造成停机。新风管通过房间占空间。

（9）水环热泵多为暗装，必须同建筑和室内装潢紧密配合，维修保养困难。

（10）空调系统总的配电容量大于集中系统，这是由于小型热泵机组的能效比低于大型水冷冻机组，同时每个房间的水环热泵均须按该房间的最大负荷进行配置。

2. 适用范围

（1）有较大内区且常年有稳定的大量余热的办公、商业等建筑，特别是内区冷负荷大体与外区热负荷相当的建筑。

（2）建筑物功能分区较多且隶属于不同业主的综合楼，各层各区功能不尽相同，对空间的使用时间和温湿度要求也不尽相同。

（3）对于资金一时不到位的业主，采用投资周期短、回报率高、可以分期分批安装的小机组具有较好的效益。

3. 设计要则

（1）循环水温宜控制在 15～35℃，水温超过 35℃时，控制系统自动启动冷却装置；水温低于 15℃时，加热设备自动投入工作。

（2）循环水系统宜通过技术经济比较确定采用闭式冷却塔或开式冷却塔。使用开式冷却塔时，应设置中间换热器。

（3）辅助热源的供热量应根据冬季白天高峰和夜间低谷负荷时的建筑物的供暖负荷、系统可回收的内区余热等，经热平衡计算确定。

（二）地下水水源热泵

地下水水源热泵是直接以地下水为冷热源的热泵系统。

1. 特点

（1）高效节能。

（2）运行稳定可靠。

2. 设计要则

（1）通过试验井了解每日和每小时出水量以及井水温度和水质状况。

（2）确定空调工程所需地下水总水量。根据建筑物冷热负荷、地下水系统形式（开式或闭式系统）、所选水源热泵性能、地下水温等确定总水量。

（3）地下水水质直接影响地下水源热泵机组的使用寿命和制冷（热）效率，基本要求：澄清、水质稳定、不腐蚀、不滋生微生物、不结垢等。

（4）对地下水应采取可靠的回灌措施，回灌水不得对地下水资源造成污染，采取在回灌井中开启水泵抽排水中堵塞物措施。

（三）地表水水源热泵

以地表水为低温热源的热泵系统称为地表水水源热泵，由水源热泵机组与地表水进行热交换的地热能交换系统、建筑物内系统组成为供热空调系统。与地表水进行热交换的地热能交换系统分开式与闭式两类：开式地表水换热系统为地表水在循环泵的驱动下，经处理直接流经水源热泵机组或通过中间换热器进行热交换的系统；闭式地表水换热系统为将封闭的换热盘管按照特定的排列方法放入具有一定深度的地表水体中，传热介质通过换热管管壁与地表水进行热交换的系统。

1. 特点

（1）地表水冬季温度比空气温度高，夏季比空气温度低，通过直接抽取或者间接换热的方式，利用江水、湖水、河水、海水、水库水作为热泵冷热源，其性能系数远高于空气源热泵，节电节能，减轻城市热岛效应，有利于环境。

（2）比地埋管地源热泵系统投资要小，系统能耗低，可靠性高，运行费低，维修容易。

（3）浅水湖的湖水温度受空气温度的影响较大，会降低机组效率。

2. 设计要则

（1）机组所需水源的总水量应按冷（热）负荷、地表水温、机组和换热器的性能综合确定。

（2）地表水换热系统设计方案应根据水面用途，地表水深度、面积，地表水水质、水位、水温情况综合确定。地表水体应具有足够的深度和面积。

（3）采用集中设置的机组时，应根据地表水水质条件确定采用直接供水还是间接供水。

（4）地表水换热盘管的换热量应满足水源热泵系统最大吸热量或释热量的需要。

（5）开式地表水换热系统取水口应远离回水口，并宜位于回水口上游。取水口应设置污物过滤装置。

（6）闭式地表水换热系统宜为同程系统。每个环路集管内的换热环数宜相同，且宜并联连接；环路集管布置应与水体形状相适应，供、回水管应分开布置。

（7）地表水换热盘管应牢固安装在水体底部，换热盘管下应安装衬垫物。地表水的最低水位与换热盘管距离不应小于 1.5m。

（8）地表水换热盘管管材应采用化学稳定性好、耐腐蚀、热导率大、流动阻力小的塑料管材及管件。

（9）当地表水体为海水时，与海水接触的所有设备、部件及管道应具有防腐、防生物附着的能力；与海水连通的所有设备、部件及管道应具有过滤、清理的功能。

（四）污水源热泵

以城市污水为低位热源的热泵称为污水源热泵。

（1）国外污水源热泵应用较多，技术已经比较成熟。

（2）污水源热泵的系统形式。按使用污水的处理状况可分为污水厂二级出水和未处理污水的污水源热泵。热泵机组的系统布置可分为集中式、半集中式和分散式污水源热泵系统。

1）以污水厂二级出水作为低温热源的热泵系统。水质较好，只要在热交换器前加一过滤器即可。但污水处理厂一般都位于城市边缘区，距用户较远，输水管投资大。通常污水厂将污水处理成二级出水或中水，输送到用户场地后，分区设置若干个冷热站，分别供应各区用户，这样可以缩短冷热管线，减少冷热损耗。

2）以未处理污水作为低温热源的热泵系统。其优点是可以就近利用城市污水，增大城市污水提供热能的使用量。但由于未处理污水中含有大量杂质，就地进行局部水处理的费用增加，如做简单处理将给热交换器带来麻烦。

（3）特点：

1）污水处理厂水量大，几乎全年保持恒定流量。

2）夏季水温远低于室外气温，冬季水温远高于室外气温，整个供暖季和供冷季水温波动不大。

3）与传统的制冷机组加锅炉系统相比，污水源热泵总投资可节约 15%～25%，运行费可节约 30%～40%。

4）对利用污水处理厂二级水的工程，用户与污水处理厂的距离十分重要，往往是影响工程投资的重要因素。

5）污水厂出来的二级水，仍然含有多种固体悬浮物和盐物，为了不致堵塞与腐蚀热交换器，因此就需要采取防止腐蚀、结垢与堵塞的技术措施。

三、地埋管地源热泵

以地下土壤做低位热源的热泵称为地埋管地源热泵（也称土壤源热泵、地耦合热泵），地埋管换热系统是由埋于土壤中的聚乙烯塑料盘管构成。冬季从土壤中吸收热能，经水源热泵提升水温后，向用户供热，同时在土壤中储存冷量，以备夏季供冷时取用。夏季将室内余热经热泵通过地埋管换热系统释放到土壤中，同时在土壤中储存热量，以备冬季供暖时取用。

1. 特点

（1）地埋管地源热泵是清洁的可再生能源，不受地域、资源等限制。

（2）地埋管地源热泵的当量污染物排放量，不会破坏建筑外观，环境效益好。

（3）适用于别墅、住宅、商场、办公楼、学校建筑等夏、冬季负荷相差不大的建筑物。

（4）地埋管地源热泵寿命为 20 年，地埋管寿命为 50 年以上，维保简单。

（5）钻孔、埋管、回填专用填料等施工费用高。

2. 地埋管换热系统

传热介质通过地埋管换热器与岩土体进行热交换的地热能交换系统称为地埋管换热系统。供传热介质与岩土体换热用的，由埋于地下的密闭循环管组构成的换热器，称为地埋管换热器或土壤热交换器。

（1）地埋管换热器型式和结构。

1）分为水平埋管和垂直埋管，根据具体工程埋管场地条件确定。换热管路埋置在水平管沟内为水平地埋管换热器，换热管路埋置在竖直钻孔内为竖直地埋管换热器。当可利用的地表面积较大，浅层岩土层的热物性受气候影响较小时，可采用水平地埋管换热器；反之，则宜采用竖直地埋管换热器。

2）水平地埋管换热器主要有单沟单管、单沟双管、单沟二层双管、单沟二层四管、单沟二层六管、排圈式、螺旋状等形式。水平地埋管换热器的特点为初投资低，占地面积大，受大气影响大，地下岩土体冬夏热平衡好。

3）竖直地埋管换热器有单 U 形管、双 U 形管、小直径与大直径螺旋盘管、立式柱状管、蜘蛛状管、套管式等型式。竖直地埋管换热器的特点是初投资高，占地面积小，岩土体冬夏季热平衡差。

（2）地埋管换热器连接方式。

1）分为串联方式和并联方式。串联方式为几个孔只有一个流通通路，并联方式为每个孔有一个流通通路。

2）串联方式的特点：① 管内空气易排出；② 管径较大，换热能力加大；③ 投资高。

3）并连方式的特点：① 管径较小，换热能力差，投资小；② 并联支管长度须一致，压力须平衡。

3. 设计要则

（1）各房间要求单独控制和分户计量的小型系统，选用水—空气热泵，热泵机组集中设置在机房的大、中型系统选用水—水热泵。

（2）影响地埋管地源热泵性能的有：大地初始温度，岩土热导率，回填料热导率，土壤源热泵负荷，传热介质与 U 形管内壁对流换热系数。

（3）计算建筑物冷热设计负荷，据此再计及输送与水泵热量，确定冬、夏季地热负荷。设计负荷选择热泵与室内末端系统，地热负荷确定地埋管换热器。

（4）地埋管换热器应根据可使用地面面积、工程勘察结果及预算成本等因素确定埋管方式。

（5）地埋管环路两端应分别与供、回水环路集管相连接，且宜同程布置。

（6）地埋管换热系统应设自动充液、泄漏报警和防冻保护装置，并设反冲洗系统，冲洗流量宜为工作流量的两倍。

（7）地埋管应采用化学稳定性好、耐腐蚀、热导率大、流动阻力小的塑料管材及管件（PE80 或 PE100）或聚丁烯管（PB），管件与管材应为相同材料。地埋管外经及壁厚按规范选用，其质量应符合国标规定。

（8）我国南方地区，冬季地埋管进水温度高于 5℃的，采用水作为媒体；北方地区冬季地埋管进水温度低于 5℃的，需用防冻液（盐类、乙二醇、酒精、钾盐溶液）。其冰点宜比最低运行水温低 3～5℃。

四、其他类型热泵

吸收式热泵、吸附式热泵、蒸汽喷射式热泵、复合式热泵、热回收式热泵、与太阳能结合的热泵、与冰蓄冷相结合的热泵、燃气机带动的热泵、区域集中供热热泵站、热泵复合热电冷三联产等。

【思考与练习】

1. 空气源热泵、水源热泵、地源热泵工作原理是什么？
2. 空气源热泵、水源热泵、地源热泵适用环境是什么？
3. 空气源热泵、水源热泵、地源热泵各自的特点是什么？

模块 6　热泵热水机组（Z32G3006Ⅱ）

【模块描述】本模块介绍热泵热水机组的结构与原理、提高热水温度的措施。通过具体情况分析，使节能服务工作人员了解热泵热水机组。

【模块内容】

一、热泵热水机组的结构与原理

热泵热水机组是由热泵、蓄热水箱、循环泵和室内热水输配系统所组成。热泵机组的蒸发器侧吸取低温热源的热量，空气源热泵吸取大气中的低温热能，水源热泵吸取地表水或井水的热能，地埋管地源热泵则吸取大地热能。热泵机组的冷凝器侧放热给生活热水，由循环水泵将水送入冷凝器加热后进入蓄热水箱。也可以在夜间利用廉价的低谷电来加热水，储存在蓄热水箱中，这种方式就需要加大水箱容积。水箱中装有浮球阀，以自动补充冷水。当水箱中水温低了，就自动开启热泵机组和循环水泵以提高水温。

二、提高供热水温度的措施

普通空气源热泵机组只能提供45℃以下的热水，特别是在冬季相对湿度较高时段，室外蒸发器容易结霜，频繁结霜除霜，影响供热量，在这种恶劣工况下，往往只能供应 35～40℃左右的热水，因此还需配置辅助电加热器加热，才能确保供水温度稳定而符合要求。为了解决进一步提高水温，达到标准，同时避免采用耗电较多的辅助电加热器，因此产品制造厂常采取以下技术措施：

（1）采用新型单级压缩热泵循环系统和改善系统部件性能，采用先进的控制技术，适当改进系统结构，提高热泵系统在低温环境下的运行性能，增加供热量。

（2）热泵机组采用变频压缩机。

（3）采用准双级压缩制冷循环系统。

（4）对室外低温环境，可采用双级耦合热泵系统。

（5）采用太阳能热泵机组，太阳能热泵机组的运行须根据室外天气日照情形和阴晴雨雪气候条件来决定热泵机组为主、太阳能集热为主和两者互相结合几种运行方案。

三、空调、供暖、供热水三用机

热泵热水机组在夏季使用时，除了供应热水外，还可以在蒸发器侧送冷风到需要空调的房间；也可提供冷水送入空调房间的末端装置（风机盘管等）；加大了热能利用效率。在冬季使用时，除供应热水外，如果还要提供部分房间的供暖，则就必须另行配备适当的辅助热源。这就是目前有的生产企业研发的空调、供暖、供热水三用机组，但设备价格较贵。

【思考与练习】

1. 简述热泵热水机组工作原理。
2. 热泵热水机组主要技术措施有哪些？
3. 空调、供暖、供热水三用机是什么？

模块 7 热泵应用典型案例（Z32G3007Ⅱ）

【模块描述】本模块介绍热泵应用的典型案例。通过案例分析，使节能服务工作人员掌握热泵技术的应用。

【模块内容】

上海某纸业有限公司是生产高级涂布白纸板的专业企业，固定资产 4 亿元，年销售收入 2.68 亿元。公司生产的白纸板质量可替代进口产品。

该公司生产所用蒸汽由热电厂提供。纸机烘缸原采用三段通汽方式，在实际运行中存在以下问题：一是烘缸蒸汽传热效率低，造成吨纸汽耗较大；二是纸机提速困难，产量难以提高；三是纸板生产品种变化时设备故障频繁，断纸现象比较严重；四是操作和控制复杂。该公司采用了美国 Gardner 公司的喷射热泵控制系统对原系统进行改造。项目建设期为 1 个月，新系统使蒸汽的热能得到了充分利用，吨纸汽耗明显下降，纸机提速 20%左右，设备的维修量也大大降低。年纸板产量上升了 70.7%，经济效益非常显著。安装热泵控制系统之后，不仅使操作和控制简单化，而且能满足生产品种的频繁变化。

改造前，汽耗为 9.0×10^6kJ/t 纸，改造后，汽耗降低到 7.5×10^6kJ/t 纸以下，降低

了 16.7%，平均每吨纸节约 1.5×10^6kJ。1998 年 1 月至 1999 年 8 月累计节约蒸汽 $143\ 932\times10^6$kJ，年平均节约蒸汽 $86\ 359\times10^6$kJ。蒸汽购进价格为 40 元/GJ，年平均节能效益 345.4 万元。年减排 CO_2 达 7677t。该项目总投资 364.5 万元，投资回收期为 1.1 年。

国内的造纸厂在纸机干燥部都可以安装使用该热泵控制系统，替代现在普遍使用的多段通汽方式，不仅蒸汽热能得到充分利用，而且纸机烘缸冷凝水排出通畅，纸机运行安全可靠，该热泵控制系统能成为企业节约能源，提高效益的得力手段。

该公司原采用三段通汽方式，这是一种串联的逆向供热系统，但在实际运行中该系统存在一个缺点，由于是串联系统，各段烘缸压差较小（只有 35kPa 左右），所以在暖缸、纸机提速、调整车速和断纸等工况时易导致烘缸虹吸管排水不畅，使烘缸水位升高，影响传热效率，妨碍生产；另三段温度过高导致压榨后的纸面在烘缸干燥时易产生纸毛、卷曲等纸病和末级背压过高（0.2MPa）。因此原系统不仅存在蒸汽浪费现象，而且影响纸品质量和产量。

为了解决上述问题，该公司采用喷射热泵控制系统，热泵以少量高压蒸汽（1.0MPa）作为动力，高压蒸汽高速通过热泵喷嘴时产生的抽吸力（文丘利原理）将汽水分离器的二次蒸汽吸入热泵内，通过混合后获得高品位的蒸汽重新回用于烘缸中。热泵系统的控制采用流速控制方法，并应用计算机根据纸机的生产品种，对每组烘缸的热平衡参数进行模拟计算，得到最佳的二次蒸汽流速控制参数。系统应用计算机通过调节热泵高压蒸汽阀门开度来控制二次蒸汽管道上的孔板前后压差不变，从而实现二次蒸汽流量恒定，保证烘缸水位最佳，使烘缸传热效率最高，达到节约蒸汽、提高产品质量和产量的目的。

新系统具有以下特点：

（1）由于热泵的抽吸作用，能保持较高烘缸压差（可达 70kPa 左右），保证虹吸管冷凝水排水畅通，达到最佳传热效率。

（2）由于控制系统可靠，烘缸表面温度可维持在控制范围之内，便于暖缸、纸机提速、调整车速和断纸等工况调节。

（3）烘缸蒸汽中不凝性气体可连续排出，可防止不凝性气体在缸内积聚造成蒸汽传热效率降低。

（4）保证湿端烘缸表面温度 60～70℃，防止了纸病产生。同时使末端背压降低至 0.11MPa（改造前 0.20MPa），减少排放损失。用 1.25kg 的蒸汽即可干燥 1kg 的水分。

（5）喷射热泵控制系统能够降低蒸汽消耗，提高产量和质量，投资回收期短，节能效益十分显著。该系统采用电脑控制，自动化程度很高，操作简单。

【思考与练习】

1. 该公司原系统有哪些缺点？
2. 该公司采用的新系统具有哪些特点？
3. 新系统给公司带来哪些效益？

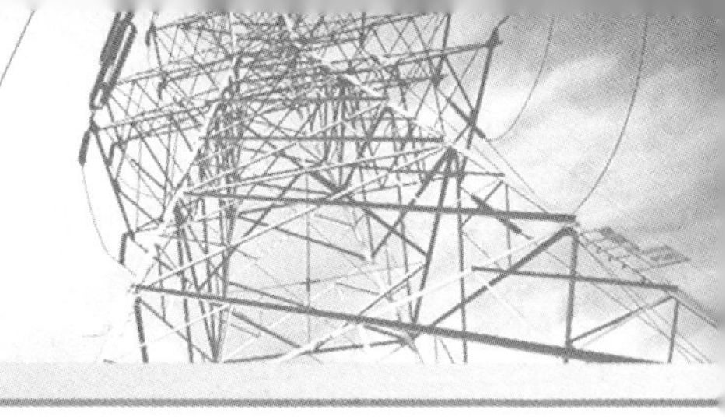

第十三章

企业供电系统诊断及方案拟订

模块1　企业供电系统损耗（Z32G4001Ⅱ）

【模块描述】本模块介绍企业供电系统的损耗。通过概念讲解，使节能服务工作人员掌握企业供电系统损耗的构成。

【模块内容】

一、企业供电系统的损耗

从电网送到企业的电能，经降压后分配到各用电车间或用电设备，这就构成企业内部的供电系统。它由降压主变压器和配电变压器、高压及低压配电线路、高压及低压变（配）电装置中的各种电气设备组成。企业供电系统示意图如图13–1–1所示。

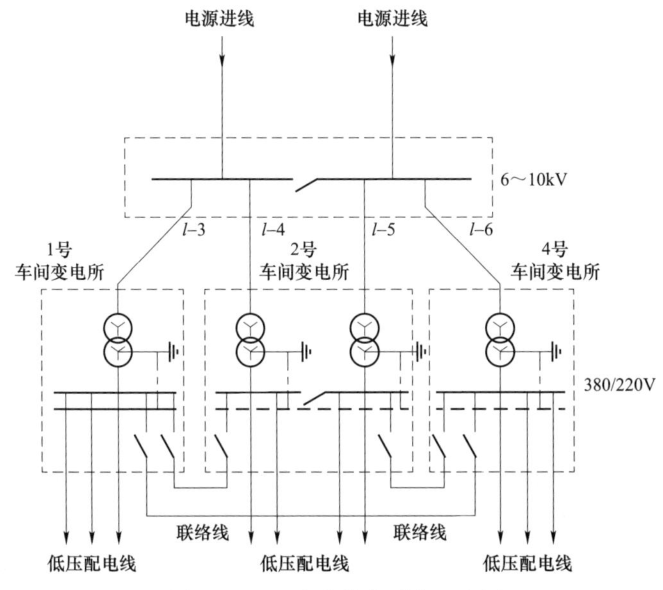

图13–1–1　企业供电系统示意图

一般大、中型企业均设有总降压变电所，将 35～220kV 电压降为 6kV 或 10kV，向变（配）电所或车间变电所供电。

变（配）电所中的主要电气设备是变压器和高低压配电装置，包括汇流母线、隔离开关、断路器、电力电容器、保护电器测量仪表及其他电气设备等。

在企业内部的电能输送和分配过程中，电流经过线路和变压器等设备时，会产生功率损耗和电能损耗，这些损耗称为供电损耗。其损耗电能占输入电能的百分比（或功率损耗占输入功率的百分比），称为线路损失率，简称线损率。由于企业的负荷类型、供配电系统的电压等级、电力网络结构、供电方式的不同，导致线损率有所差异。

线损率是一项技术经济指标，它的高低直接反映了企业电力网络输送分配电能的效率。因此，降低线路损耗是企业节约电能的重要途径之一。

线损一般可分为可变损耗和固定损耗两部分。可变损耗是指当电流通过导体时所产生的损耗，导体截面、长度和材料确定后，其损耗随电流的大小而变化。而固定损耗与电流大小无关，只要设备接通电源，就有损耗。可变损耗包括降压变压器、配电变压器的铜损及线路的铜损。固定损耗是指降压变压器、配电变压器的铁损。企业的各种供电损耗很难精确掌握，但是，可以进行供电损耗的计算，以便掌握、分析供电设备经济运行的状况，为加强用电管理工作、节约电能提供重要的数据。

企业供电损耗主要由以下几部分构成：

（1）总降压变电所主变压器的损耗，如果企业内部有两次变压、三次变压，则还应包括配电变压器损耗。

（2）高压架空线路的损耗。

（3）低压架空线路的损耗。

（4）高压电缆线路的损耗。

（5）低压电缆线路的损耗。

（6）车间配电线路的损耗。

（7）高低压配电装置的损耗，包括汇流母线、隔离开关、断路器、电力电容器、保护电器、测量仪表及其他电气设备等损耗。

其中主变压器、配电变压器和高低压线路的损耗，约占企业供电损耗 95%，而高低压配电装置的损耗所占的比重较小，因此，没有必要逐一加以计算。

二、低压配电系统用电能效调查表

低压配电系统用电能效调查表见表 13–1–1。

表 13-1-1　　　　低压配电系统用电能效调查表

客户情况	单位名称			单位性质	□ 办公楼 □ 商场 □ 宾馆 □ 工厂 □ 其他			
	地址			联系人		联系电话		
	电价/元		电费/[元/(kW·h)]	峰	平	谷	年用电费/元	

低压 400V 变压器运行数据

编号	主变型号	容量	台数	是否并车	实际输出电压	最大负荷电流	最小负荷电流	主要负载及功率	无功补偿类型

各分支回路运行数据

项目	回路名称	控制功率	运行电流	电压变化范围	年均运行时间	年用电度数	回路首末端压降	分支回路数量	占用电负荷比例	备注
照明										
动力										
混合负载										
补偿	补偿容量	补偿级数	原始 cosφ	补偿 cosφ	投入补偿电流	未投入补偿电流	是否静态补偿	是否动态补偿	是否谐波抑制	是否正常投切
谐波源	种类		脉动数	谐波电流百分比		谐波干扰情况		系统需补偿的谐波电流总量	系统需要的补偿容量	三相是否平衡	谐波测量数据
	变频器、整流、电弧炉			未投入补偿_____ 投入补偿______							

【思考与练习】

1. 什么是供电损耗？
2. 什么叫线损率？
3. 线损一般可分为哪两部分？
4. 企业供电损耗主要由哪几部分构成？

模块 2 供电损耗计算（Z32G4002Ⅱ）

【模块描述】本模块介绍企业供电损耗的计算。通过分类讲解及计算，使节能服务工作人员掌握企业供电系统各类损耗的计算方法。

【模块内容】

一、线路损耗电量计算

当电流通过三相供电线路时，在线路导线电阻上的功率损耗为

$$\Delta P = 3I^2R\times10^{-3} \tag{13-2-1}$$

式中 I——线路的相电流，A；

R——线路每相导线的电阻，Ω。

若通过线路的电流是恒定不变的，式（13-2-1）的功率损耗乘以通过电流的时间就是电能损耗（损耗电量）。由于通过线路的电流经常变化，要算出某一时间段（一个代表日）内线路电阻中的损耗电量，必须掌握电流随时间变化的规律。在以实测负荷电流为基础的代表日线路损耗电量的计算中，一般每小时记录一次电流值，近似地认为每小时内电流不变，则全日 24h 线路电阻中的损耗电量 ΔW 为

$$\begin{aligned}\Delta W &= 3(I_1^2+I_2^2+\cdots+I_{24}^2)R\times10^{-3}\\ &=3I_{\text{fj}}^2R\times24\times10^{-3}\end{aligned} \tag{13-2-2}$$

式中 $I_1, I_2, \cdots, I_{24}$——日每小时的电流，A；

I_{fj}——日方均电流，A；

ΔW——日损耗电量，kW·h。

$$I_{\text{fj}}=\sqrt{\frac{I_1^2+I_1^2+\cdots+I_{24}^2}{24}} \tag{13-2-3}$$

如果测得的负荷数据是有功功率和无功功率，则

$$3I^2=\frac{P^2+Q^2}{U^2}$$

$$3I_{\text{fj}}^{2}=\frac{1}{24}\sum_{1}^{24}\frac{P^{2}+Q^{2}}{U^{2}} \tag{13-2-4}$$

式中 P——每小时的有功功率，kW；

Q——每小时的无功功率，kvar；

U——每小时对应的电压，kV。

当导线的材料和截面一定时，式（13–2–2）中线路每相导线的电阻值与导线的温度有关，而导线温度是由通过导线的负荷电流及周围空气温度决定的。考虑这个因素，可认为导线电阻由三个分量组成：

（1）基本恒定分量它是线路每相导线在 20℃时的电阻值。这个电阻值可根据线路所用导线的型号从产品目录或有关手册中查出。

（2）当电流通过导线时，由于导线发热，使导线温度升高，因而使导线电阻增加的部分电阻值 ΔR_i

$$\Delta R_i=R_{20}\alpha(t_{\text{yx}}-20)\frac{I_{\text{fj}}^{2}}{I_{\text{yx}}^{2}}=\beta_1 R_{20} \tag{13-2-5}$$

式中 α——导线电阻的温度系数，对铜、铝及钢芯铝线，一般取 $\alpha=0.004$；

t_{yx}——线路导线最高允许温度，一般取 70℃；

I_{yx}——周围空气温度为 20℃时，导线达到最高允许温度时所通过的持续电流。此值可查阅有关手册。如果给出的是相当于空气温度为 25℃时的持续允许电流，则可乘以修正系数，换算成空气温度为 20℃时的持续允许电流。

修正系数为

$$R=\sqrt{\frac{70-20}{70-25}}=1.05$$

将 α, t_{yx} 值代入式（13–2–5），得出

$$\begin{aligned}\Delta R_i&=R_{20}\times0.004\times(70-20)\left(\frac{I_{\text{fj}}}{I_{\text{yx}}}\right)^{2}\\&=R_{20}\times0.2\left(\frac{I_{\text{fj}}}{I_{\text{yx}}}\right)^{2}=\beta_1 R_{20}\end{aligned} \tag{13-2-6}$$

（3）当周围空气温度不是 20℃时，导线电阻变化的那部分数值为

$$\Delta R_{\text{a}}=R_{20}\alpha(t_{\text{a}}-20)=\beta_2 R_{20} \tag{13-2-7}$$

式中 t_{a}——代表日平均空气温度，℃。

因此，供电线路在代表日的损耗电量可写成

$$\Delta W = 3I_{均}^{2}R_{20}(1+\beta_1+\beta_2)\times 24\times 10^{-3}\ (\mathrm{kW\cdot h}) \tag{13-2-8}$$

或

$$\Delta W = \sum_{1}^{24}\frac{P_i^2+Q_i^2}{U_i^2}R_{20}(1+\beta_1+\beta_2)\times 24\times 10^{-3}\ (\mathrm{kW\cdot h}) \tag{13-2-9}$$

二、电力电缆线路损耗电量计算

电缆线路的电能损耗由导体电阻损耗、介质损耗、铅包损耗和钢铠损耗四部分组成。因为电缆的铅包、钢带及钢丝铠装中的涡流损耗、敷设方法、土壤或水底温度以及集肤效应和邻近效应等对电缆的可变电能损耗都有影响，所以要精确计算电缆线路的电能损耗是很复杂的。一般情况下，介质损耗为导体电阻损耗的1%～3%，铅包损耗约为1.5%，钢铠损耗在三芯电缆中，如导线截面不大于185mm^2，可忽略不计。电力电缆的电阻损耗，一般根据产品目录提供的交流电阻数据进行电能损耗的计算

$$\Delta W = 3I_{均}^{2}r_0 l\times 24\times 10^{-3}\ (\mathrm{kW\cdot h}) \tag{13-2-10}$$

式中 r_0——电力电缆线路每相导体单位长度的电阻值；

l——电力电缆线路长度，km。

三、配电线路损耗电量计算

从企业总降压变电所到车间配电所的6～10kV配电线路，它们的导线截面、长度以及沿线的配电变压器容量是有差别的。在变电所的各线上一般都装有电流表，但由于各配电变压器的负荷功率因数不同，所以线路分段中的电流不是代数和差关系，而是向量和差关系。这些多变的因素，给准确计算配电线路的损耗带来很大困难。为了掌握线损，可用简化的方法，其计算步骤如下：

1. 确定线路的分段和每一分段的电阻值

如图13-2-1所示的配电线路接线图，并根据本节例题确定分段，由各分段中导线的长度和型号算出它们的电阻值，并画出图13-2-2计算线损用单线图。

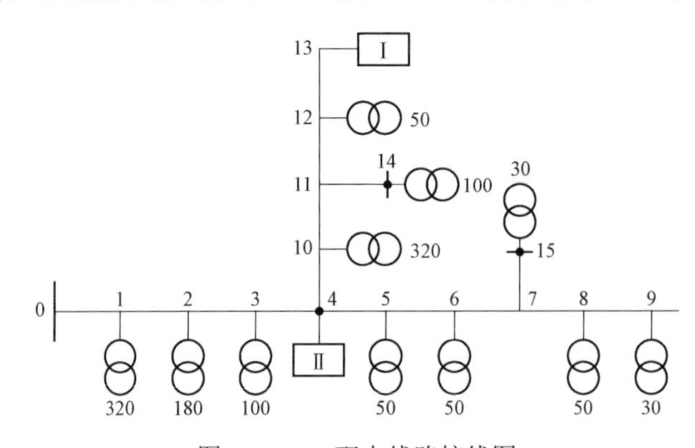

图13-2-1 配电线路接线图

注：Ⅰ、Ⅱ为配电变电所，变压器符号旁的数字为变压器额定容量，单位为kVA。

2. 实测线路代表日的负荷

根据实测负荷的记录，确定线路出口的最大电流 $I_{\max}$，平均电流 I_{pj}，均方根电流 I_{fj}、负荷率 K_{fz} 及损失因数 F。

$$I_{\mathrm{pj}}=\frac{\sum_{i=1}^{24}I_i}{24} \tag{13-2-11}$$

$$I_{\mathrm{fj}}=\sqrt{\frac{\sum_{i=1}^{24}I_i^2}{24}} \tag{13-2-12}$$

$$K_{\mathrm{fz}}=\frac{I_{\mathrm{pj}}}{I_{\max}} \tag{13-2-13}$$

$$F=\frac{I_{\mathrm{fj}}^2}{I_{\max}^2} \tag{13-2-14}$$

式中　I_i——配电线路始端代表日每个小时的电流值。

计算配电线路损耗电量单线图如图 13-2-2 所示。

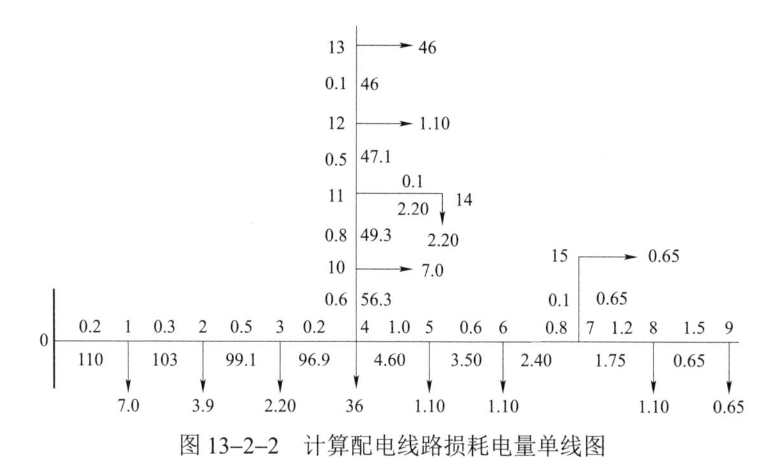

图 13-2-2　计算配电线路损耗电量单线图

注：图内箭头表示配电变压器和配电变电所负荷，箭头下面或右侧的数字表示各台配电变压器和车间配电所分配到的计算用最大电流（A），各分段上方或左侧的数字表示各分段的电阻值（Ω），下方或右侧（对垂直线段）的数字是各分段的计算用最大电流（A）。

3. 确定线路上各负荷点的计算用最大电流

如果各负荷点为专用或共用配电变压器都有负荷电流的实测记录，则可找出它们各自的最大电流。但是线路始端的最大电流值不是这些最大电流的代数和，它们之间的比值为同时率 K_{Φ}

$$K_{\Phi}=\frac{I_{\max}}{\sum_{k=1}^{n}I_{\max,k}} \tag{13-2-15}$$

式中 $I_{\max}$——线路始端的实测最大电流；

$I_{\max,k}$——第 k 个负荷点的实测最大电流；

n——线路上的负荷点数。

一般 $K_{\Phi}\leqslant 1$。

各负荷点的计算用最大电流 $I'_{\max,k}$ 可按下式算出

$$I'_{\max,k}=K_{\Phi}I_{\max,k} \tag{13-2-16}$$

如果各专用或共用配电变压器没有实测的电流记录，则可用如下方法和步骤推算各负荷点的计算用最大电流。

（1）对专用变压器，可以参照过去的用电记录，以全月用电量（kW·h）和平均功率因数 $\cos\varphi$ 推算出平均负荷电流 $I_{pj,k}$

$$I_{pj,k}=\frac{W}{\sqrt{3}tU\cos\varphi} \tag{13-2-17}$$

式中 U——变压器高压侧平均电压，V；

W——全月用电量，kW·h；

t——全月使用的小时数。

（2）假设各专用变压器的负荷率与全线路的负荷率相同，则按下式算出各专用变压器的计算用最大电流

$$I'_{\max,k}=I_{pj,k}\frac{I_{\max}}{I_{pj}} \tag{13-2-18}$$

（3）用线路始端的最大电流减去各专用变压器的计算用最大电流，剩下的电流按各共用配电变压器的容量比例分配，可确定各共用配电变压器的计算用最大电流。

（4）把以上计算结果标明在计算线损用的单线图上。

4. 确定线路各分段中的计算用最大电流

有了各负荷点的计算用最大电流，就可利用计算线损的单线图，从线路始端开始依次减去分段中的计算用最大电流；或从各分支线路的末端开始，用加法依次算出各分段中的计算用最大电流。

5. 确定线路的等效电阻和代表日的损耗电量

线路的等效电阻 R_{dz} 可按下式确定

$$R_{dz}=\frac{\sum_{n=1}^{m}I_{\max,n}^{2}R_{n}}{I_{\max}^{2}} \tag{13-2-19}$$

式中　$I_{\max,n}$ ——线路第 n 分段中的计算用最大电流；

R_n ——线路第 n 分段的电阻；

m ——线路的总分段数。

求得线路的等效电阻后，按下式计算线路在代表日的损耗电量（ΔW）为

$$\Delta W = 3I_{\mathrm{fj}}^2 R_{\mathrm{dz}} \times 10^{-3} \times 24\text{（kW·h）} \tag{13-2-20}$$

或

$$\Delta W = 3I_{\max}^2 R_{\mathrm{dz}} \times 10^{-3} \times 24\text{（kW·h）} \tag{13-2-21}$$

【例 13–2–1】有一条 10kV 的配电线路，其接线图如图 13–2–1 所示。试计算这条配电线路的线损。已知数据有：① 线路各分段的导线型号和长度；② 线路上各配电变压器的容量；③ 代表日线路始端电流的实测记录；④ 代表日线路的供电量和全月供电量；⑤ 代表日配电变电所负荷电流的实测记录。

计算这条配电线路的线损电量和全月的线损电量。

解：（1）确定线路的分段数和每个分段的电阻值。

从图 13–2–1 可看出，全线路可分成 15 个分段。根据各分段的导线型号和长度，可算出各分段的电阻值（见表 13–2–1）。通常线路的分段数很多，所以把分段编号、分段电阻值、分段计算用最大电流值等在计算线损用的单线图 13–2–2 中示出。

表 13–2–1　　线路分段电阻、最大电流计算线损功率

线路分段编号	分段电阻/Ω	分段计算用最大电流/A	线损功率/[$(I'^2_{\max}R_n)$/W]
0～1	0.2	110	2420
1～2	0.3	103	3183
2～3	0.5	99.1	4910
3～4	0.2	96.9	1878
4～5	1.0	4.6	21.2
5～6	0.6	3.5	7.35
6～7	0.8	2.4	4.61
7～8	1.2	1.75	3.68
8～9	1.5	0.65	0.63
7～15	0.1	0.65	0.04
4～10	0.6	56.3	1902
10～1	0.8	49.3	1944
11～12	0.5	47.1	1109
12～13	0.1	46.0	212
11～14	0.1	2.2	0.48
总计	—	—	17 595.99

（2）确定线路始端的最大电流、平均电流、均方根电流、负荷率以及损失因数。

设线始端代表日内每小时的电流实测记录为40A、40A、45A、40A、50A、55A、70A、80A、105A、100A、90A、95A、100A、100A、90A、90A、80A、100A、110A、100A、80A、60A、40A，则：

线路始端的最大电流

$$I_{max}=110A$$

线路始端的平均电流

$$I_{pj}=\frac{\sum I}{24}=77A$$

线路始端的方根均电流

$$I_{fj}=\sqrt{\frac{\sum I^2}{24}}=81A$$

负荷率

$$K_{fz}=\frac{I_{pj}}{I_{max}}=\frac{77}{110}=0.7 \qquad (13\text{–}2\text{–}22)$$

损失因数

$$F=\frac{I_{fj}^2}{I_{max}^2}=\left(\frac{80}{110}\right)^2\approx 0.53 \qquad (13\text{–}2\text{–}23)$$

（3）确定专用变压器的计算最大电流。

从代表日用电记录查得，配电变电所Ⅰ的全月（30天）用电量为285 400kW·h，功率因数为0.92；变电所Ⅱ的全月用电量为345 200kW·h，功率因数为0.86。

两个配电变电所的平均负荷电流分别为

$$I_{pj,I}=\frac{285\ 400}{\sqrt{3}\times 10\times 0.92\times 720}=25(A) \qquad (13\text{–}2\text{–}24)$$

$$I_{pj,II}=\frac{345\ 200}{\sqrt{3}\times 10\times 0.86\times 720}\approx 32(A) \qquad (13\text{–}2\text{–}25)$$

根据代表日线路始端的平均电流和最大电流，推算出计算用最大电流

$$I'_{max,I}=I_{pj,I}\times\frac{I_{max}}{I_{pj}}=25\times\frac{110}{77}\approx 36(A) \qquad (13\text{–}2\text{–}26)$$

$$I'_{max,II}=I_{pj,II}\times\frac{I_{max}}{I_{pj}}=32\times\frac{110}{77}\approx 46(A) \qquad (13\text{–}2\text{–}27)$$

（4）确定各配电变压器的计算用最大电流。

线路始端的最大电流为110A，两个配电变电所的计算用最大电流为36+46=82

（A）。所以全部共用配电变压器的计算用最大电流为 110–82＝28（A）。全线共用配电变压器的总容量为 1280kVA。

每千伏安共用配电变压器所分配到的计算用最大负荷电流为 $\frac{28}{1280}=0.021\,9$（A）。

按照这一数字，可以决定不同容量共用配电变压器的计算最大电流，计算的结果标在图 13–2–2 上。

（5）计算线路的等效电阻、代表日及全月的损耗电量。

$$\begin{aligned}\sum I_{\max,n}'^{2}R_n &= 110^2\times0.2+103^2\times0.3+99.1^2\times0.5+96.9^2\times0.2+4.6^2\times0.1+\\&\quad 3.5^2\times0.6+2.4^2\times0.8+1.75^2\times1.2+0.65^2\times1.5+56.3^2\times0.6+49.3^2\times0.8+\\&\quad 47.1^2\times0.5+46^2\times0.1+0.65^2\times0.1+2.2^2\times0.1\\&=17\,596\end{aligned} \tag{13-2-28}$$

等效电阻

$$R_{dz}=\frac{\sum I_{\max,n}'^{2}R_n}{I_{\max}^2}=\frac{17\,596}{110^2}=1.45(\Omega) \tag{13-2-29}$$

线路代表日的损耗电量

$$\Delta W=3I_{fj}^2R_{dz}\times24=3\times81^2\times1.45\times10^{-3}\times24=685(\text{kW}\cdot\text{h}) \tag{13-2-30}$$

根据线路代表日供电量 28 600kW·h 和全月供电量 946 000kW·h，可算出线路全月的损耗电量。

$$\Delta W=685\times\left(\frac{946\,000/30}{28\,600}\right)^2\times30=24\,982(\text{kW}\cdot\text{h}) \tag{13-2-31}$$

四、低压线路损耗电量计算

在企业供电系统中，低压线路较多，负荷电流较大，线路损耗不能忽视。但是，低压线路错综复杂，分布面广，往往缺乏完整、准确的线路参数和负荷资料。所以，要精确计算低压线路的总损耗电量更困难，一般采用近似的计算法。

按每台配电变压器的低压线路，逐台进行计算。每台配电变压器低压侧出口的最大电流 $I_{\max}$，可用配电变压器的计算用最大电流乘以变压器的电压比来计算。对一台配电变压器的低压线路来说，影响损耗电量的因素很多，如：

（1）一般配电变压器的容量越大，低压线路的供电路数也越多。如果低压线路的供电路数为 N，则低压线路每一路始端的最大电流平均值为 $I_{\max,Bd}/N$。

（2）低压线路每一路始端的最大电流并不相等，因此，在计算低压线路的损耗电量时，需要乘以修正系数 K_1。

（3）低压线路的接线方式对损耗也有影响。若为单相两线制线路，相线和中性线的截面一般相同，电流也相等，单相线路的损耗电量是一根导线损耗电量的 2 倍。如果是三相四线制，则中性线截面比相线截面小，电流也小，线路的损耗电量约为一根相线损耗电量的 3.5 倍。

（4）低压线路的损耗电量又与各低压线路的负荷分布有关。如果按每一路平均的始端电流和每一路的线路电阻计算损耗电量时，还应加以修正，即乘以修正系数 K_2。

修正系数 K_1 和 K_2，可以根据平时对各种容量配电变压器的低压线路进行实测的负荷数据，通过计算来确定。

$$K_1 = 1 + 0.14K_{bp} + 0.4K_{bp}^2 \tag{13-2-32}$$

式中 K_{bp}——配电变压器各供电的低压线路电流实测数据所确定的不平衡系数。

$$K_{bp} = \frac{I_{max} - I_{min}}{I_{pj}} \tag{13-2-33}$$

式中 I_{max}，I_{min}，I_{pj}——配电变压器各供电低压线路始端电流的最大值、最小值和平均值。

修正系数 K_2 一般可取 0.3～0.5。当低压线路始端线段上的负荷比末端线段上的负荷大时，取 0.3；反之，取 0.5。

由上所述，一台配电变压器所属低压线路的日损耗电量 ΔW 为

$$\begin{aligned}\Delta W &= M\left[\frac{I_{max,Bd}}{N}\right]^2 \times \left[\frac{R_{pj}}{N}\right] NK_1K_2F \times 10^{-3} \times 24 \\ &= M\left[\frac{I_{max,Bd}}{N}\right]^2 \times \left[\frac{R_{pj}}{N}\right] R_{pj}K_1K_2F \times 10^{-3} \times 24 \text{（kW·h）}\end{aligned} \tag{13-2-34}$$

式中 M——决定于低压线路接线方式的常数，对单相两线制，M=2，对三相四线制，M=3.5；

N——低压线路的供电路数；

$I_{max, Bd}$——配电变压器低压侧的计算用最大电流，A；

R_{pj}——配电变压器低压线路每相导线总电阻（按低压线路各分段的长度和导线电阻算出的总电阻）的平均值；

K_1——各供电线路始端电流不等的修正系数；

K_2——各个供电线路上负荷不均匀分布的修正系数；

F——配电变压器低压线路的损失因数，根据实测负荷数据确定。

求得各台配电变压器所属低压线路的日损耗电量后，就可以算出全部低压线路的日损耗电量。

五、变压器损耗电量计算

1. 降压主变压器损耗电量计算

变压器的有功功率损耗可分为铁心损耗和绕组损耗两部分。通常变压器的空载损耗是指铁损，短路损耗（负载损耗）是指绕组损耗或称铜损。

铁心损耗可根据变压器空载试验数据或制造厂提供的空载损耗确定，变压器铁心的日损耗电量ΔW_{ti}为

$$\Delta W_{ti}=\Delta P_0\times 24\text{（kW·h）} \tag{13-2-35}$$

式中　ΔP_0——变压器的空载损耗功率，kW。

变压器绕组的损耗，根据变压器短路试验的实测数据或制造厂提供的短路损耗（负载损耗）确定。短路损耗功率ΔP_d相当于变压器绕组通过额定电流时的有功功率损耗。当测录到代表日变压器每小时的负荷电流以后，可按下式求出变压器绕组中的日损耗电量ΔW_{ti}

$$\Delta W_{ti}=\Delta P_d\left(\frac{I_{fj}}{I_e}\right)^2\times 24\text{（kW·h）} \tag{13-2-36}$$

式中　I_e——变压器的额定电流，A；

I_{fj}——通过变压器的日均方根电流，A；

ΔP_d——变压器的短路损耗功率，kW。

在式（13-2-36）中变压器的均方根电流I_{fj}和额定电流I_e必须是归算到同一电压侧的电流值。

对于三绕组变压器，应该分别算出各绕组中的损耗电量，相加而得三绕组变压器总的可变损耗电量。当各绕组均通过100%容量的额定电流时，各绕组中的功率损耗为

$$\Delta P_{1e}=\frac{\Delta P_{d(1-2)}+\Delta P_{d(1-3)}-\Delta P_{d(2-3)}}{2}$$

$$\Delta P_{2e}=\frac{\Delta P_{d(1-2)}+\Delta P_{d(2-3)}-\Delta P_{d(1-3)}}{2}$$

$$\Delta P_{3e}=\frac{\Delta P_{d(1-3)}+\Delta P_{d(2-3)}-\Delta P_{d(1-2)}}{2}$$

式中　$\Delta P_{d(1-2)},\Delta P_{d(1-3)},\Delta P_{d(2-3)}$——归算到变压器额定容量的高压—中压—低压及中压—低压绕组的短路损耗功率，kW。

如果按负荷实测记录求得的各绕组的均方根电流为I_{fj1}、I_{fj2}、I_{fj3}，它们归算到高压侧的数值各为I'_{fj1}、I'_{fj2}、I'_{fj3}，高压侧的额定电流I_{1e}为各绕组中的日损耗电量，分别为

$$\Delta W_1 = \Delta P_{1e}\left[\frac{I'_{fj1}}{I_{1e}}\right]^2 \times 24\text{（kW·h）}$$

$$\Delta W_2 = \Delta P_{2e}\left[\frac{I'_{fj2}}{I_{1e}}\right]^2 \times 24\text{（kW·h）}$$

$$\Delta W_3 = \Delta P_{3e}\left[\frac{I'_{fj3}}{I_{1e}}\right]^2 \times 24\text{（kW·h）}$$

三绕组变压器铁心中的损耗电量，与双绕组变压器的算法相同。所以二绕组变压器的日损耗电量为

$$\Delta W = \Delta W_1 + \Delta W_2 + \Delta W_3\text{（kW·h）} \tag{13-2-37}$$

自耦变压器损耗电量的计算方法与普通变压器相同。

当两台变压器并联运行时，若已知两台变压器输入或输出的总电流，则通过每台变压器的电流由下列近似计算式决定

$$\begin{aligned} I_{fj(1)} &= \frac{X_2}{X_1+X_2} I_{fj} \\ I_{fj(2)} &= \frac{X_1}{X_1+X_2} I_{fj} \end{aligned} \tag{13-2-38}$$

式中 X_1，X_2——两台并列变压器各自的电抗，Ω；

I_{fj}——两台变压器的总均方根电流，A；

$I_{fj(1)}$，$I_{fj(2)}$——两台并列变压器各自的均方根电流，A。

如果两台变压器的短路电压百分值相差不多，可以近似地按照与容量呈正比地分配总均方根电流。求得每台变压器的均方根电流后，再进行每台变压器绕组的可变损耗电量的计算，方法同前。

应当指出，变压器的铁心损耗与变压器所受的电压以及变压器工作的分接头电压有关。当电网的电压水平太低，且与变压器工作的分接头电压相差较大时，应考虑按式（13-2-39）给变压器的铁心损耗加以修正。

$$\Delta P_0' \approx \Delta P\left(\frac{U}{U_r}\right)^2 \tag{13-2-39}$$

式中 ΔP——变压器的额定空载损耗，即变压器所受电压，为变压器的额定电压，变压器工作在额定分接头时的空载损耗；

$\Delta P_0'$——变压器所受电压与工作的分接头电压不相等时的空载损耗；

U——变压器所受的电源电压，即变压器的工作电压；

U_{r} ——变压器工作的分接头电压。

2. 配电变压器损耗电量计算

由于配电变压器的数量较多，要在代表日对每台配电变压器都进行每小时的负荷电流实测是很困难的，只能实测少数配电变压器的负荷电流，并用简化方法来计算全部配电变压器的损耗电量。

（1）计算配电变压器的固定损耗电量。

配电变压器铁心损耗电量的计算和主变压器铁心损耗电量的计算方法相同。各台配电变压器的空载损耗可从技术档案或产品目录中查到。因此高压配电线路上的配电变压器在代表日的固定损耗电量 ΔW_{ti} 为

$$\Delta W_{\mathrm{ti}}=\sum_{k=1}^{q}\Delta P_{0,k}\times 24\times 10^{-3}\,(\mathrm{kW\cdot h}) \tag{13-2-40}$$

式中　$\Delta P_{0,k}$ ——第 k 台配电变压器的空载损耗，W；

q ——高压配电线路上配电变压器的总台数。

（2）计算配电变压器的可变损耗电量。

配电变压器的日可变损耗电量 ΔW_{to} 为

$$\Delta W_{\mathrm{to}}=\sum_{k=1}^{q}\Delta P_{\mathrm{d},k}\left[\frac{I_{\max,\mathrm{B}}}{I_{\mathrm{e},k}}\right]^2\times\left[\frac{I_{\mathrm{fj},k}}{I_{\max,\mathrm{B}}}\right]^2\times 10^{-3}\times 24=\sum_{k=1}^{q}\Delta P_{\mathrm{d},k}\left[\frac{I_{\max,\mathrm{B}}}{I_{\mathrm{e},k}}\right]^2 F\times 10^{-3}\times 24 \tag{13-2-41}$$

式中　$\Delta P_{\mathrm{d},k}$ ——各台配电变压器的短路损耗，W；

$I_{\mathrm{e},k}$ ——各台配电变压器的额定电流，A；

$I_{\max,\mathrm{B}},F$ ——配电变压器的最大负荷电流和损失因数，$I_{\max,\mathrm{B}},F$ 需要合理确定，$\Delta P_{\mathrm{d},k}$，$I_{\mathrm{e},k}$ 可以查到。

3. 计算配电变压器代表日的损耗电量

高压配电线路上配电变压器代表日的损耗电量可按下式确定

$$\begin{aligned}\Delta W&=\Delta W_{\mathrm{ti}}+\Delta W_{\mathrm{to}}\\&=\sum_{k=1}^{q}\left[\Delta P_{0,k}+\Delta P_{\mathrm{d},k}\left(\frac{I_{\max,\mathrm{B}}}{I_{\mathrm{e},k}}\right)^2 F\right]\times 10^{-3}\times 24\,(\mathrm{kW\cdot h})\end{aligned}$$

将高压线路上的配电变压器的损耗电量加起来，就可得出全部配电变压器代表日的总损耗电量。

【例 13–2–2】计算例 13–2–1 中高压配电线路上配电变压器的日损耗电量。已知数据：

（1）各台配电变压器的容量空载损耗和短路损耗见表 13–2–2。

（2）根据典型配电变压器在代表日的实测记录，算出的损失因数 $F=0.355$。

（3）根据对高压配电线路测量的结果，修正系数 $K_{\phi}' >1.3$。

表 13–2–2　　各台配电变压器的空载损耗和短路损耗数据

配电变压器容量/kVA	空载损耗/kW	短路损耗/kW	高压侧额定电流/A	按与容量成正比分配的计算用最大电流/A	修正后的计算用最大电流/A	台数/台
320	1.9	6.2	18.5	7.0	9.1	2
180	1.2	4.0	10.4	3.9	5.07	1
100	0.73	2.4	5.8	2.2	2.86	2
50	0.44	1.325	2.88	1.1	1.43	4
30	0.33	0.85	1.73	0.65	0.85	2

【解】 由于各台配电变压器没有最大负荷电流的实测数据，只能按例 13–1–1 中逐点分段计算法求出的结果，应用修正系数 K_{ϕ}' 求出各台配电变压器的计算用最大电流，现将计算结果列于表 13–2–2 中。

根据表 13–2–2 内的数据，可算出配电变压器的日损耗电量为

$$\Delta W=\left\{\left[1.9+6.2\left(\frac{9.1}{18.5}\right)^2\times0.355\right]\times2+\left[1.2+4.0\left(\frac{5.07}{10.4}\right)^2\times0.355\right]+\left[0.73+2.4\left(\frac{2.86}{5.8}\right)^2\times0.355\right]+\right.$$

$$\left.\left[0.44+1.325\left(\frac{1.43}{2.88}\right)^2\times0.355\right]+\left[0.33+0.85\left(\frac{0.85}{1.73}\right)^2\times0.355\right]\times2\right\}\times24$$

$$=271(\text{kW}\cdot\text{h})$$

【思考与练习】

1. 线路损耗电量如何计算？
2. 电力电缆线路损耗电量如何计算？
3. 配电线路损耗电量如何计算？
4. 低压线路损耗电量如何计算？
5. 变压器损耗电量如何计算？

模块 3　降低线路损耗技术措施（Z32G4003 Ⅱ）

【模块描述】 本模块介绍降低线路损耗的技术措施。通过概念讲解及计算，使节能服务工作人员掌握降低线路损耗的主要措施。

【模块内容】

降低线损的主要技术措施可分为建设措施和运行措施两个方面。所谓建设措施是指需要一定的投资，对供电系统和某些部分进行技术改造。采取这方面措施的目的是提高供电系统的输送容量或改善电压质量、降低线损。而运行措施是指不需要投资，对供电系统确定最经济合理的运行方式以达到降低线损的目的。以下介绍降低线损的主要技术措施。

一、简化电压等级减少变电容量

对电网进行升压改造，简化电压等级，减少变电容量，可以降低电能损耗。线路和变压器是电网中的主要元件，都要损耗一些电能，其损耗功率为

$$\Delta P = 3I^2 R\times10^{-3} = \frac{S^2}{U^2}R\times10^{-3} = \frac{P^2+Q^2}{U^2}R\times10^{-3} \quad (13\text{–}3\text{–}1)$$

式中　I——通过元件的电流，A；

R——元件的电阻，Ω；

S——通过元件的视在功率，kVA；

P——通过元件的有功功率，kW；

Q——通过元件的无功功率，kvar；

U——加在元件上的电压，kV。

在负荷功率不变的情况下，将电网的电压提高，则通过电网元件的电流相应减小，功率损耗也相应随之降低。从表 13–3–1 中，可看出电压升压后降低损耗的效果。

表 13–3–1　　电网升压后的降损效果

升压前电网原额定电压/kV	升压后电网额定电压/kV	升压后功率损耗降低数（%）
154 110	220	51 75
66（60） 44 35	110	64（70.3） 84 90
22 10	35	60.5 91.8
6 3	10	64 91
3	6	75
0.22	0.38/0.22	66.7

二、提高运行电压降低线路损耗

输送同样的功率时，提高运行电压就可降低电流，减少损耗。电网中的功率损耗

是与运行电压的平方成反比的，在允许范围内，适当提高运行电压，既可提高电能质量，又能降低线损。

如果电网的运行电压提高 $\alpha\%$，由式（13–3–2）可知，则电网元件中的功率损耗可按下式降低

$$\Delta p=\Delta P_1-\Delta P_2=\frac{S^2}{U^2}R-\frac{S^2}{U^2\left(1+\frac{\alpha}{100}\right)^2}R=\frac{S^2}{U^2}R\left[1-\frac{1}{\left(1+\frac{\alpha}{100}\right)^2}\right]（\mathrm{kW}）\tag{13–3–2}$$

式中，ΔP_1，ΔP_2——提高电压前后电网中元件的有功功率损耗，kW。

降低的功率损耗用百分数表示为

$$\Delta p=\frac{\delta p}{\Delta P_1}\times100\%=\left[1-\frac{1}{\left(1+\frac{\alpha}{100}\right)^2}\right]\times100\%\tag{13–3–3}$$

根据式（13–3–3）求出提高运行电压后，线损降低的百分数（表 13–2–2）。

表 13–2–2　　提高运行电压与降低线损的关系

电压提高（%）	1	3	5	10	15	20
线损降低（%）	2	6	10	17	24	31

三、提高功率因数减少无功电流

流经供电线路的电流 Z 中包括有功电流分量 I_{P} 和无功电流分量 I_{Q}，$I=\sqrt{I_{\mathrm{P}}^2+I_{\mathrm{Q}}^2}$ 线路功率损耗可写成

$$\Delta P=3I^2R=3(I_{\mathrm{P}}^2+I_{\mathrm{Q}}^2)R=3I^2R+3I_{\mathrm{Q}}^2R（\mathrm{kW}）\tag{13–3–4}$$

式中　$3I_{\mathrm{Q}}^2R$——线路由于流经无功电流分量所引起的线损，kW。

以功率因数等于 1 为基础，当实际功率因数为 $\cos\varphi$、$I_{\mathrm{Q}}=\frac{1}{\cos\varphi}$ 时，功率损耗增加的百分数为

$$\Delta p\%=\left[\left(\frac{1}{\cos\varphi}\right)^2-1\right]\times100\%\tag{13–3–5}$$

若功率因数为 0.9、功率损耗比功率因数为 1 时，增加率可按式（13–3–5）计算

$$\Delta p\% = \left[\left(\frac{1}{0.9}\right)^2 - 1\right] \times 100\% = 23\%$$

功率因数由 0.95 下降时，与功率损耗增加的关系见表 13–3–3。

表 13–3–3　　功率因数降低与功率损耗增加的关系

$\cos\varphi$	0.95	0.9	0.85	0.8	0.75	0.7	0.65	0.6
Δp（%）	11	23	38	56	78	104	136	178

提高功率因数与降低功率损耗的关系可用下式计算

$$\Delta p = \left[1 - \left(\frac{\cos\varphi_1}{\cos\varphi_2}\right)^2\right] \times 100\% \tag{13–3–6}$$

式中　Δp ——降低功率损耗百分数；

$\cos\varphi_1$ ——原功率因数；

$\cos\varphi_2$ ——提高后的功率因数。

提高功率因数对降低功率损耗的影响见表 13–3–4。

表 13–3–4　　功率因数提高与功率损耗降低的关系

$\cos\varphi$	0.6	0.65	0.7	0.75	0.8	0.85	0.9
Δp（%）	60	53	46	38	29	20	10

四、调整用电负荷提高负荷率

企业供电系统的日负荷曲线，如波动幅度较大，将影响供电设备效率，而且使线路功率损耗增加。所以应合理调整线路负荷，以降低线路损耗电量。在用电量相同的条件下，以用电时间 24h 为例（图 13–3–1），线路负荷不稳定时，线路损耗电量要增大。

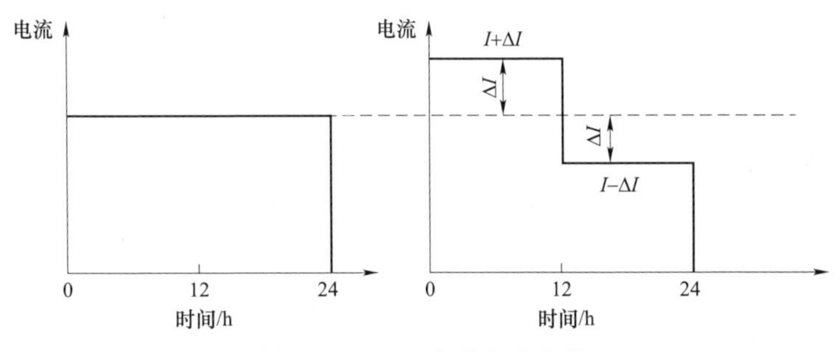

图 13–3–1　日负荷电流曲线

日负荷曲线平稳，24h 内负荷电流保持为 I，每根导线的电阻为 R，则线路日损耗电量 ΔW_1 为

$$\Delta W_1 = 3I^2R\times24\times10^{-3}\text{（kW·h）} \quad (13\text{–}3\text{–}7)$$

日负荷曲线不平稳，前 12h 负荷电流为 $I+\Delta I$，后 12h 负荷电流为 $I-\Delta I$，则线路日损耗电量 ΔW_2 为

$$\begin{aligned}\Delta W_2 &= 3\left[\frac{(I+\Delta I)^2+(I-\Delta I)^2}{2}\right]R\times24\times10^{-3} \\ &= 3[I^2+\Delta I^2]R\times24\times10^{-3}\text{（kW·h）}\end{aligned} \quad (13\text{–}3\text{–}8)$$

由以上计算可以看出，当负荷曲线不平稳时，日损耗电量增大的百分数为

$$\frac{\Delta W_2-\Delta W_1}{\Delta W_1}\times100\% = \frac{\Delta I^2}{I^2}\times100\%$$

设 $I=100\text{A}$，$\Delta I=50\text{A}$，则不平稳时的损耗电量比平稳电流时的线损增大

$$\frac{\Delta I^2}{I^2}\times100\% = \frac{50^2}{100^2}\times100\% = 25\%$$

负荷电流波动幅度越大，线损增加越多。当线路在一段时间内有较大负荷，而在另一段时间内负荷很小，甚至没有负荷时，线损将成倍增加。因此，均衡用电、保持负荷的平稳性是降低线损的有效措施。

【思考与练习】

1. 降低线损的主要技术措施有哪两个方面？
2. 详细描述降低线损的主要技术措施。
3. 降低线路损耗有哪些技术措施？

模块 4 降低变压器损耗技术措施（Z32G4004Ⅱ）

【模块描述】本模块介绍降低变压器损耗的技术措施。通过概念讲解及计算，使节能服务工作人员掌握降低变压器损耗的主要措施。

【模块内容】

变压器是企业的主要供电设备，在传输相同的电力条件下，应按 GB 20052—2013《三相配电变压器能效限定值及能效等级》选用低损耗节能变压器，并选择合理的运行方式，降低变压器损耗，提高变压器运行的经济性是企业节能应当考虑的主要问题之一。

一、选用低损耗节能变压器

我国从 20 世纪 90 年代末明确淘汰损耗高的 S7 系列变压器，但目前仍有相当比例

的企业使用 S7 系列变压器。S9 系列变压器，空载损耗（P_o）比 S7 系列平均降低 11%；负载损耗（P_k）平均降低 28%，年运行成本平均降低 17.8%；S11 系列卷铁心变压器，改变了传统的叠片式铁心结构，并采用冷轧硅钢片，空载损耗（P_o）比 S9 系列平均降低 30%左右，负载损耗 P_k 与 S9 系列相同。非晶变压器（油浸式和干式），变压器铁心采用一种非晶体结构的铁磁系列合金的带材制作，取代冷轧硅钢片，非晶变压器系列的负载损耗（P_k）与 S9 系列相同，空载损耗（P_o）比 S9 系列降低 75%左右。

二、改善功率因数提高供电能力

采取措施降低供用电设备消耗的无功功率以改善功率因数，从而提高供电能力，减少电能损耗。无功功率消耗量大，会导致电流增大，使供电系统及变压器的容量增力，增大供电线路和变压器的功率损耗。在负荷电流不变的条件下，减少无功电流，则总电流亦随之减少。

变压器增加的供电能力，可用下式求出

$$\Delta S_b=\left[\frac{Q_C}{S}\sin\varphi-1+\sqrt{1-\left(\frac{Q_C}{S}\right)^2(\cos^2\varphi)}\right]S \tag{13-4-1}$$

式中 ΔS_b——变压器增加的供电能力，kVA；

S——变压器视在功率，kVA；

Q_C——电力电容器补偿的容量，kvar。

因此，改善功率因数，对于选择合理经济运行方式的最佳负载系数，提高变压器的运行效率，降低变压器的功率损耗等关系甚大。为了提高变压器配电设备的功率因数而采取的措施，其有功功率损耗并不增大，说明采取的措施是合理的。

已知变配电设备在提高功率因数后的年持续工作时间 T(h)，可用下式计算年电能节约量

$$\Delta W=\Delta P\times T=[K(\pm\Delta Q)\pm\Delta P]T\ (\text{kW}\cdot\text{h}) \tag{13-4-2}$$

式中 ΔW——电能节约量，kW·h；

ΔP——有功功率损耗，kW；

T——时间，h；

ΔQ——无功功率损耗，kvar；

K——无功功率经济当量，kW/kvar。

无功功率经济当量是根据电网或变配所的功率因数而确定。无功功率减少的经济效益，可用无功功率的经济当量来表示，即每减少 1kvar 的无功功率所降低的有功功率损耗值，用 K 来表示。

$$K=\frac{\Delta P_1-\Delta P_2}{\Delta Q} \tag{13-4-3}$$

式中 ΔP_1——补偿前的有功功率损耗，kW；

ΔP_2——补偿后的有功功率损耗，kW。

三、优化变压器运行方式

使变压器总的功率损耗最小，这种功率损耗最小的运行方式，称为变压器的经济运行方式。图 13–4–1 表示变压器中的功率损耗与负荷的关系曲线，横坐标表示变电所的负荷，纵坐标表示变压器的功率损耗。从图上可以看出，当变电所负荷等于 P_A 时（曲线 1 和曲线 2 交点 A），不管接入一台还是两台变压器，变压器中所产生的功率损耗都是一样的。当负荷大于 P_A 时，以接入两台变压器较为经济。当负荷大于 P_B 时，则接入三台变压器比较经济。

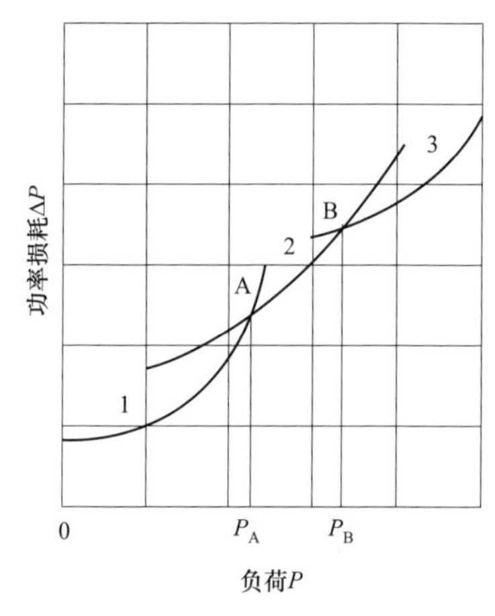

图 13–4–1　变压器中功率损耗与负荷的关系

1—单台变压器；2—两台变压器；3—三台变压器

企业变电所中安装有数台容量相同、特性相同的变压器时，需要根据负荷、有功功率和无功功率损耗特性及无功功率经济当量，计算出最经济的运行台数。设有 n、（$n+1$）或（$n-1$）台变压器运行，则变压器的总损耗分别为

$$\Delta P_n=n(\Delta P_0+K\Delta Q_0)+\frac{1}{n}(\Delta P_d+K\Delta Q_d)\times\left(\frac{S}{S_e}\right)^2 \tag{13-4-4}$$

$$\Delta P_{n+1}=(n+1)(\Delta P_0+K\Delta Q_0)+\frac{1}{n+1}(\Delta P_d+K\Delta Q_d)\times\left(\frac{S}{S_e}\right)^2 \tag{13-4-5}$$

$$\Delta P_{n-1}=(n-1)(\Delta P_0+K\Delta Q_0)+\frac{1}{n-1}(\Delta P_d+K\Delta Q_d)\times\left(\frac{S}{S_e}\right)^2 \tag{13-4-6}$$

式中 S——并列运行变压器的总视在功率，kVA；

S_e——每台变压器的额定容量，kVA；

ΔP_0——变压器空载有功损耗，kW；

ΔQ_0——变压器空载无功损耗，$\Delta Q_0\approx I_0\%\times S_e$，kvar；

ΔP_d——变压器短路有功损耗，kW；

ΔQ_d——变压器短路无功损耗，$\Delta Q_d\approx\Delta u_d\%\times S_e$，kvar；

n——台数；

K——无功功率经济当量，kW/kvar；

$I_0\%$ 和 $\Delta u_d\%$ ——变压器空载电流百分数和短路电压百分数（以上数值可从变压器产品目录中查得）。

从式（13–4–4）、式（13–4–5）、式（13–4–6）可以求得：

（1）当负荷满足 $S_e\sqrt{n(n+1)\dfrac{\Delta P_0+K\Delta Q_0}{\Delta P_d+KQ_d}}>S>S_e\sqrt{n(n-1)\dfrac{\Delta P_0+K\Delta Q_0}{\Delta P_d+KQ_d}}$ 时，用 n 台变压器经济。

（2）当负荷增加，即 $S>S_e\sqrt{n(n+1)\dfrac{\Delta P_0+K\Delta Q_0}{\Delta P_d+KQ_d}}$ 时，应增加一台，用（n+1）台变压器经济。

（3）当负荷降低，即 $S<S_e\sqrt{n(n-1)\dfrac{\Delta P_0+K\Delta Q_0}{\Delta P_d+KQ_d}}$ 时，应减少一台，用（n–1）台变压器经济。

应当指出，对于季节性变化负荷，可以采取上述方法，以减少电能损耗。但对于昼夜变化的负荷，采取上述方法降低变压器电能损耗是不合理的，因为这将使变压器的开关操作次数过多，增加开关的检修量。

四、停用轻载变压器

企业变电所有多台变压器运行时，如果在各台变压器的负荷率均较低的情况下，停用负荷率最低的变压器以及合并负荷是可以节约电能的。但是，依据不同条件，有时当停用变压器后，增大负荷的变压器所增加的损耗比停用的变压器损耗要大，此时需要进行节电效果的经济比较。

【例 13–4–1】车间配电所有两台 S9 型 500kVA 变压器并列运行，每台变压器的负荷率均为 40%，已知变压器的空载损耗为 1kW，变压器的负载损耗为 5kW，试计算用一台变压器的节电效果如何。

解： $P_0=1\text{kW}$

$$P_k=5\times\left(\frac{40}{100}\right)^2=0.8\text{（kW）}$$

则两台变压器的总损耗为

$$\Delta P=2(P_0+P_k)=2\times(1+0.8)=3.6\text{（kW）}$$

若停用一台变压器，则变压器的负荷率为 80%时

$$P_0=1\text{kW}$$

$$P_k = 5 \times \left(\frac{80}{100}\right)^2 = 3.2\text{（kW）}$$

变压器的总损耗为

$$\Delta P = P_0 + P_k = 1 + 3.2 = 4.2\text{（kW）}$$

停用一台变压器后，其总损耗不但没减少反而增加 25%。

【思考与练习】

1. 简述变压器的概念和标准。
2. 降低变压器损耗的技术措施有哪些？
3. 简述各降低变压器损耗的技术措施的原理。

模块 5 企业用电功率因数及其改善（Z32G4005Ⅱ）

【模块描述】本模块介绍功率因数的概念和提高功率因数的措施。通过概念讲解及计算，使节能服务工作人员掌握提高功率因数的方法。

【模块内容】

一、功率因数的基本概念

接入电网的很多用电设备，是根据电磁感应原理而工作的，如交流异步电动机、变压器等都需要从电源吸收一部分电流，用来建立交变磁场，为能量的输送和转换创造必要的条件。这些建立磁场的电流在相位上落后于电压 90° 的电角度，所以在半个周期内吸收电功率，而在另半个周期内释放电功率，并且两者相等，总体上并不消耗能量，这就是通常所称的感性无功功率，也就是交流电路内电源和磁场相互交换的功率。

若在交流电网中投入电容器，并忽略电容器的介质损耗时，电容器的电流将超前于电压 90° 的电角度，所以在半个周期内放电，在另半个周期内充电，同样不消耗能量，称之为容性无功功率。

在电力系统网络中，一般以感性负载为主，所以同时存在有功功率和无功功率。对于感性负载来说，其有功功率 P（kW）、无功功率 Q（kvar）及视在功率 S（kVA）之间存在如下关系

$$S = \sqrt{P^2 + Q^2} \tag{13-5-1}$$

功率因数为

$$\cos\varphi = \frac{P}{S}$$

二、功率因数对供电系统的影响

从式中（13-5-1）得出

$$S=\sqrt{(UI\cos\varphi)^2+(UI\sin\varphi)^2}=UI$$

从图 13–5–1 可以看出，如果 P 保持不变，无功功率 Q 增至 Q'，将使视在功率 S 增至 S'，从而使流进供电系统的电流增加，这将对供电系统产生以下影响：

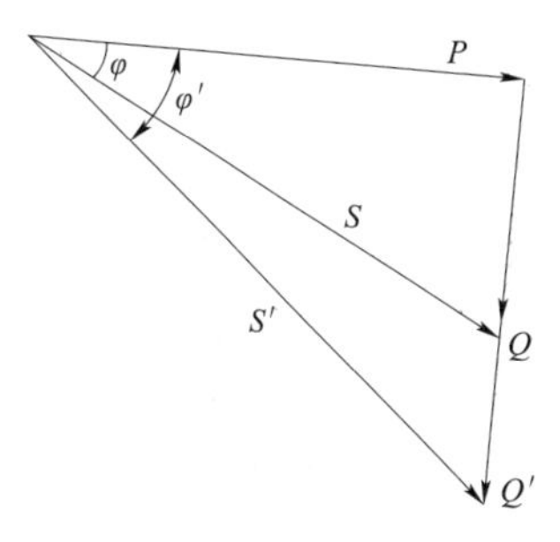

图 13–5–1　有功功率 P 相同而无功功率不同时的视在功率

（1）供电系统电气设备的电流增大。

总电流增加将使供电系统的主设备如变压器、供电线路等容量增大，因而将增大设备的投资费用。

（2）供电线路及变压器的电压损失增大。

电压损失为

$$\Delta U=\frac{PR}{U}+\frac{QX}{U} \tag{13–5–2}$$

式（13–5–2）表明电压损失由两部分组成，一部分 $\frac{PR}{U}$ 是输送有功功率 P 产生的；另一部分 $\frac{QX}{U}$ 是输送无功功率 Q 产生的。供电线路的电抗 X 要比 R 大 2～4 倍，即供电线路的电压损失大部分是由于输送无功功率产生的。变压器的电抗 X 比电阻 R 要大 5～10 倍，可以认为变压器的电压损失几乎全部是输送无功功率产生的。因此，提高企业用电功率因数，减少供电线路和变压器输送的无功功率，可以有效地减少电压损失，改善电压质量。

（3）供电线路及变压器的损耗增大。

有功功率损耗为

$$\Delta P=I^2R=\frac{P^2}{U^2\cos^2\varphi}\times R\times 10^{-3} \tag{13–5–3}$$

式（13–5–3）表明有功功率损耗与电流平方成正比，与功率因数的二次方成反比，如果功率因数降低或电流增大，有功功率损耗则以二次方关系增加。

（4）发电机的出力降低。

对电力系统的发电设备来说，无功电流的增大，对发电机转子的去磁效应增加，电压降低，如过度增加励磁电流，则使转子绕组超过允许温升。为了保证转子绕组正常工作，发电机就不允许达到预定的出力。此外，原动机的效率是按照有功功率衡量的，当发电机发出的视在功率一定时，无功功率的增加会导致原动机效率的相对降低。

提高功率因数的措施主要是如何减少企业供用电设备中各个部分所需的无功功率，使企业供用电系统输送一定的有功功率时降低其中通过的无功电流。

三、提高功率因数的技术措施

提高功率因数的措施主要是如何减少企业供用电设备中各个部分所需的无功功率，使企业供用电系统输送一定的有功功率时降低其中通过的无功电流。

1. 提高自然功率因数

所谓提高自然功率因数是指不增加任何无功补偿设备，采取技术措施减少企业供用电设备无功功率的需要量，使功率因数提高。通过选用低损耗节能变压器、高效节能电机，合理安排和调整工艺流程、改善机电设备的运行状况等，是最经济合理的提高自然功率因数的有效措施。

2. 采用人工补偿装置

补偿装置主要是指电力电容器，对企业供用电设备所需的无功功率进行人工补偿，以提高功率因数的措施。

【思考与练习】

1. 什么是功率因数？
2. 功率因数对供电系统的影响是什么？
3. 提高功率因数的技术措施是什么？

模块 6　无功补偿技术（Z32G4006Ⅱ）

【模块描述】本模块介绍无功补偿的作用和方式。通过概念讲解及计算，使节能服务工作人员掌握无功补偿技术。

【模块内容】

一、无功补偿的作用

由于企业使用的基本都是电感设备（电机、变压器等），这些设备在运行的时候不仅使用有功电流，还要输出无功电流，无功电流与有功电流矢量相加后，大于有功电流，造成线路中的损耗加大，使用无功补偿后，可以抵消上述无功电流，从而减少线路的损耗。为了补偿企业供用电设备所需的无功功率，采用静态或动态无功补偿方式，提高企业的用电功率因数，使企业的供用设备经济合理运行。

二、无功补偿的方式

1. 静态无功补偿

（1）就地补偿。广泛用于低压网络，将电力电容器直接接在用电设备附近，一般和用电设备合用一套开关，与用电设备同时投入运行或断开。

（2）分散补偿。将电力电容器组分别安装在各车间配电盘的母线上。分组补偿的电容器组利用率比就地补偿时高，所需容量也比就地补偿少。

（3）集中补偿。将电力电容器组接在变电所（或配电所）的高压或低压母线上，电容器组的容量需按变配电所的总无功负荷来选择。

以上三种无功补偿方式，因企业的供电电压等级，供电容量及负荷分布等情况的不同，可根据无功的需要进行不同的选择。对于大型企业，可以在就地补偿、分散补偿后，再进行集中补偿，即将补偿后余下来的未补偿的无功功率再集中补偿以取得最佳补偿效果。

2. 动态无功补偿

企业的用电负荷总是在不断地发生变化。随着用电负荷的变化，企业的用电功率因数也有变化。如果无功补偿容量固定不变，可能出现无功补偿容量过补或欠补的现象。因此，动态无功补偿装置，自动调节无功补偿容量，使企业的用电功率因数实时维持在最佳合理的水平上。

动态无功补偿装置，将一定的动态补偿容量分成若干组，每个组由相等容量或不等容量的电力电容器构成，并根据无功电流或无功功率等控制方法，自动投切控制，调节无功补偿容量。

三、补偿容量的计算

企业供配电系统补偿前的功率因数为$\cos\varphi_1$，而补偿后提高到$\cos\varphi_2$时，则所需的电力电容器补偿容量ΔQ_C可按下式计算

$$\begin{aligned} Q_C &= P_p(\tan\varphi_1 - \tan\varphi_2) \\ &= P_p\left(\sqrt{\frac{1}{\cos^2\varphi_1 - 1}} - \sqrt{\frac{1}{\cos^2\varphi_2 - 1}}\right) \end{aligned} \tag{13-6-1}$$

式中　Q_C——所需的补偿容量，kvar；

P_p——平均有功负荷，kW；

$\tan\varphi_1$、$\tan\varphi_2$——补偿前、后平均功率因数角的正切；

$\cos\varphi_1$、$\cos\varphi_2$——补偿前、后平均功率因数。

式（13-6-1）中的$\tan\varphi_1 - \tan\varphi_2 = q_c$，称为补偿率，除按公式计算外，也可由表 13-6-1 直接查取。

表 13-6-1　　补　偿　率　　（kvar/kW）

$\cos\varphi_1$ \ $\cos\varphi_2$	0.80	0.82	0.84	0.85	0.86	0.88	0.90	0.92	0.94	0.96	0.98	1.00
0.40	1.54	1.60	1.65	1.67	1.70	1.75	1.87	1.87	1.93	2.00	2.09	2.29
0.42	1.41	1.47	1.52	1.54	1.57	1.62	1.68	1.74	1.80	1.87	1.96	2.16
0.44	1.29	1.34	1.39	1.41	1.44	1.50	1.55	1.61	1.68	1.75	1.84	2.04

续表

$\cos\varphi_1$ \ $\cos\varphi_2$	0.80	0.82	0.84	0.85	0.86	0.88	0.90	0.92	0.94	0.96	0.98	1.00
0.46	1.18	1.23	1.28	1.31	1.34	1.39	1.44	1.50	1.57	1.64	1.73	1.93
0.48	1.08	1.12	1.18	1.21	1.23	1.29	1.34	1.40	1.46	1.54	1.62	1.83
0.50	0.98	1.04	1.09	1.11	1.14	1.19	1.25	1.31	1.37	1.44	1.52	1.73
0.52	0.89	0.94	1.00	1.02	1.05	1.10	1.16	1.21	1.28	1.35	1.44	1.64
0.54	0.81	0.86	0.91	0.94	0.97	1.02	1.07	1.13	1.20	1.27	1.36	1.56
0.56	0.73	0.78	0.83	0.86	0.89	0.94	0.99	1.05	1.12	1.19	1.28	1.48
0.58	0.66	0.71	0.76	0.79	0.81	0.87	0.92	0.98	1.04	1.12	1.20	1.41
0.60	0.58	0.64	0.69	0.71	0.74	0.79	0.85	0.91	0.97	1.04	1.13	1.33
0.62	0.52	0.57	0.62	0.65	0.67	0.73	0.78	0.84	0.90	0.98	1.06	1.27
0.64	0.45	0.50	0.56	0.58	0.61	0.66	0.72	0.77	0.84	0.91	1.00	1.20
0.66	0.39	0.44	0.49	0.52	0.55	0.60	0.65	0.71	0.78	0.85	0.94	1.14
0.68	0.33	0.38	0.43	0.46	0.48	0.54	0.59	0.65	0.71	0.79	0.88	1.08
0.70	0.27	0.32	0.38	0.40	0.43	0.48	0.54	0.59	0.66	0.73	0.82	1.02
0.72	0.21	0.27	0.32	0.34	0.37	0.42	0.48	0.54	0.60	0.67	0.76	0.96
0.74	0.16	0.21	0.26	0.29	0.31	0.37	0.42	0.48	0.54	0.62	0.71	0.91
0.76	0.10	0.16	0.21	0.23	0.26	0.31	0.37	0.43	0.49	0.56	0.65	0.85
0.78	0.05	0.11	0.16	0.18	0.21	0.26	0.32	0.38	0.44	0.51	0.60	0.80
0.80	—	0.05	0.10	0.13	0.16	0.21	0.27	0.32	0.39	0.46	0.55	0.73
0.82	—	—	0.05	0.08	0.10	0.16	0.21	0.27	0.34	0.41	0.49	0.70
0.84	—	—	—	0.03	0.05	0.11	0.16	0.22	0.28	0.35	0.44	0.65
0.85	—	—	—	—	0.03	0.08	0.14	0.19	0.26	0.33	0.42	0.62
0.86	—	—	—	—	—	0.05	0.11	0.17	0.23	0.30	0.39	0.59
0.88	—	—	—	—	—	—	0.06	0.11	0.18	0.25	0.34	0.54
0.90	—	—	—	—	—	—	—	0.06	0.12	0.19	0.28	0.49

对电动机进行就地补偿时，通常将电力电容器直接连接于电动机侧，随着电动机投入运行或切除。为了防止过补偿引起的自励磁过电压，一般应在电动机空载时，将其功率因数补偿到 1，较为合适。若在满载时将 $\cos\varphi$ 补偿到 1，则空载及轻载时，必处于过补偿状态。如若切断电源后，由于机械惯性使电机继续转动，则电力电容器放电给电机以励磁，旋转的电机成了感应发电机，致使电机的定子绕组端电压显著升高，处于过电压状态，这对定子绕组和电力电容器的绝缘都不利，因此对电动机进行就地

无功补偿时，所需的补偿容量Q_C，可按下式计算

$$Q_C \leqslant \sqrt{3}U_N I_0 \times 10^{-3} \tag{13-6-2}$$

式中　Q_C——电动机所需补偿容量，kvar；

U_N——电动机额定电压，V；

I_0——电动机空载电流，A。

【例 13-6-1】某厂有一台额定电压$U_N=380$V，Y 系列 4 级 75kW 电动机，其空载电流$I_0=42.28$A，计算所需补偿容量是多少。

解：由式（13-6-2）可以计算出所需补偿容量为

$$Q_C \leqslant \sqrt{3}U_N I_0 \times 10^{-3} = \frac{\sqrt{3}\times 380 \times 42.28}{1000} = 27.8\text{（kvar）}$$

选取补偿容量为 28kvar。

【例 13-6-2】某厂变压器容量为 1000kVA，实际平均有功负荷$P=600$kW，补偿前功率因数$\cos\varphi_1=0.65$，要求补偿后功率因数$\cos\varphi_2=0.95$，计算所需的无功补偿容量是多少。

解：由式（13-6-2）可以计算出所需补偿容量为

$$\begin{aligned}Q_C &= P_p\left(\sqrt{\frac{1}{\cos^2\varphi_1 - 1}} - \sqrt{\frac{1}{\cos^2\varphi_2 - 1}}\right)\\ &= 600\left(\sqrt{\frac{1}{(0.65)^2 - 1}} - \sqrt{\frac{1}{(0.95)^2 - 1}}\right)\\ &= 600 \times 0.84\\ &= 504\text{（kvar）}\end{aligned}$$

选取补偿容量为 500kvar。

四、无功补偿的典型案例

某油田的 5 座低压配电室应用动态无功补偿装置。根据各低压配电室用电负荷的不同，安装不同容量的补偿装置。该补偿装置根据低压配电室的用电负荷情况，进行无功动态补偿，即当功率因数低于 0.9 时（设定值），补偿电容器则一组一组地投入进行补偿，当功率因数高于 0.93 时（设定值），补偿电容器将一组一组退出，直到满足补偿要求。

5 座低压配电室平均功率因数由补偿前的 0.55，补偿后提高到 0.92，有功节电率为 3.51%，无功节电率为 69.86%，综合节电率为 12.75%，节电效果显著。动态无功补偿前后对比数据见表 13-6-2。

表 13–6–2 低压配电室安装动态无功补偿装置前后对比数据

低压配电室名称	补偿容量/kvar	补前月耗有功/（kW·h）	补后月耗有功/（kW·h）	补前月耗无功/（kvar·h）	补后月耗无功/（kvar·h）	补前功率因数	补后功率因数	有功节电率（%）	无功节电率（%）	综合节电率（%）
KD6 输油站	120	42 364.8	41 606.4	79 561.7	20 150.9	0.47	0.90	1.79	74.67	15.81
KD52 输油站	300	154 840.8	153 624.2	334 575.6	60 716.2	0.42	0.93	0.79	81 85	18.47
51 号接转站	150	36 162	35 034.4	62 634.4	13 846.5	0.50	0.93	3.12	77.89	16.61
1 号联脱水泵	200	262 800	250 400	254 520	100 592.7	0.60	0.93	4.72	60 48	10.58
2 号联油外输	300	254 700	243 810	261 360	103 862.6	0.76	0.92	4.28	60.26	10.46
合计（平均）	1070	750 867.6	724 475	992 651.7	299 168.93	0.55	0.92	3.51	69.86	12.75

【思考与练习】

1. 无功补偿的作用是什么？
2. 无功补偿的方式有哪些？
3. 无功补偿应如何计算？

模块 7 企业供电系统谐波污染与治理（Z32G4007 Ⅱ）

【模块描述】本模块介绍谐波源、谐波设备及分析。通过概念讲解及计算，使节能服务工作人员掌握谐波产生原因及抑制方法。

【模块内容】

在供电系统中除了 50Hz 的正弦波（基波）外，还出现其他频率较高的正弦波（高次谐波）时，这些高次谐波叠加在基波上，使基波发生波形畸变。

谐波频率是电源基波频率的整数倍，即基波为 50Hz，3 次谐波为 150Hz，5 次谐波为 250Hz，图 13–7–1 给出了含有 3 次和 5 次谐波的基波正弦波形。

图 13–7–2 显示了叠加了 70% 3 次谐波和 50% 5 次谐波的基波波形。在实际中大部分畸变电流的波形比如图 13–7–2 所示的更为复杂。含有多次谐波，具有更复杂的相位关系。

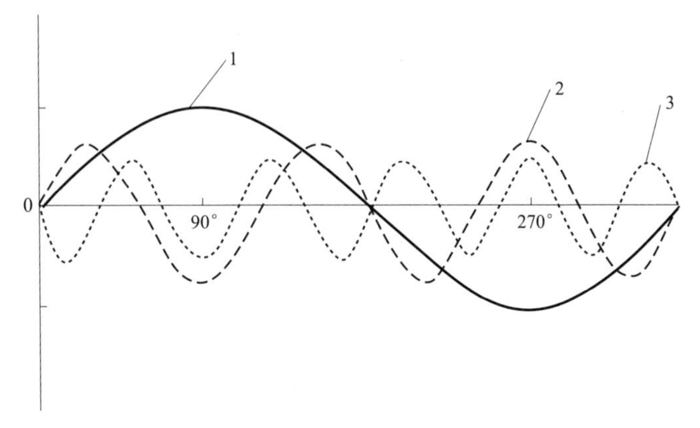

图 13–7–1 含有 3 次谐波和 5 次谐波的基波

1—基波；2—3 次谐波；3—5 次谐波

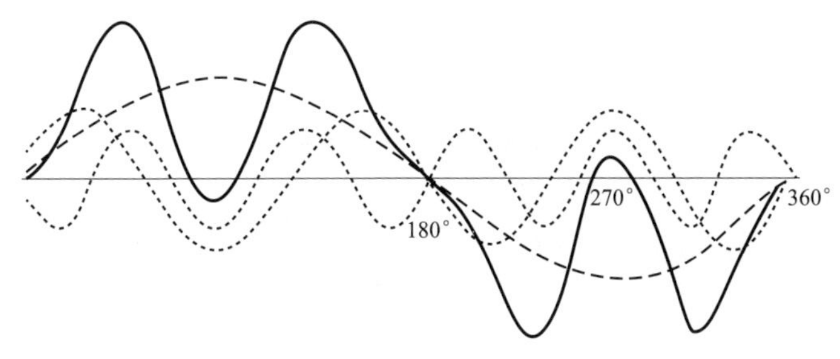

图 13–7–2 畸变电流波形

一、谐波源

供电电源电压为正弦波时，由于这些用电设备具有非线性，流经它们的电流都是非正弦波，基波分量由供电电源供给，但高次谐波分量（电流）却由非线性的用电设备注入供电系统，在系统阻抗上产生谐波电压降，容易引起供电系统的电压正弦波形畸变和电流正弦波形畸变。因此，所有电压与电流的关系为非线性的用电设备都是谐波源。

二、谐波源的主要设备

1. 电力变压器

变压器铁心饱和电流、变压器的励磁电流都是非正弦波，含有高次谐波，这也是供电系统的谐波源。

谐波电流的大小与变压器的铁心材料、磁通密度、结构和使用条件等因素有关，取决于铁心的饱和程度。外施电压越高，铁心饱和程度越高，变压器励磁电流的波形畸变就越严重。变压器在通常磁通密度下运行时，励磁电流的谐波含量见表 13–7–1。

表 13–7–1　　变压器励磁电流谐波含量　　(%)

铁心材料	谐波电流次数					
	1	3	5	7	9	11
热轧硅钢片	100	15～55	3～25	2～10	0.5～2	1 以下
冷轧硅钢片	100	14～50	10～25	5～10	3～6	1～3

2. 电弧炉

电弧炉是利用电弧的热量熔化金属原料，在熔化期内，由于熔化的炉料倒塌，使电极发生短路，引起电流冲击，由于电极分别控制，三相电弧炉的各相电阻也不可能同步变化，甚至差异很大，造成三相电流不对称。电弧电阻又是非线性的，并且随着电弧电压瞬时值的变化而变化。因此，电弧炉是一种冲击性、不对称时变和非线性负荷，是供电系统中另一种主要的谐波源。电弧炉在熔化初期、熔化期和精炼期电流中各次谐波的含量见表 13–7–2。

表 13–7–2　　电弧炉电流谐波含量　　(%)

冶炼阶段	谐波电流次数						
	1	2	3	4	5	6	7
熔化初期	100	17	33	4	13	6	9
熔化期	100	3.2	4.0	1.1	3.2	0.6	1.3
精炼期	100	0.05	0.15	0.04	0.56	0.03	0.24

3. 气体放电光源

由于气体放电光源的非线性，产生了大量的谐波，也成为供电系统中不可忽视的谐波源。气体放电灯具有负阻特性，工作时需串联一个电感作镇流器，才能使其工作稳定，灯管电压和电流波形为一近似方波。气体放电灯含有 3、5、7 等高次谐波。当其三相星形联结时，零线电流为 3 的倍数谐波电流之和。各种气体放电灯电流谐波含量见表 13–7–3。

表 13–7–3　　气体放电灯电流谐波含量　　(%)

气体放电灯种类	谐波电流次数			
	1	3	5	7
荧光灯	100	14.1	2.9	1.8
高压汞灯	100	12.3	1.3	1.3
高压钠灯	100	13.8	2.3	2.3

除上述谐波源外，感应加热设备、旋转电机、电机车、电焊机、家用电器（如电视机）以及使用电力、电子装置的用电设备，也都会产生谐波。

三、谐波分析和谐波标准

1. 谐波分析

为了了解和掌握谐波源产生的谐波大小及供电系统电压正弦波形和电流正弦波形畸变的情况，必须经常监视和测量谐波电压和谐波电流。

采用电脑谐波分析仪，实时采集电压或电流波形，采用快速傅氏变换（FFT）算法，求出电压或电流的各次谐波含量，显示和打印谐波幅值、谐波相对于基波的百分数、畸变率等参数。

电压正弦波形和电流正弦波形受谐波影响的畸变程度可用畸变率表示。

2. 谐波标准

为了保证电网和用电设备安全经济运行，净化电源，提供质量合格的电能，各国都制定了谐波标准，以限制非线性用电设备注入谐波电流或使用电网电压正弦波形产生畸变。

我国国家标准：

GB/T 14549—1993《电能质量　公用电网谐波》

GB 17625.1—2012《电磁兼容　限值　谐波电流发射限值（设备每相输入电流≤16A）》

GB/Z 17625.6—2003《电磁兼容　限值　对额定电流大于16A的设备在低压供电系统中产生的谐波电流的限制》

四、谐波的抑制

谐波的影响是多方面的，必须针对具体情况采取相应的措施。根本的解决途径是抑制谐波电流，使用户注入电网的谐波电流或是用电网电压正弦波形畸变率减少到允许的范围。

（1）变压器采用Yd或Dy联结组可以抑制所有3的倍数高次谐波。

（2）增加整流机组的等效相数，可以降低5次、7次谐波电流。

（3）增加系统承受谐波能力，提高系统短路容量，提高谐波源负荷的供电电压等级。

（4）装设谐波滤波器、无源滤波装置或有源滤波装置。

1）无源滤波装置由电力电容器、电抗器和电阻等无源元件通过适当组合而成，即所谓RLC滤波器。应用最广泛的是单频调谐滤波器和高通滤波器。

2）有源滤波装置（APF）利用可控的功率半导体器件向电网注入与谐波源电流幅值相等、相位相反的电流，使电源的总谐波电流为零，达到实时补偿谐波电流的目的。

【思考与练习】

1. 什么是谐波源？
2. 谐波源的主要设备是什么？
3. 如何抑制谐波？

第十四章

电加热设备诊断及方案拟订

模块1　远红外电加热技术（Z32G5001Ⅱ）

【模块描述】本模块介绍远红外电加热技术的原理、适用范围。通过概念讲解，使节能服务工作人员掌握远红外电加热技术。

【模块内容】

一、工作原理及其优点

1. 远红外电加热技术原理

任何物质都是由原子组成的，而这些原子靠化学键连接成分子，键力使得原子之间的联系很像一个弹簧，原子之间的弹性力表现在原子与原子之间是不断振动的，振动得快，即振动频率高，就会与近红外辐射发生共振作用；而振动频率低，就会与远红外辐射发生共振作用。与红外辐射频率相当的是分子的振动与转动，当被加热物质遇到红外加热时，会加速极性质点的相对运动，大大加大原振动的振幅，分子运动动能的增加表现为热能的增加，达到物质被加热的目的。

2. 远红外电加热技术优点

（1）可缩短热处理时间（如油漆涂层充分固化、待干燥材料充分脱水等）。

（2）定向性好。

（3）能减少加热部件表面单位面积能量或燃料消耗量。

（4）能按规定程序控制加热过程，达到最佳工艺效果。

（5）红外辐射装置可作为主动部件列入自动线，实现加热工艺自动化，提高工效。

二、适用范围

远红外加热技术按温度等级可以划分为低温加热、中温加热、高温加热三个等级。

目前，国内的红外辐射加热器产品，大体可分三大类，包括：金属管状远红外辐射加热器（此类产品量大，应用面广）；石英管加热器（优点是价格便宜，缺点是红外辐射转换效率低、寿命短）；半导体陶瓷类加热器（主要应用于人体治疗仪）。

1. 农业方面的应用

（1）畜牧业，远红外辐照能清除含有疾病媒介脏物，降低球虫病等发病率；能加强家禽新陈代谢，促进生长；其消毒杀菌作用有利于家禽体表炎症的愈合。

（2）叶绿素，它在光合作用中主要吸收红外光谱的光线，利于作物生长；红外辐射还能大大刺激块茎生长以及薄层土壤覆盖的蔬菜种子发育，减少温室育种周期等。

2. 化工和制药的应用

干燥、杀菌。如应用于各种化学试剂的干燥、杀菌。其与传统干燥方式相比，具有时间短、效率高、干燥时温场均匀、定型好、产品质量高、投资小等优点。

3. 在机械加工、金属冶炼等方面的应用

（1）机械加工。如在铝合金加工中铸锭加热，具有加热速度快、均匀和节能等优点。

（2）有色金属熔炼。远红外加热炉与油炉、焦炭炉、地炭炉、电阻炉比，具有价格低、占地小、操作简单、劳动条件好、无污染、高效节能、金属损耗少等优点。

4. 在食品加工方面的应用

（1）食品加工。用于水稻、菜籽、小麦、大豆等原材料深加工过程的干燥、杀菌。

（2）食物烹饪。如远红外烘烤箱、烘炉，涂上红外涂料前后对比，可节电 16%～33%。

5. 在医疗、纺织等其他方面的应用

（1）医疗方面：如被吸收的红外辐射可以使皮肤吸附层内的血液流动加快，血液与组织之间的交换加强，加快毒素排除，形成对肌体起到保护作用的色素，借助神经和血液系统促进各种腺体的功能等发生作用。

（2）纺织方面：如连续轧染中的红外预烘及拉幅定形工艺等。

此外，还可用于北方地区火力发电厂卸煤暖库煤车解冻，缩短 2/3 时间，取消原蒸汽解冻方法，减少运行费用。

三、发展趋势

通过更加深入广泛的研究来提高远红外加热技术节能效率和可靠性。如要做大量的被加热物体吸收远红外特性的基础研究工作；要研究采用远红外加热技术与多种加热技术（真空干燥技术、热风循环技术等）的组合，达到加热的最佳效果；要提高远红外加热元件的使用寿命，提高产品的质量等。

【思考与练习】

1. 远红外电加热技术的工作原理及其优点是什么？
2. 远红外电加热技术有哪些适用范围？
3. 远红外电加热技术的发展趋势如何？

模块 2　微波加热技术（Z32G5002Ⅱ）

【模块描述】本模块介绍微波加热技术的工作原理、适用范围和局限性。通过概念讲解，使节能服务工作人员掌握微波加热技术。

【模块内容】

一、微波加热技术的工作原理及其优点

1. 原理

通常情况下，一些介质材料由极性分子和非极性分子组成。在微波电磁场作用下，极性分子从原来的热运动状态转向依照电磁场的方向交变排列取向，产生类似摩擦热，使交变电磁场能转化为介质内热能，宏观上使介质温度升高。

2. 优点

微波加热是使被加热物体内外同时加热，因此具有加热速度快、均匀加热、节能高效、易于控制、低温杀菌无污染、可选择性加热、安全无害等优点。

二、适用范围

1. 在干燥和杀菌方面的应用

（1）干燥应用实例。如对高含水量物料魔芋采用微波加热技术进行蒸熟、脱水干燥流水作业，可获得高质量的精加工魔芋粉在国际市场畅销，提高经济效益。

（2）杀菌应用实例。微波杀菌是微波的热效应和生物效应共同作用使蛋白质变性，从而使细菌失去营养、繁殖和生存的条件而死亡，如“壮骨粉”干燥、杀菌，颗粒状药丸干燥、杀菌。

2. 在食品加工方面的应用

（1）微波萃取可提取天然植物有效成分，如大蒜辣素等。再如从槐花、茴香、甘牛至、牛膝苹、丁香、薄荷及缬草等中提取有效成分，其质量和风味优于水蒸气蒸馏的同类产品。

（2）微波加热用于膨化干燥淀粉类食品。如方便面，与传统方法相比，具有保持原有的色、香、味不变，营养成分及维生素的损失少，食用卫生安全，保质期长等优点。

（3）微波加热用于食品烹调，有利于保持食品中的营养成分和风味；用于白酒老熟，经 1～2min 的处理，即可达到自然存放 3～6 个月的效果。

（4）微波加热技术还可用于肉品解冻，速度快，节省能耗，能保持物料的色、味、营养成分，特别是蛋白质、氨基酸、维生素等不受破坏。

3. 在矿业、金属冶炼方面的应用

在矿业领域，利用矿中的不同成分吸收微波热差异这一特点，在碎矿、磨矿、浮选、磁选、还原、浸出等方面得到广泛应用，如难以处理的金矿经微波处理后，金浸出率大于90%等。

在金属冶炼方面，美国研制成功微波、电弧和放热加热直接炼钢法，与传统的方法相比可节能25%左右。

4. 在陶瓷加工、化工、环保、医疗等其他方面的应用

（1）陶瓷方面：陶瓷加工可用于氧化物陶瓷、非氧化物陶瓷、透明度极高陶瓷的烧结，陶瓷工艺控制、陶瓷原料的粉碎、陶瓷生坯的干燥、陶瓷之间的连接等，均有奇效。

（2）化工方面：微波加热技术在有机物合成、高分子化学、生物化学、药物化学以及无机材料的制备等领域得到广泛应用。

（3）环保方面：如工业污泥浆的处理。工业污泥（油和含有大量固体残渣的水所形成的乳状液）的破乳和分离，用微波加热可缩短时间至原来的1/30，回收舍用物质，减少资源浪费。

（4）医疗方面：用微波局部加热治疗脑恶性胶质瘤。

5. 在橡胶硫化及再生橡胶脱破方面的应用

（1）橡胶硫化。如采用微波加热，可缩短预热时间，快速越过极易发生粘连的诱导阶段而进入预硫阶段，还可去掉旧工艺中滑石粉的使用，改善劳动条件，减少了设备占地面积。

（2）再生橡胶脱硫。采用微波加热的整个生产过程无污染、能耗低、脱硫时间短，再生橡胶制品品质好，能掺入到原生胶中制作高质量的轮胎，能节约大量原料。

6. 吸附剂（如活性炭）的再生

如微波加热CO_2活化再生乙酸乙烯合成用触媒载体活性炭工艺，与传统热脱附法比较，具有明显的节能优势，且速度快，品质好，可以节省大量木材，减少资源的消耗。

三、局限性以及微波防护

1. 材料结构的限制

因材料分子结构不同，微波吸收程度不同，因此微波加热技术应用受到材料结构的限制。

2. “致热效应”与“非致热效应”

由于微波“致热效应”会使微波辐射对人体组织如皮肤、肌肉、内脏等构成威胁，

其“非致热效应”也会使肌体功能发生改变，如诱发心血管和神经系统功能紊乱。目前我国已制定严格的《微波辐射暂行卫生标准》。

3. 微波防护

抑制微波辐射，可利用微波辐射能被金属反射的特性及微波吸收材料来衰减微波辐射，如梳状扼流片、四分之一波导槽反射，石墨、液态的水吸收等。为了安全，在工作场地和设备上应安装安全和预警装置，在辐射强度大的地方，工作人员应穿微波防护服。

四、发展趋势

微波加热具有加热的时效性、整体性、选择性、高效性和安全性等特点。欲充分发挥其优越性，还须做进一步研究，例如：定量化研究微波与物料间相互作用的关系；实现微波加热的在线检测与控制；建立微波场中物料传热、传质机制，热、质迁移模型，以及测量方法，实现干燥过程更精确的模拟；研究微波加热与其他技术有机结合，如微波加热与真空干燥的组合、与冷冻干燥的组合等，实现优化加热过程；开发新的用途，特别在环保方面，如含油污泥微波脱油技术、原油污泥微波脱油技术、烟气脱硫脱硝技术等。

【思考与练习】

1. 微波加热技术工作原理及其优点是什么？
2. 微波加热技术的适用范围是什么？
3. 微波加热技术有哪些局限性？

模块3　高中频加热技术（Z32G5003Ⅱ）

【模块描述】本模块介绍高中频加热技术的原理、适用范围。通过概念讲解，使节能服务工作人员掌握高中频加热技术。

【模块内容】

一、高中频加热技术的工作原理及其优点

1. 原理

根据法拉第电磁感应定律和电流热效应的焦耳–楞茨定律，主要是靠感应线圈把电能传递给要加热的金属，使电能在金属内部转变为热能。感应线圈与被加热金属不直接接触，能量是通过电磁感应传递的。感应电动势和发热功率与频率高低和磁场强弱、感应线圈中流过电流大小有关。涡流的大小还与金属截面大小、截面形状、电导率、磁导率以及透入深度有关。

2. 优点

加热温度高；非接触式加热；加热效率高，可以节能；加热速度快，被加热物的表面氧化少；温度容易控制，产品质量稳定；可以局部加热，保证产品质量；容易实现自动控制，省力；作业环境好，没有噪声和灰尘；作业占地面积少，生产效率高；能加热形状复杂的工件；工件容易加热均匀，产品质量好等。

二、适用范围

1. 在金属冶炼方面的应用

在金属冶炼方面有冷坩埚真空感应熔炼技术、电磁悬浮技术、磁悬浮熔体处理技术和电磁铸造技术，主要用于冶炼优质钢和合金（硬质合金、粉末冶金、难溶金属钨、钼等），如真空感应炉或多气氛感应炉。随着技术的发展，高频感应炉也克服了电源线路复杂、安全性差等问题，在工业熔炼等领域得到越来越广泛的应用，使感应加热技术效率得到进一步提升。

2. 在机械等方面的应用

（1）中频感应加热。

1）用于金属热处理，如弹簧等淬火。

2）用于大口径高强度钢管制备等。

（2）高频感应加热。

用于铜质洁具、铜管、切割机割嘴银铜钎焊以及应用于航空航天领域特种合金材料的钎焊；金刚石圆盘锯、带锯、磨轮、滚转的焊接，金刚石笔、金刚石薄笔钻及其他金刚石制品的焊接；机械加工、钻探、木工机具等行业的硬质合金车刀、铣刀、钻头、刨刀及锯片的焊接；硬质合金的熔覆；金属材料的淬火、退火、调质；金属材料的热变形、热冲压；电线电缆预热、铝塑复合管加热、高频封口、真空管烤箱等，效果甚佳。

3. 在食品加工等方面的应用

在家庭生活中，感应加热产品也层出不穷，如电磁感应加热电饭锅、电磁炉等。

三、发展趋势

感应加热技术的发展趋势主要有：感应加热电源的大容量化和高频化；感应加热电源正向智能化控制方向发展；高功率因数、低谐波污染电源是今后发展的一个重要方向；电源和负载的匹配；提高制造工艺，感应线圈采用新型（BSCCO/Ag 高温超导）材料，提高整体感应加热技术的效率；采取有效措施，进一步降低感应加热设备，特别是高频感应加热设备电磁辐射量，加强电磁辐射的防护。

【思考与练习】

1. 高中频加热技术的原理和优点是什么？

2. 高中频加热技术在机械等方面的应用有哪些？
3. 高中频加热技术的发展趋势如何？

模块 4　高效电加热技术应用（Z32G5004Ⅱ）

【模块描述】本模块介绍高效节能电加热的应用行业和效益比较。通过具体情况分析，使节能服务工作人员掌握高效电加热技术的应用。

【模块内容】

一、应用情况

高效电加热技术在应用过程中，应根据不同用途，采用不同的加热方法。表 14–4–1 是按行业划分的三种主要高效节能加热方式的应用情况。

表 14–4–1　三种主要高效节能加热方式的应用情况

应用领域	远红外加热	微波加热	感应加热
冶金工业	在低熔点有色金属的冶炼方面应用相对较多，如铝、铜等的冶炼。 特点是节能、环保。但由于温度限制，在高熔点合金冶炼方面应用受到局限	由于金属对微波具有反射作用，因此不能直接用于金属熔炼。 在金属冶炼行业只能作为辅助手段，对矿石进行预处理，提高贵重金属析出率	适合各种合金的熔炼等，适用于高熔点金属冶炼以及硬质合金的烧结。 由于感应加热线圈感应发热等，会造成能置损失，降低了利用效率
机械制造业	适合于油漆层的固化与干燥；金属等材料的热处理，特别是回火退应力方面应用较多；铸模与型芯的干燥；金属锭锻压前的加热；低熔点金属和玻璃等焊接与钎焊等。适合相对较低温度的机械加工工艺	适用于模具的干燥等	可以用于金属材料的热处理，特别是淬火，提高工件硬度和表面质量方面应用较多；金属加工前的快速加热，如金属管的弯管、扩径等方面，可减少加热时间，减少金属表面银化，提高产品质量。适合较高温度级别的机械加工工艺
化学和橡胶工业	试剂干燥；塑料等聚合材料的加热；合成橡胶、塑料等的热处理；橡胶的硫化；工业织物和填料的干燥	碳表面活性改性；有机化合物合成；有机物分离；橡胶的硫化和再生橡胶的脱硫；玻璃纤维加热强化；注塑树脂的预热等	应用较少
陶瓷与建材行业	瓦片、瓷砖干燥；薄陶瓷生产；陶土料、混凝土零件、空心制件以及石青混凝土板、木材的干燥等	高纯度陶瓷的制备；陶瓷原料的粉碎；陶瓷的焊接；陶瓷生坯的干燥；特殊隔热材料的干燥等	应用较少
纺织工业	人造丝和棉纱轻线的干燥；织物整饰聚合；尼龙和贝纶布的强化等	织物的加热染色；织物的干燥等	应用较少

续表

应用领域	远红外加热	微波加热	感应加热
制革与制鞋	染色和本色皮革、皮毛、鞋零件的干燥；胶膜的活化；聚乙烯鞋底的熔接；合成材料合成前的增塑；鞋面的上光等	毛皮、皮革干燥等	应用较少
造纸行业	纸张、纸板、油纸在造纸机上的干燥等	纸板干燥	
印刷	印刷颜料、排版纸塑、轮转机取下的校样、油漆层、照相制版等	印刷颜料、排版纸型、轮转机取下的校样、油漆层、照相制版等应用较少	应用较少
医学和制药	试剂和制剂的干燥	中草药及其制品干燥；制药行业干燥与合成加热等	应用较少
食品工业	谷物、蔬菜、水果、砂糖、烟草、糕点、烟叶等制品的干燥；面包、饼干、蛋糕的烘制；肉类、灌肠类制品、鱼类的烤，煮，熏制；面粉和谷物的杀虫，罐装水果的果皮清洁；啤酒、牛奶、果汁的灭菌；冷冻食品解冻等	米、面等粮食、糕点、带馅食物如月饼等食物的烘烤与杀菌；海蜇、低盐榨菜方便面汤料以及火锅汤料杀菌与保鲜；豆制品、牛奶等杀菌；荔枝保鲜等；烟叶等制品的干燥；食物烹饪；食物的存储加工；食品解冻等	烹饪，食品加工等

二、效益比较

从定量方面来看，远红外加热技术和微波加热技术高效节能基本相当，而中高频感应加热技术在高效节能方面要低一些，主要是感应线圈自身热损失等。

但每种电加热技术又各有特点，各有局限性，应用范围也有所不同。因此判断采用什么电加热方法最经济要进行综合分析，有时还要采用其他技术进行综合应用。如冷冻干燥、沸腾干燥、热风干燥若能与远红外加热技术或微波加热技术结合，定会取得更好的效果。

【思考与练习】

1. 冶金三种主要高效节能加热方式的应用情况是什么？
2. 机械制造业工业三种主要高效节能加热方式的应用情况是什么？
3. 分析三种主要高效节能加热方式的效益比较。

第十五章

余热利用项目诊断及方案拟订

模块1　余热回收注意问题及典型案例（Z32G6001Ⅲ）

【模块描述】本模块介绍余热回收利用应注意的问题及案例。通过概念描述和分析，使节能服务工作人员掌握余热回收利用的注意事项。

【模块内容】

一、余热回收应注意的问题

在余热回收利用中，需特别考虑下述几个方面：

（1）为了利用余热，不仅需要支出一笔投资添加相应的回收装置，而且还要加大占地面积，增加运行管理环节。因此，在能源管理中，企业的注意力首先要放在提高现有设备的效率上，尽量减少能量损失。

（2）余热资源很多，不是全部都可以回收利用的，余热回收本身也还有个损失问题。一般来说，可连续利用的高温烟道气，有燃烧价值的可燃气体等可优先考虑回收的可能性。

（3）余热的用途从工艺角度来看基本上有两类：一类是用于工艺设备本身，另一类是用于其他设备。通常把余热用于生产工艺本身比较合适。这一方面是回收措施往往比较简单，投资较少；另一方面在余热供需之间便于协调和平衡，容易稳定运行。若把余热回收后利用到其他设备上，而它又是不易或不能储存的，余热的回收与利用一定要很好地配合，否则相互牵扯难以发挥效果。

二、余热利用案例

在炼焦炉中烧成的焦炭温度达到规定温度之后，过去用湿法熄焦，把大量的冷水喷洒在赤焦上面，水汽化后把热量逸向大气，以降低焦炭的温度。虽然赤焦显热被当做有效热量，但却没有进一步有效利用，白白浪费了能量。为了回收赤焦的这部分能量，在密闭的装置内，用循环氮气或惰性气体熄灭赤焦，利用被加热后的高温气体通过余热锅炉产汽发电。一般每吨焦炭可生产压力为3.9MPa（$40kg/cm^2$）、400℃的蒸汽450kg，同时还节约了大量的冷却水，提高了焦炭的质量。

干法熄焦，不仅能使炼焦炉的有效热量得到重复利用，节约了燃料，而且提高了焦的质量，更符合冶金用焦的需要，能使高炉焦比下降 2%～2.5%。目前，我国还在继续探讨改进干法熄焦工艺的新途径，致力于提高干法熄焦装置运行的稳定性和均一性，提高熄焦室内熄焦的均匀性，从而进一步提高焦炭质量和热能利用率。

【思考与练习】

1. 余热回收应注意的问题有哪些？
2. 余热的用途从工艺角度来看有哪几类？
3. 干法熄焦的优点有哪些？

模块 2　余热利用与蒸汽回收（Z32G6002Ⅲ）

【模块描述】本模块介绍蒸汽回收原理和典型案例。通过概念描述和分析，使节能服务工作人员掌握蒸汽回收技术。

【模块内容】

蒸汽是由锅炉生产的，由水到蒸汽的过程可以近似地看成一个连续的定压加热过程。在一个标准大气压下，水被加热到 100℃时汽化，继续加热，水温不再变化，此时加入的热量全部转化到蒸汽当中。压力越高，饱和蒸汽温度也越高；过热度越大，过热蒸汽的温度也越高。压力和温度是表征蒸汽特性的主要参数，参数越高，蒸汽的品位越高，做功能力越大。蒸汽有循环使用的特性。品位较高的蒸汽，尽量多次利用，以发挥蒸汽的效能，为了有效地利用蒸汽，要根据不同的需要选择合适的蒸汽参数，用过的蒸汽不要轻易排掉，应想方设法继续使用，最好直到无法利用为止，尽量做到一汽多用。

一、蒸汽回收设备选择

余热的利用方式有两种：一种是热利用，即把余热当作热源来使用；另一种是动力利用，即把余热通过动力机械转换为机械能输出对外做功。余热与能量具有相同特性，可以相互转换，取得机械能、电能、热能、光能等，以满足各种不同的用途。

在动力利用方面，主要是通过蒸汽、燃气、水力透平等设备带动水泵、风机、压缩机等直接对外做功，或带动发电机转换为电力。

在热利用方面，可通过燃烧器、换热器、加热器等设备去预热燃料、空气、物料，干燥物品，加热给水，生产蒸汽，供应热水等。

二、蒸汽回收典型案例

提高用汽设备排汽利用率的最佳方法，就是把排汽送入各种余热利用系统，排汽利用系统有很多种，采用什么系统主要取决于蒸汽参数，排汽量及其污染程度、汽源与用汽部门的相对位置以及载热体种类等许多具体条件，有时可以组合使用几种系统。

现以蒸汽锻锤排汽的回收利用为例加以分析。

锻锤排汽是一种典型的余热蒸汽，在机械、造船、汽车等工业中都有汽锤，汽锤的热能利用率不到 10%，而 90%的热能都随排汽放掉了，不仅造成极大浪费，而且污染环境。

锻锤排汽的利用目前主要用于采暖及加热生产、生活用水，在冬季可回收全部排汽，主要用于采暖，在夏季用于供生活热水。

随着生产的发展，锻锤最大用汽量已达 45～55t/h，相应排汽量增至 36t/h，电站原有废汽回收装置能力并未相应增大，锻锤因背压过高无法正常工作，被迫大量放空，不仅浪费能量，而且噪声极大，影响生产和工人健康。为此对原有废汽加热器系统进行改造，将管束由钢管换为铜管，以提高传热能力，增大了通水量，两台备用加热器也全部投入运行，这样虽然扩大了废汽回收量，但仍无法全部回收，主要由于回收装置已达设计的最大负荷，如增设新的加热器又受现场位置、水源供水量等限制而无法实现，所以必须考虑采取其他措施，决定在厂区新建一座废汽热交换站，内设加热面积为 30m^2 的表面式热交换器 3 台，平均每小时将 260t 采暖水提高温度 30℃，相当于每小时回收废汽 14t，使冬季排汽不再放空，每年可节约标准煤 4000t。

为了在夏季回收废汽，研究制订了利用废汽加热工厂生活热水的方案。厂区有职工浴池及食堂数十处，每天消耗热水近千吨，用热电站抽汽 1MPa 的蒸汽经节流减压并通过表面式或混合式加热器以取得 50℃左右的热水，利用效率低，很不经济，而且凝结水回收率也很低。因此考虑利用废汽加热生活用热水，并集中供应各用户，这样既可减少新蒸汽用量，又可回收废汽，减少凝结水损失。但实施中也存在如下困难：

（1）生活用水高峰时段正好与锻锤用汽高峰负荷不一致，时间上不能统一。

（2）厂区面积大，用户分散，集中供水需铺设管道长 3km，管材 30t。

（3）建一集中加热站投资很大。

最后通过下列措施加以解决：

（1）利用现有废汽热交换站既做冬季采暖热水加热之用，又做非采暖季节生活热水加热之用，一站两用增加投资不多。

（2）新建圆形水罐两座。每座直径 9.8m，高 8.6m，罐内装有直管式加热器，大罐兼有蓄热储水双重功能。

（3）新增一台上水泵，水量 90t/h，扬程 54m，该泵既可向大罐补水，又可当作向用户供水的供水泵。

（4）经了解该城市自来水含盐量较高，对管路腐蚀作用不大，因而可利用供暖管网输送生活热水，仅在各用户进口处适当改装即可，从而节省了新管铺设费用。

（5）为了在节假日亦能供应热水，增加了 0.6MPa 汽压的新汽管线。

经过上述改造，比原设计增加 116%，夏季回收能力总计达 28t/h，比原设计增长 75%，全厂冬夏平均回收废汽量为 34%左右，每年节约标准煤 12 500t。改造投资费用在 7 个月内即可回收，由此可见工矿企业废汽回收潜力很大。

【思考与练习】

1. 蒸汽的产生可分为哪几个阶段？
2. 简述蒸汽的产生过程。
3. 余热的利用方式有哪几种？

模块 3 钢铁企业余能和副产品主要形式（Z32G6003Ⅲ）

【模块描述】本模块介绍钢铁企业的余热回收及发电技术。通过技术讲解，使节能服务工作人员掌握钢铁企业余能和副产品主要形式。

【模块内容】

一、钢铁企业余热、副产煤气的回收利用

钢铁冶炼过程伴随产生着数量可观的可用副产品，例如焦炉煤气、高炉煤气、转炉煤气。副产煤气的能值高，发生量大，合理利用好，对企业的降耗减排工作产生重大影响。

按钢铁企业主体工序，将其可利用余热和副产煤气大致划分如下几类：

炼焦：干法熄焦（CDQ）、导热油换热、上升管余热，副产品为焦炉煤气。

烧结球团：烧结矿、球团显热，烟气余热。

炼铁：高炉炉顶压差；热风炉烟气余热、炉渣水淬余热、高炉炉壁冷却水余热；副产品为高炉煤气。

炼钢：烟气余热；转炉炉壁冷却水、连铸机冷却水余热，连铸（小方）坯显热；副产品为转炉煤气。

轧钢：加热、均热炉烟气余热，轧辊冷却水余热，轧材显热。

二、干熄焦发电技术

1. 技术原理和工艺

所谓“干熄焦发电技术”，就是将炙热焦炭推入带夹层的罐内（类似暖水瓶）。通过管路，使惰性气体氮在焦罐夹层和余热锅炉间流动，从而代替宝贵的水去熄灭火红的焦炭。焦炭罐高温夹层冷却炙热焦炭所产生的高温氮气，由管路进入余热锅炉，生产高温高压蒸汽带动汽轮机旋转、发电。

2. 应用案例

杭州钢铁厂投资 1.4 亿元，建设了节能环保的干熄焦发电工程，既充分回收了红

焦显热，又改进了焦化厂生产工艺，年产蒸汽 25 万 t，增加经济效益 1300 多万元。目前，杭州钢铁厂以余热、余压为动力的杭钢热电一厂出力 1.2 万 kW 以上，年发电量已占杭州钢铁厂自备电厂发电量的 18.5%。

三、高炉炉顶压差发电（TRT）技术

为使炼铁高炉炉膛中的烧结（铁）矿融化成铁液，需高炉底部的高压鼓风系统向高炉炉膛送风，以使焦炭燃烧产生 13 000℃以上的温度，炉内高温熔化烧结矿成铁液和炉渣。与此同时，进入高炉炉膛的高压空气和未燃尽的 CO（高炉煤气）等气体，在炉膛高温下膨胀，产生很高的炉顶压力。当高炉炉顶煤气压力大于 120kPa 时，可通过管路引入透平机，且在这里膨胀，使透平机转子旋转，带动其共轴发电机发电。这一发电类型称为高炉炉顶压差发电（TRT）。TRT 发电量取决于高炉炉顶气体（含高炉煤气）压力、气体发生量和温度。TRT 发电每吨铁可达 20～40kW・h；再加上干法除尘工序，可提高发电能力 36%。TRT 能将高炉鼓风动能的 30%回收。

四、高炉、焦炉、转炉混合煤气联合循环发电（CCPP）技术

混合煤气联合循环发电（CCPP）技术原理是将回收的高炉、焦炉、转炉副产煤气，经干式除尘、提取有用化学成分、去氧净化后，输入巨型煤气柜储存，混合成高炉、焦炉、转炉混合煤气。巨型煤气柜储存的高炉、焦炉、转炉混合煤气经管路进入 CCPP 机组的燃气透平燃烧、膨胀，并带动和燃气透平共轴的发电机转子旋转、发电。由燃气透平排出的炙热烟气进入自下而上或自前而后依次布置的（或余热锅炉的）过热器、蒸发器和预热器（或省煤器），产生高温高压蒸汽，经管路送往 CCPP 机组的蒸汽透平（汽轮机）并在那里膨胀，带动汽轮机转子旋转；3000r/s 高速旋转的汽轮机转子拖动和其共轴的发电机转子旋转，切割磁力线进行 CCPP 机组的二次发电。由于燃气联合循环发电机组（CCPP）两次利用了混合煤气的能量，CCPP 机组的混合煤气利用效率达 60%以上，并最终确保排放到大气的排气温度在 100℃以下。

【思考与练习】

1. 按钢铁企业主体工序，将其可利用余热和副产煤气划分哪几类？
2. 钢铁企业余热利用有哪几种发电技术？
3. 高炉炉顶压差发电（TRT）技术原理是什么？

模块 4　水泥企业余热利用技术（Z32G6004Ⅲ）

【模块描述】本模块介绍水泥企业的余热回收及发电技术。通过技术讲解，使节能服务工作人员掌握水泥企业余热利用技术原理和案例。

【模块内容】

一、纯低温余热发电

纯低温余热发电技术是不消耗化石燃料，只利用新型干法水泥生产线窑头、窑尾排放的350t℃以下低温废气进行余热发电的技术。我国水泥窑余热纯低温发电技术、热力循环技术和自主开发的相应设备都已成熟可靠，尤其是补汽式汽轮机技术研发取得突破，新型干法水泥生产线余热发电技术及装备的总体水平已接近国际先进技术，但汽轮机效率和尾气余热利用率、用电自给率与发达国家相比仍有些差距。

二、纯低温发电效益

纯低温余热发电，能将水泥生产的综合热废弃率从40%左右降低到10%以下，经济效益明显。纯低温余热发电已达30～40kW·h/t熟料指标，水泥厂用电自给率达33%以上，经济效益可观；窑头、窑尾废气通过余热锅炉再利用，烟气排放温度进一步降低到100℃以下，环保效益显著。水泥行业淘汰高能耗立窑、湿法窑水泥生产技术，以新型干法生产线进行技术改造时，应加设纯低温余热发电装置，以充分利用尾气余热发电，回收烟气余能。

三、技术原理

纯低温余热发电是不带补燃锅炉的蒸汽动力循环发电技术方案，是在预热分解窑系统上加设纯低温余热发电，利用中低温的废气生成低品位蒸汽，来推动低参数的汽轮机组做功发电。能使水泥生产的综合热利用率提高到90%以上。它是当前节能和环保要求下的必然趋势和产物。

四、应用案例

以辽源金刚水泥厂双压余热锅炉发电系统为例。

水泥单产5000t/d的辽源金刚水泥厂烟气余热双压锅炉发电系统，于2006年9月27日一次并网发电成功。在不增加热耗的条件下，熟料发电量37kW·h/t以上，实际发电功率7726kW，自用电量小于7%。窑头AQC锅炉排烟温度在100℃以下。窑尾预热器排烟温度为220℃。各项技术指标，详见表15–4–1。辽源金刚水泥厂双压余热锅炉发电系统原理图，如图15–4–1所示。

表15–4–1 各项技术指标（标准环境下）

项目		设计参数	运行参数	优化后可以达到参数
AQC烟气参数	流量/（m^3/h）	180 000	150 000	220 000
	温度/℃	350	360	380
SP烟气参数	流量/（m^3/h）	340 000	340 000	340 000
	温度/℃	350	350	350

续表

项目		设计参数	运行参数	优化后可以达到参数
AQC 蒸汽参数	流量/（t/h）	14	18	20
	温度/℃	320	330	350
	压力/MPa	1.6（0.35）	1.51（0.17）	1.6（0.35）
SP 蒸汽参数	流量/（t/h）	24	18.7	24
	温度/℃	320	320	320
	压力/MPa	1.6（0.35）	1.54（0.17）	1.6（0.35）
发电量/kW		6500	7726	＞9000
气耗/［kg/（kW・h）］		6.46	5.24	＜5
熟料发电量/（kW・h/t）		30	37	43

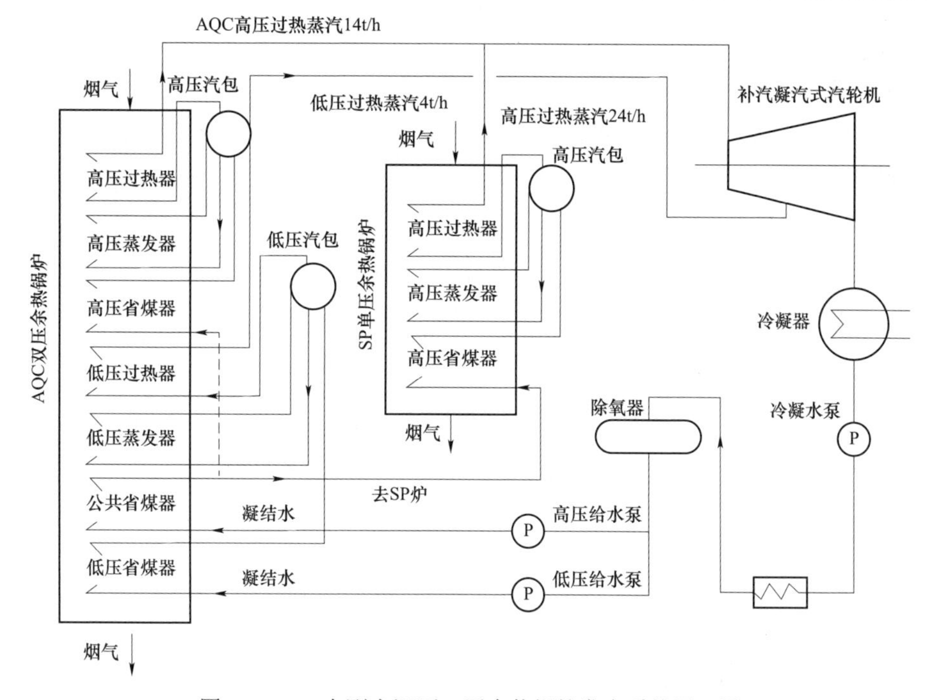

图 15-4-1 金刚水泥厂双压余热锅炉发电系统原理图

【思考与练习】

1. 什么是纯低温余热发电？
2. 简述纯低温发电效益。
3. 简述纯低温余热发电的技术原理。

第十六章

建筑节能项目诊断及方案拟订

模块 1　民用建筑设计标准解析（Z32G7001Ⅲ）

【模块描述】本模块介绍我国建筑热工分区及居住建筑设计标准的解析。通过术语说明，使节能服务工作人员掌握民用建筑设计标准。

【模块内容】

一、我国建筑热工分区

我国幅员辽阔，南北跨越热、温、寒几个气候带，分布在五个气候区域；它们是严寒地区、寒冷地区、夏热冬冷地区、夏热冬暖地区和温和地区，各分区的热工设计要求见表 16–1–1。

表 16–1–1　　建筑热工分区及设计要求

分区名称	分区指标		设计要求
	主要指标	辅助指标	
严寒地区	最冷月平均温度≤–10℃	日平均温度≤5℃的天数大于或等于 145 天	必须充分满足冬季保温要求，一般可不考虑夏季防热
寒冷地区	最冷月平均温度 0～–10℃	日平均温度≤5℃的天数 90～145 天	应满足冬季保温要求，部分地区兼顾夏季防热
夏热冬冷地区	最冷月平均温度 0～10℃，最热月平均温度 25～30℃	日平均温度≤5℃的天数 0～90 天 日平均温度≥25℃的天数 40～110 天	必须满足夏季防热要求，兼顾冬季保温
夏热冬暖地区	最冷月平均温度>10℃，最热月平均温度 25～29℃	日平均温度≥25℃天数 100～200 天	必须充分满足夏季防热要求，一般可不考虑冬季保温
温和地区	最冷月平均温度 0～13℃，最热月平均温度 18～25℃	日平均温度≤5℃的天数 0～90 天	部分地区应考虑冬季保温，一般可不考虑夏季防热

二、民用建筑的分类及能耗分析

民用建筑按使用功能可分为居住建筑和公共建筑两大类。其中居住建筑有住宅、公寓、别墅、宿舍建筑等类型；公共建筑有科研建筑、文化建筑、办公建筑、商业建筑、体育建筑、医疗建筑、交通建筑、司法建筑、纪念建筑、园林建筑、综合建筑等类型。

各种类型的建筑能耗差别很大，各种建筑在不同建筑热工分区的耗能也有很大差别。

三、居住建筑节能设计标准的解析

1. 编制背景

我国关于居住建筑节能设计的标准，是根据不同建筑气候分区分别制定的。标准有《民用建筑节能设计标准（采暖居住建筑部分）》《夏热冬冷地区居住建筑节能设计标准》和《夏热冬暖地区居住建筑节能设计标准》。

2. 节能的目标

居住建筑通过采用合理建筑设计和技术应用，增强建筑围护结构隔热、保温性能和提高空调、采暖设备能效比的节能措施，在保证相同的室内热环境的前提下，将采暖和空调能耗控制在规定的范围内。

3. 内容简析

（1）《民用建筑节能设计标准（采暖居住建筑部分）》适用于我国严寒和寒冷地区的采暖居住建筑。该标准的建筑热工设计围绕着保温进行。对建筑朝向、体型系数、围护结构（包括屋顶、外墙、门窗、地板、地面等）的传热系数、窗墙面积比等指标进行了控制。

（2）《夏热冬冷地区居住建筑节能设计标准》适用于夏热冬冷地区新建、改建和扩建居住建筑的建筑节能设计。

冬季采暖室内热环境设计指标：设计温度取 16～18℃；换气次数取 1.0 次/h；夏季空调室内热环境设计指标；设计温度取 26～28℃；换气次数取 1.0 次/h。

夏热冬冷地区夏季炎热，冬季寒冷，建筑节能工作兼顾夏季隔热和冬季保温。建筑热工设计中规定了建筑朝向，建筑体形系数、窗墙面积比、门窗气密性、围护结构热工性能等方面的指标。

（3）《夏热冬暖地区居住建筑节能设计标准》适用于我国夏热冬暖地区新建、扩建和改建居住建筑的建筑节能设计。根据夏热冬暖地区气候差异较大的特点，该标准将夏热冬暖地区划分为南北两个区。北区内建筑节能设计应主要考虑夏季空调，兼顾冬季采暖。南区内建筑节能设计应考虑夏季空调，可不考虑冬季采暖。

四、公共建筑节能设计标准的解析

1. 编制背景

为了贯彻落实国家有关经济工作和《政府工作报告》中提出的节能要求，促进建设领域节能工作的全面开展，住房和城乡建设部发布了《公共建筑节能设计标准》（以下简称《标准》）。

2. 节能的目标

按照《公共建筑节能设计标准》进行设计的公共建筑，在保证相同的室内热环境舒适参数条件下，与 20 世纪 80 年代初设计建成的公共建筑相比，全年采暖、通风、空气调节和照明的总能耗应减少 50%。标准所要求的目标将通过改善建筑围护结构保温、隔热性能，提高采暖、通风和空气调节设备、系统的能效比，以及采取增进照明设备效率等措施来实现。

3. 内容简析

建筑热工设计中根据建筑所在的气候区和建筑类型的不同，分别规定了相应的指标要求，这些要求用强制性条文来表述。对寒冷、严寒地区来说，由于采暖是建筑的主要负荷，所以，加强围护结构的保温是主要措施；但是对南方，特别是夏热冬暖地区，空调是建筑的主要负荷。因此，编制标准时需要权衡各种因素，提出保温和隔热的要求。

五、建筑能耗现场调查表

建筑能耗现场调查表见表 16–1–2。

表 16–1–2　　建筑能耗现场调查表

<table>
<tr><td colspan="3">建筑详细名称*：</td><td colspan="3">详细地址*（若企业营业执照地址与建筑实际地址不同，请分别写明）：</td></tr>
<tr><td colspan="6">建筑性质*：1. □租赁，□ 自用　　2. □ 单一业主，□ 多业主</td></tr>
<tr><td colspan="3">建筑业主*（多业主时请列出所有信息）：</td><td colspan="3">联系电话*（多业主时请列出所有信息）：</td></tr>
<tr><td colspan="3">建筑朝向*：______　建筑高度*：_____m
建筑层数*：地上_____层　地下_____层
标准层高*：_____m</td><td colspan="3">建筑面积*：__________m^2
空调区域面积*：___________m^2
特殊区域面积：__________m^2</td></tr>
<tr><td colspan="3">屋面保温：□有　□无</td><td colspan="3">窗户类型：
玻璃品种：</td></tr>
<tr><td colspan="3">竣工时间*：</td><td colspan="3">发证机关及档案代码：</td></tr>
<tr><td colspan="6">供冷方式*：
□ 区域集中供冷　□ 中央空调系统供冷　□ 分户供冷　□ 其他方式（注明）：____________________</td></tr>
<tr><td colspan="4">建筑类型*：
□ 政府办公建筑　□ 非政府办公建筑　□ 商场建筑
□ 宾馆饭店建筑　□ 文化场馆建筑　□ 科研教育建筑
□ 医疗卫生建筑　□ 体育建筑　□ 通信建筑
□ 交通建筑　□ 影剧院建筑　□ 综合商务建筑
□ 其他大型公共建筑（注明）：______________</td><td colspan="2">建筑使用时间表：
一天使用_____小时：从_______到_____
一周使用_____天：从_______到_______
一年使用_____月：从_______到_______
假期：</td></tr>
<tr><td colspan="2">电力供应公司名称*：</td><td colspan="2">自来水供应公司名称*：</td><td colspan="2">其他能源供应公司名称*：</td></tr>
<tr><td colspan="2">缴纳电费的用户编号*：</td><td colspan="2">缴纳水费的用户编号*：</td><td colspan="2">缴纳其他能源费用的用户编号：
（注明其他能源：_____________）</td></tr>
<tr><td colspan="2">年耗电量*/（kW・h）</td><td colspan="2">年耗水量*/m^3</td><td colspan="2">其他能源：</td></tr>
<tr><td colspan="6">备注：</td></tr>
</table>

现场调查人员*：______（签字）　业主单位代表人*：____（签字）　市建设行政主管部门负责人*：______（签字）

1. 填表说明

（1）当建筑业主或所有人为多家单位时，应分别填写。同时用数码相机拍下被调查建筑的 4 个立面图，并建立相应档案。

（2）政府机关办公建筑的建筑面积是指所有办公建筑的建筑面积，大型公共建筑的建筑面积是指单栋建筑的总面积，特殊区域面积是指厨房、信息中心、洗衣房、实验室、洁净室等采用特殊专业设备且终端能耗高密度的区域。

（3）窗户玻璃品种包括 low–E 镀膜玻璃、low–E 镀膜中空玻璃、普通镀膜玻璃、普通镀膜中空玻璃、吸热玻璃、普通透明玻璃、普通透明中空玻璃。

（4）窗户型材类型包括铝合金窗、木窗、塑钢窗、塑料窗。

（5）区域集中供冷：用建筑之外的集中冷源（制冷站），通过室外供冷输配管道，为区域内建筑提供冷量的供冷形式；中央空调系统供冷：建筑有独立的中央空调系统供冷；分户供冷：分户供冷是指向用户独立提供供冷的单户循环、单户供冷、户内控制的供冷系统形式，分户供冷主要有家用窗式空调、分体空调和户式中央空调等方式。

（6）档案代码：相关行政主管部门对每栋建筑所赋予的唯一编码。

（7）缴纳电费的用户编号通常在缴纳电费单的左上角。

（8）能耗数据及水耗应为同一年度的数值，有公共用能情况的应备注说明。

（9）高校类建筑需补充填写在校教职工及在校学生总人数。

（10）缴纳水费的用户编号可通过当地自来水公司网站查询。

（11）缴纳用气费用的用户编号可通过当地煤气公司网站查询。

（12）带“*”的选项必须填写。

2. 统计内容

（1）建筑基本信息。

1）建筑物详细名称：经地名主管部门核准使用的建筑物名称。按照地名主管部门颁发的《建筑物名称核准证》上填写的建筑物名称。如果没有到地名主管部门申请办理过建筑物名称核准，可填报现用名。

2）建筑详细地址：以地名主管部门颁布的标准地名为依据，由公安机关负责设置的楼牌、门牌。

3）竣工时间：民用建筑工程质量竣工验收时间。

4）建筑类型：对于建筑能耗统计应根据建筑的分类分别统计。政府办公建筑和大型公共建筑按以下建筑功能划分：政府办公建筑、大型非政府办公建筑、大型商场建筑、大型宾馆饭店建筑、大型文化场馆建筑、大型科研教育建筑、大型医疗卫生建筑、大型体育建筑、大型通信建筑、大型交通建筑、大型影剧院建筑、大型综合商务建筑、其他大型公共建筑 13 类建筑进行调查统计。

5）建筑功能：是指建筑物的使用功能。具体分政府办公建筑、非政府办公建筑、商场建筑、宾馆饭店建筑、其他建筑等。

6）建筑层数：是指建筑的自然层数。按室内地坪±0m 以上计算，采光窗在室外地坪以上的半地下室，其室内层高在 2.20m 以上（不含 2.20m）的计算为自然层数，错层的建筑按局部最高层数计算。

7）建筑面积：建筑外墙外围线测定的各层平面面积之和。按照房产证或竣工验收备案材料，以及规划等相关文件提供的数据为准。

8）供冷方式：用于民用建筑夏季供冷的方式。根据广东省的特点，将供冷方式归纳为 4 种：区域供冷、集中供冷、分户供冷、其他供冷。

（2）能耗数据。主要调查建筑在使用过程中用于照明、通风空调、热水供应、动力等方面的逐月的能源消耗量。能源按种类分为电、煤、天然气、液化石油气、人工煤气、集中供冷耗冷量和其他能源。同时统计可再生能源（太阳能热水系统、太阳能光伏发电系统）在建筑中的应用量。

（3）用水量。各统计建筑对象的自来水逐月的消耗量。

【思考与练习】

1. 建筑热工分区及设计要求是什么？
2. 民用建筑的分类有哪些?
3. 居住建筑节能设计标准的编制背景和节能目标是什么？
4. 公共建筑节能设计标准的编制背景和节能目标是什么？

模块 2 建筑节能技术和节能材料（Z32G7002Ⅲ）

【模块描述】本模块介绍墙体保温和隔热技术、屋顶保温和隔热技术、门窗节能技术、建筑遮阳技术、自然通风技术等。通过术语说明，使节能服务工作人员掌握建筑节能技术和节能材料。

【模块内容】

一、墙体保温与隔热技术

1. 外墙保温技术

墙体在建筑外围护结构中占的比例最大，墙体传热造成的热损失占整个热损失的比例也最大，因此墙体的保温是外围护结构建筑节能的一个重要部分。墙体保温构造形式有单一材料的墙体构造和复合材料的墙体保温构造。

单一材料的墙体具有轻质、高强的特点。一般对寒冷和严寒地区的节能要求不能满足，但对冬季室内外温差不是很大的地区，这种墙体能够满足节能的要求。

复合材料保温墙体即利用强度高的材料和热导率小的轻质保温材料如聚苯板等进行复合，构成既能承重又可保温的复合结构。复合保温墙体的构造比较复杂，施工要求高，造价也比较高。常见的复合保温墙体主要归纳为以下三种：外墙外保温、外墙内保温和夹芯保温。

（1）外保温墙体。将保温材料设在围护结的外侧（低一侧）[图 16–2–1（a)]，这种做法具有十分明显的优势，可避免产生热桥，不仅冬季保温性能良好，而且夏季隔热性能也很好。

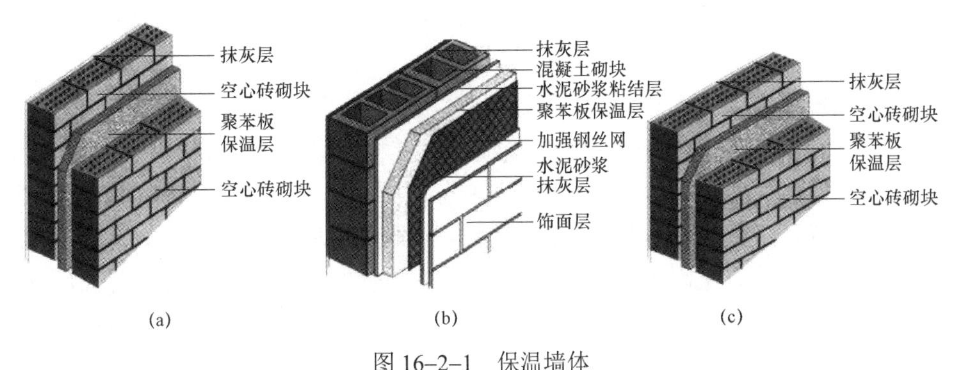

图 16–2–1　保温墙体

（a）外保温墙体；（b）内保温墙体；（c）夹芯保温墙体

（2）内保温墙体。将保温层做在外墙内侧 [图 16–2–1（b)]，这种施工做法较为方便，构造简单、灵活，施工不受气候变化的影响，所以在节能住宅和旧房改造中常有使用。内保温墙体在一定程度上影响墙面的蓄热性能，相比之下对保持房间的热稳定性不如外保温做法的效果好。

（3）夹芯保温墙体。为了取得较好的保温效果，又能减轻墙体的自重，可采用夹芯保温墙体的做法 [图 16–2–1（c)]，这种做法对保温材料的保护较为有利。但由于保温材料把墙体分为内外两层，因此在内外层墙之间必须采取可靠的拉结措施。

2. 外墙隔热技术

夏季强烈的阳光照射在墙面上，造成墙表面温度升高，然后通过导热的方式向室内传热。夏季为了创造良好的室内环境，对墙体采取必要的隔热措施也是重要的外墙隔热措施。

（1）建筑外墙采用浅色抹灰或饰面。因为浅色墙面能反射太阳辐射以减少围护结构外表面对太阳辐射热的吸收率，从而降低围护结构外表面温度。

（2）新型复合隔热外墙。目前正在大力开发的隔热保温新型复合墙体，可使建筑室内受室外温度波动影响小，而且有利于保护主体结构，避免冷（热）桥的产生。

（3）设通风墙。将需要隔热的外围护结做成空心夹层墙，并利用热压原理，通风墙的进风口和出风口之间的距离加大，增加通风效果以利降低围护结构内表面温度。

二、屋顶保温与隔热技术

1. 屋顶保温技术

屋顶是建筑物外围护结构中受太阳辐射最剧烈的部位，顶层房间，通过屋顶的失热比重较大。屋顶保温性能欠佳，也是顶层房间冬季采暖能耗大的主要原因，为了防止室内热量损失，有效地改善顶层房间室内热环境，减少通过屋面散失的能耗，屋顶应设计成保温屋面，现根据结构层、防水层、保温层所处的位置不同，可归纳为以下两种做法：

（1）正置式保温屋顶。传统平屋顶的一般做法是将保温层放在屋面防水层之下结构层以上，形成多种材料结合的封闭保温做法，其构造层次为结构层、找平层（找坡层）、隔蒸气层、保温层、找平层、防水层和保护层。

（2）倒置式保温屋顶。其优点是使保温层起到保护防水层的作用。既可保护防水层免受太阳暴晒，又可避免防水层受磨损、冲击、穿刺等破坏。缺点是在保温材料的选择上受到一定的限制。

2. 屋顶隔热技术

夏季太阳辐射使得屋顶的温度剧烈升高，从屋顶传入热量远比从墙体传入室内的热量要多得多。顶层室内热环境差，严重影响人们的生活和工作。所以与保温要求相比，屋顶的隔热要求显得更重要。要采取一切措施减少直接作用于屋顶表面的太阳辐射热量。

（1）增大屋顶结构的热阻。采用多层材料复合屋面，可以提高围护结构的热阻，增加热惰性指标，用实体材料的隔热屋顶在太阳辐射下，室外的综合温度波在围护结构中有较多的衰减，从而减少屋顶内表面的平均温度，达到降低室内温度的目的。

（2）屋顶面层进行浅色处理。屋面采用浅色处理，同样可以减少太阳辐射热对屋面的作用，降低屋面的表面温度，达到改善屋面隔热效果的目的。

（3）屋顶加铺绝热板。屋面绝热板是采用挤塑型聚苯板（XPS 板）与特种水泥砂浆面层（厚 20mm）复合而成，它铺设在屋面的防水层上，用于上层屋面，是倒置保温屋面一种新型应用。

（4）通风屋顶。通风屋顶是我国南方地区最常见的隔热屋顶，能有效地利用风的流动，带走蓄积于屋顶的热量。这种做法把通风层设置在屋顶结构层上，利用中间的空气间层带走热量，达到屋顶降温的目的。

（5）蓄水隔热屋顶。蓄水屋顶是在平屋顶上蓄积一定高度的水层。利用水的蒸发来吸收大量太阳辐射热能取得很好的隔热效果，从而减少屋顶吸收的热能，达到降温隔热的目的。

（6）植被屋顶。植被屋顶又称种植屋顶，是隔热性能比较好的一种做法。它是在钢筋混凝土屋面板上铺上一层土，再在上面种植作物或花卉、草皮等，借助于栽培植物吸收阳光和遮挡阳光的双重功能来达到降温、隔热的目的。

（7）铝箔屋顶。目前在现浇坡屋顶的构造设计中，也有在挂瓦条下面采用铺设防水的低辐射高效材料铝箔，看上去材料较一般油毡卷材厚，一面是毡料，另一面贴有铝箔。从屋顶隔热效果来看，它能有效地降低屋顶内表面的温度。

（8）喷水屋顶。在屋顶上系统地安装排列水管和喷嘴，夏日喷出的水在屋顶上空形成细小水雾层，或利用“力偶管”喷出的水形成的水盘，降落在屋顶上形成一层水层，采用定时吸收屋顶空气中的热量，进行蒸发，从而降低了屋顶表面温度，这种措施隔热效果更好。

三、门窗节能技术

通过门窗的能耗在整个建筑能耗中占很大比例，门窗的缝隙较大，气密性差，再无任何密封措施，冬季大量冷空气、夏季大量热空气进入室内，给室内温度带来很大的影响，所以，要采取减少传热和空气渗透热损失的措施。开窗面积不宜过大。窗户和阳台门的传热系数、传热阻和门窗的气密性都应符合国家有关的标准和规定。

提高门窗保温隔热性能的措施有：

（1）框料采用热导率小的材料。

（2）采用中空玻璃和低辐射镀膜玻璃等，保温性能好。

（3）控制门窗的气密性。

四、建筑遮阳技术

通常建筑如采取了遮阳措施，则可在很大程度上限制通过窗户的热传递。在夏季，相当多的太阳辐射热会通过门窗直射室内，增加室内温度，为了减少空调负荷，缩短空调设备的运行时间，做好窗户的遮阳是十分重要的。

遮阳设施可用于室外、室内或双层玻璃之间。它们可以是固定的或是可调节式的。根据遮阳设施与窗户的相对位置，常见的遮阳有内遮阳和外遮阳两大类。内遮阳包括软百叶窗、可卷百叶窗及帘幕等，它们通常为活动的，即可升降，可卷。一般来说，外遮阳的效果比内遮阳好得多，它可以将绝大部分太阳辐射阻挡在窗外。外遮阳按其形式，可分为水平遮阳、垂直遮阳、综合遮阳和挡板遮阳四种（图 16–2–2）。

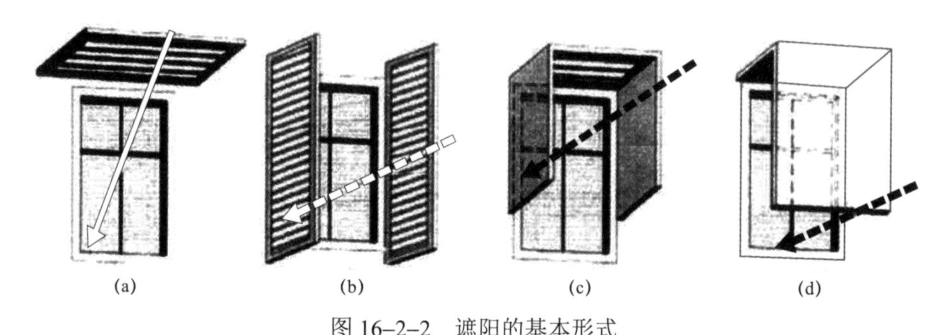

图 16–2–2 遮阳的基本形式

（a）水平遮阳；（b）垂直遮阳；（c）综合遮阳；（d）挡板遮阳

五、自然通风技术

建筑物中的自然通风，是由于建筑物的开口（门、窗、洞口等）处存在压力差而产生的空气流动。造成空气压力差的基本原因有风压和热压，在实现自然通风中，往往由于条件所限制单纯利用风压或热压不能满足通风需要，因此又可以有风压和热压结合，甚至采用机械辅助自然通风。实践证明，自然通风是炎热地区降低室内自然温度、提高热舒适性、降低夏季空调能耗的有效手段。

六、既有建筑的节能改造

对既有建筑进行节能改造，以避免能源浪费，提高建筑热舒适度，成为我国当前紧迫的、必须尽快解决的重大问题。

开展既有建筑节能改造，应该注意以下几方面的问题：

（1）既有非节能住宅建筑的改造，不应破坏原有的结构体系并尽量减少墙体和屋顶增加的荷重；不损坏除门窗以外的室内装修、装饰；不影响建筑使用功能。

（2）既有非节能住宅建筑的改造，应以改造外墙、楼梯间、门窗等围护结构的保温隔热为重点，并提高楼梯间的热工性能。

（3）既有非节能住宅建筑应尽量提高门窗的节能效果，减少外墙的节能分配。门窗要合理的选用玻璃，可提高建筑外窗保温隔热性能。尤其在南方炎热地区，隔断窗口得热，增加窗口的隔热性能已成为建筑节能工作的重点。

（4）外墙保温隔热改造同时应充分考虑建筑外立面的装饰效果，解决外墙引起的渗漏问题，尽量做到保温隔热、防水、装饰一体化。

（5）为了改善顶层住户的室内热环境，在既有建筑改造时，应将原有的平屋顶重新改造为坡屋顶，屋顶同时要进行隔热与保温的构造处理。

七、建筑绝热材料

建筑绝热材料主要应用于建筑物的屋面、外墙和地面等建筑外围护结构，也适用于房屋分户楼板、分户隔墙以及地下室外围护结构的保温隔热，同时也用于供暖、空调设备和管道。建筑物的保温隔热可以保证室内环境的舒适性，同时可以节约能耗和防止表面结露。建筑绝热材料一般有以下几种类型：

（1）泡沫塑料制品。适用于各种形式的外墙、隔墙和屋面保温工程。

（2）矿物棉制品。矿物棉是岩棉、矿渣棉和玻璃棉的统称。岩棉可用于屋面、外墙、隔墙和幕墙的保温以及高温管道的保温。矿渣棉的适用范围类似于岩棉。玻璃棉制品密度小、热导率小，具有良好的保温、隔热、吸声、不燃、耐腐蚀、隔振等性能。

（3）加气混凝土制品。应用于建筑的有加气混凝土砌块和加气混凝土外墙板，加气混凝土隔墙板和加气混凝土屋面板等。

（4）膨胀珍珠岩绝热制品。适用于建筑围护结构保温隔热。

（5）泡沫玻璃。泡沫玻璃可广泛用于屋面、地面、墙体，以及高、低温管道保温。

（6）胶粉 EPS 颗粒保温砂浆。主要做现场抹灰保温材料，适用于外墙内保温和外保温。

（7）节能玻璃。不同的玻璃制品对光线和传热的控制有很大差异，选用节能玻璃需要根据其保温需要或者隔热需要，选用合适的玻璃类型。

【思考与练习】

1. 外墙保温技术和外墙隔热技术有哪几种？
2. 屋顶保温技术和屋顶隔热技术有哪几种？
3. 提高门窗保温隔热性能的措施有哪些？
4. 有哪几种遮阳技术？
5. 开展既有建筑节能改造，应该注意哪几方面问题？

模块 3　建筑节能技术经济分析（Z32G7003Ⅲ）

【模块描述】本模块介绍建筑节能技术的评价与检测、经济性分析的基本方法和案例。通过具体情况分析，使节能服务工作人员掌握建筑节能技术的经济分析。

【模块内容】

一、建筑节能的经济分析基本方法

节能建筑在建设时期往往增加了初期投资，使建设费用增加。但从能量效率方面分析，节能建筑有着非常可观的效益，并能在一定的年限内回收节能投资费。而且，在节能收益和节能投资平衡后，节能建筑就进入了纯收益期，在生命周期内可节约大量费用。

节能建筑经济分析可参照如下几个指标来进行：

1. 节能投资

节能建筑在一般情况下，加强围护结构的保温隔热性能，建筑工程造价势必也要相应地提高。为实现节能目标而增加的工程造价即节能投资。节能投资可按下式计算

$$I = I_2 - I_1$$

式中 I——节能投资，元/m^2；

I_1——节能建筑工程造价，元/m^2；

I_2——非节能建筑工程造价，元/m^2。

2. 节能收益

节能收益是指建筑由于采用节能措施而带来的能耗收益、运行维护收益和舒适性收益的总和。其中能耗收益是最直观的收益。节能收益可按下式计算

$$A = \Delta Q_C \times B$$

式中 A——节能收益，元/m^2；

ΔQ_C——节煤量，kg/m^2；

B——热能价格（煤炭转化成热能的供热价格），元/kg。

3. 投资回收期

投资回收期也称投资返本期。这种计算方法是以逐年收益去偿还原始投资，计算出需要偿还的年限。回收期越短，经济效益越好。节能建筑的投资回收期一般不应超过 10 年。

节能投资回收期可按下式进行计算

$$n = \frac{\lg \dfrac{A}{A - I \times i}}{\lg(I + i)}$$

式中 n——动态投资回收期，年；

A——节能收益，元/年；

I——节能投资，元；

i——节能投资年利率，%。

4. 生命周期收益

节能投资是一次性行为，而收益是一个长期的过程。因此，更科学合理地分析节能建筑的经济效益，应该采取建筑物生命周期的计算方法。它是用系统的观点，以传统的方法，全面评价建筑在特定时期内的总费用支出的方法。

节能建筑生命周期收益 = 非节能建筑生命周期总费用 − 节能建筑生命周期总费用

建筑的生命周期包含其规划、设计、施工、运行，直至最终的拆除或再利用。生命周期费用包括建筑设置费以及在使用期内运行费用、维持费用和其他各种费用的总

和。节能建筑在初期虽然投入相对大，但是在使用过程中，能够获得节约能耗费用、设备运行费用、建筑维护、提高工作效率、置换费等诸多方面的收益。因而在整个生命周期内，节能建筑的总费用远低于非节能建筑。

二、建筑节能经济分析案例

济南泉景·四季花园是山东省第一个按节能标准设计的高档居住小区。小区占地6000多平方米，总建筑面积12万m^2，其中包括9幢小高层住宅和一幢框架多层住宅。

小区节能住宅采取了一系列节能技术措施。住宅所有外墙采用加气混凝土砌块框架填充墙，热导率为0.164W/（m·K）（含水10%）。屋面采用硬质发泡聚氨酯保温防水体系，其热导率为0.023W/（m·K）。窗户选用中空玻璃塑钢窗。在供暖系统上，小区采用了一户一台燃气小锅炉实行独立式地板辐射供暖。

小区一期工程总建筑面积8.19万m^2，其中住宅建筑面积6.71万m^2，公建面积1.48万m^2。住宅部分节能投资分析如下：

（1）外墙使用粉煤灰加气混凝土砌块。与传统240mm厚普通空心砖相比，增加投资约16.71万元。

（2）GRC板隔墙的采用。GRC水泥轻质隔墙板60元/m^2材料费，相比于240mm厚普通空心砖，造价增加总计为178.87万元。但由于隔墙采用轻质隔墙板，其重量大为降低，与普通空心砖相比，使得建筑物总体荷重降低25%。经计算分析，可减少投入费用345.60万元。综合起来，由于采用GRC板轻质隔墙，实际节省费用166.73万元。

（3）屋面硬质发泡聚氨酯。四季花园屋顶采用60mm屋面硬质发泡聚氨酯，市场价格为80元/m^2，与传统干铺珍珠岩保温层平均100mm厚“三毡四油一砂”的做法比较，增加投资18.87元/m^2，共使用6000m^2，增加投资11.322万元。

（4）中空玻璃塑钢窗。中空玻璃塑钢窗单价500元/m^2，共计门窗面积2万m^2，此项比使用传统的其他窗户做法增加投资600万元。

（5）加混凝土垫层。使建筑自重增加而增加的建筑成本为52元/m^2。传统单管采暖系统的价格为182元/m^2。采用这一系统可节省157.69万元。

综合以上项目，一期住宅部分因采取节能措施而增加的造价合计

$$16.71-166.73+11.322+600-157.69=302.61\text{（万元）}$$

摊销建筑面积造价指标45.26元/m^2，与小区住宅建筑建安造价1100元/m^2比较，占建安造价的4.41%，小于国家节能住宅增加投资控制在10%以内的要求。

三、建筑节能的社会环境效益

当前，我国能源资源供应与经济社会发展的矛盾十分突出，建筑能耗占全国能源消耗的比重逐年增大。建筑节能对于促进能源资源节约和合理利用，缓解我国能源资

源供应与经济社会发展的矛盾，加快发展循环经济，实现经济社会的可持续发展，有着举足轻重的作用，也是保障国家能源安全、保护环境、提高人民群众生活质量、贯彻落实科学发展观的一项重要举措。

【思考与练习】

1. 什么是建筑节能的经济分析基本方法？
2. 节能投资、节能收益、投资回收期、生命周期收益如何计算？
3. 建筑节能的社会环境效益是什么？

第四部分

新能源及高耗能产业节能

第十七章

新能源技术

随着现代工业的发展，传统的燃料能源正在一天天减少，全球能源危机和大气污染问题日益突出，新能源的开发和利用成为当今世界能源领域的重要研究课题。

2014 年 2 月 24 日，中华人民共和国国家统计局发布 2013 年国民经济和社会发展统计公报。2013 年末全国发电装机容量 124 738 万 kW，比上年末增长 9.3%。其中，火电装机容量 86 238 万 kW，增长 5.7%；水电装机容量 28 002 万 kW，增长 12.3%；核电装机容量 1461 万 kW，增长 16.2%；并网风电装机容量 7548 万 kW，增长 24.5%；并网太阳能发电装机容量 1479 万 kW，增长 3.4 倍。至此，我国清洁能源占比达到 30.05%。

模块 1　光伏发电概述（Z32H1001 Ⅰ）

【模块描述】本模块介绍我国太阳能资源、光伏发电的原理、光伏发电系统组成和光伏电池系统结构，通过术语说明，使节能服务工作人员掌握光伏发电的概念及原理。

【模块内容】

一、我国太阳能资源

丰富的太阳辐射能是重要的新能源，太阳能以其独有的优势而成为人们重视的焦点。我国太阳能资源丰富，三分之二的地区年日照时数在 2000h 以上，年总辐射大于 5000MJ/m^2，尤其是青藏高原是我国太阳能最丰富的地区。

太阳能的优点在于取之不尽、用之不竭，清洁，无污染，廉价，有多种形式便于人类开发利用。

二、太阳能综合利用

太阳能综合利用有多种形式。

（1）太阳能光生物转化。如太阳能光生物转化制氢，太阳能光生物转化制油脂。

（2）太阳能光化学能转化。如通过三条途径实现太阳能化学与生物转化制氢，化学催化转化、模拟酶转化和生物酶转化制氢。

（3）太阳能中低温热利用。包括太阳能热水器、太阳能海水淡化、太阳能采暖（制冷），以及其他的研究，如太阳能干燥、太阳炉、太阳灶等。

（4）太阳能发电。太阳能发电又分为光热发电和光伏发电两种方式。

三、光伏发电原理

光伏发电是利用半导体界面的光生伏特效应而将光能直接转变为电能的一种技术。光—电转换的基本装置就是太阳能电池。太阳能电池是一种由于光生伏特效应而将太阳光能直接转化为电能的器件，由一个或多个太阳能电池片组成的太阳能电池板称为光伏组件，将光伏组件串联起来再配合功率控制器等部件就形成了光伏发电装置。

以晶体硅为例介绍太阳能电池工作原理：当 p 型半导体与 n 型半导体紧密结合连成一块时，在两者的交界面处就形成 p–n 结。光电池被太阳光照射时，在 p–n 结两侧形成了正、负电荷的积累，产生了光生电压，此时，若在内建电场的两侧引出电极并接上适当负载，就会形成电流，负载上就会得到功率。

四、光伏发电系统

太阳能光伏发电系统主要包括太阳能电池组件（阵列）、控制器、蓄电池、逆变器、用电负载等。其中，太阳能电池组件和蓄电池为电源系统，控制器和逆变器为控制保护系统，负载为系统终端。

太阳能电池是太阳能光伏发电的核心组件，其作用是实现光电转换。

控制器的作用是控制太阳能发电系统的工作状态，控制器的主要功能是使太阳能发电系统始终处于发电的最大功率点附近，以获得最高效率。

蓄电池用来储存太阳能电池产生的直流电，蓄电池的特性影响着系统的工作效率和特性。

逆变器将太阳能电池组件的直流电能转换成交流电能，因此需要使用 DC—AC（直流—交流）逆变器。如要与电网并网运行则还要考虑与电网的同步，需采用并网运行的逆变器。

五、光伏发电关键技术

对于一个光伏发电系统，光电池组件的系统结构、提高光电转换效率、光伏阵列的最大功率跟踪（Maximum Power Point Tracking，MPPT）、并网逆变器的类型、孤岛保护技术、电能的双向计量、夜间零耗电技术、电磁兼容性和其他的安全问题（如防雷）等都是目前系统所面临的关键技术难题。

【思考与练习】

1. 太阳能有什么优缺点？
2. 简述光伏发电的原理。
3. 简述光伏发电系统的组成。

模块2 风力发电概述（Z32H1002Ⅰ）

【模块描述】本模块介绍我国风能资源、风力发电系统的组成、风力发电机的分类和技术特点，通过术语说明，使节能服务工作人员掌握风力发电的概念及原理。

【模块内容】

一、中国的风能资源

中国具有丰富的风能资源，可开发利用的地区占全国总面积的76%，在风电场的开发利用、并网型风力发电机组的商业化开发及离网型风力发电机组应用推广方面已有了长足的发展。特别是在解决常规电网外无电地区农牧渔民用电方面走在世界的前列，生产能力、保有量和年产量都居世界第一。我国风资源较丰富区主要在青藏高原东部、东北、华北和西北北部地区（有些地区风中沙尘较多，对风力发电设备磨损非常严重）；东南沿海距海岸线50～100km的内陆地区、海南岛西部、中国台湾岛南北两端以及新疆阿拉山地区。

二、风力发电概述

风能是太阳能的一种转换形式，是取之不尽，用之不竭的，在其转换为电能的过程中，不产生任何有害气体和废料，不污染环境，因此受到世界各国政府的广泛重视，几乎所有的发达国家均将风能的开发利用列入本国21世纪最重要的任务。风能很早就被人们利用，主要是通过风车来抽水、磨面等，而现在人们感兴趣的是如何利用风来发电。

利用风力发电的尝试，早在20世纪初就已经开始了。30年代，丹麦、瑞典、苏联和美国应用航空工业的旋翼技术，成功地研制了一些小型风力发电装置。这种小型风力发电机，广泛在多风的海岛和偏僻的乡村使用，它所获得的电力成本比小型内燃机的发电成本低得多。不过，当时的发电量较低，大都在5kW以下。

风力发电是将风的动能转变成机械能，再把机械能转化为电能的发电方式。这种风力发电机组，大体上可分为风轮、发电机和铁塔三部分。

风轮是把风的动能转变为机械能的重要部件，它由两只（或更多只）螺旋桨形的叶轮组成。当风吹向桨叶时，桨叶上产生气动力驱动风轮转动。桨叶的材料要求强度高、重量轻，目前多用玻璃钢或其他复合材料（如碳纤维）来制造。发电机的作用是把风轮的机械能转变为电能。风力发电机由机头、转体、尾翼、叶片组成。

三、风力发电系统的组成

风力发电机因风量不稳定，须经整流，再对蓄电池充电，把风力发电机产生的电能储存起来。然后用有保护电路的逆变电源，把蓄电池里的化学能转变成交流电，才能保证稳定使用。

通常人们认为，风力发电的功率完全由风力发电机的功率决定，这是不正确的。目前的风力发电机只是给蓄电池充电，而由蓄电池把电能储存起来，人们最终使用电功率的大小与蓄电池大小也有着密切的关系。例如，一台 200W 风力发电机可以通过与蓄电池、逆变器的配合使用，获得 500W 甚至 1000W 乃至更大的功率输出。风力发电能够输出的功率的大小更主要取决于风量的大小，而不仅是机头功率的大小。

小型风力发电系统，采用先进的充电器、逆变器，风力发电成为有一定科技含量的小系统，把电瓶里的化学能转变成交流 220V 市电直接供用户使用，主要应用于缺水、缺燃料和交通不便的沿海岛屿、草原牧区、山区和高原地带；通信基站、边防哨所、海岛部队等特殊场合。大型风力发电系统并入电网运行，由于风力发电具有不稳定和间歇性的特点，对电网稳定运行造成一定影响。风力发电系统包含四个子系统，空气动力子系统（As）、机械传动链子系统（DT）、电磁子系统（EMS）和发电优化跟踪控制子系统。

四、风力发电机的分类和技术特点

根据叶轮驱动发电机的方式不同，风力发电机组可分为三种类型：第一种为双馈式，即叶轮轮毂通过多级齿轮增速箱驱动双馈异步发电机；第二种为直驱式，由叶轮直接驱动多极同步发电机；第三种为半直驱式，由叶轮通过单级增速装置驱动多极同步发电机，是直驱式和传统型风力发电机的混合。

双馈式风力发电机组的特点是采用了多级齿轮箱驱动有刷双馈式异步发电机。它的发电机的转速高、转矩小、重量轻、体积小、变流器容量小，但齿轮箱的运行维护成本高且存在机械运行损耗。

直驱式风力发电机组在传动链中省掉了齿轮箱，将风轮与低速同步发电机直接连接，然后通过变流器全变流上网，降低了机械故障的概率和定期维护的成本，同时提高了风电转换效率和运行可靠性，但是电机体积大、价格高。根据励磁方式的不同，这种低速同步发电机可分为永磁式、电励磁式和混合励磁式三类。

半直驱式风力发电机组也要求使用全功率逆变器。现多采用一级增速加双馈异步发电机或永磁同步发电机，一般均为中速机。这种机组与直驱式比较减小了发电机的体积，与双馈式比较减小了齿轮箱的体积，降低齿轮箱的制造成本和运行维护成本。

目前应用最广泛的风力发电机组为双馈异步式风力发电机组和永磁直驱同步风力发电机组。我国的风电产业经过近几年的飞速发展，已进入关键发展时期。

风电发展到目前阶段，其性价比正在形成与煤电、水电的竞争优势。风电的优势在于能力每增加一倍，成本就下降 15%，近几年世界风电增长一直保持在 30%以上。随着中国风电装机的国产化和发电的规模化，风电成本可望再降。因此风电开始成为越来越多投资者的逐金之地。

【思考与练习】

1. 简述中国的风能资源。

2. 风力发电系统的组成有哪些？

3. 风力发电机的分类和技术特点是什么？

模块3 海洋能概述（Z32H1003Ⅰ）

【模块描述】本模块介绍海洋能的组成、特点、利用和发展方向，通过术语说明，使节能服务工作人员掌握海洋能的概念。

【模块内容】

一、海洋能概述

海洋能源主要包括埋藏于大陆架和深海海床的化石能源（石油、天然气、可燃冰）与依附在海水中的可再生海洋能。

海洋能是指海洋通过各种物理过程接收、储存和散发的能量，这些能量以潮汐、波浪、温度差、盐度梯度、海流、离岸风能等形式存在于海洋之中。更广义的海洋能还包括海洋上空的风能、海洋表面的太阳能以及海洋生物质能等。究其成因，潮汐能和潮流能来源于太阳和月亮对地球的引力变化，其他均源于太阳辐射。这是一种可再生性能源，永远不会枯竭，也不会造成任何污染。

海洋能源按储存形式又可分为机械能、热能和化学能。其中，潮汐能、海流能和波浪能为机械能，海水温差能为热能，海水盐差能为化学能。

二、海洋能特点

海洋能具有如下特点：

（1）海洋能在海洋总水体中的蕴藏量巨大，分布广，清洁无污染，地域性强，而单位体积、单位面积、单位长度所拥有的能量较小。

（2）海洋能具有可再生性。

（3）海洋能有较稳定与不稳定能源之分。

（4）海洋能属于清洁能源，海洋能一旦开发后，其本身对环境污染影响很小。

海洋能蕴藏丰富，而开发困难并且有一定的局限性，开发利用的主要方式是发电。

三、我国海洋能资源与利用

我国大陆沿岸和海岛附近蕴藏着较丰富的海洋能资源，我国海流能、温差能资源丰富，能量密度位于世界前列；潮汐能资源较为丰富，位于世界中等水平；波浪能资源具有开发价值；离岸风能资源和海洋生物质能资源具有巨大的开发潜力。

近年来，随着我国风电设备制造能力的提高，我国海上风电有较大的发展，在江苏、山东等地形成了一定的规模。我国潮汐发电技术也相对成熟，其中江厦潮汐试验电站总装机容量位居世界第三，并已实现并网发电和商业化运行。波浪发电技术处于示范试验阶段，并已取得了一系列发明专利和科研成果。

我国目前还没有国家层面的海洋资源开发利用的整体战略规划，使得我国海洋能源在开发布局、发展的优先次序、关键技术攻关、人才培养、资金投入、海上维权和反恐能力建设等方面出现脱节，尤其是一些有争议领海，缺乏外交预案和资源开发计划方面的协调。

四、海洋能发电技术

当前海洋能的主要利用形式就是发电，主要有潮汐能电站（利用涨潮落潮产生的水位差所具有的势能来发电）、海洋温差能电站（又称海热发电。利用表层海水与深层海水的温差组成热力循环进行发电）、波浪能电站（利用海洋波浪的无规则动能转换为机械能驱动发电机发电）、海流能电站（利用朝着一个方向持续不断流动的巨大海水流推动水轮机发电）和海水盐浓度差能电站（利用两种不同盐浓度海水之间的渗透压进行发电）。除盐差能外，其他发电技术均得到不同程度的应用。中国在海流能利用技术方面取得了较大进步，其他形式的海洋能如海水温差能、盐差能等的研究与开发尚处在试验阶段。

【思考与练习】

1. 什么是海洋能？
2. 海洋能具有什么特点？
3. 简述我国海洋能利用的现状。

模块4　生物能源概述（Z32H1004Ⅰ）

【模块描述】本模块介绍生物质能的种类、组成、作用和主要形式，通过概念描述，使节能服务工作人员掌握生物质能的概念和原理。

【模块内容】

一、生物质能概述

生物质能是太阳能以化学能形式储存在生物质中的能量形式，即以生物质为载体的能量。它直接或间接地来源于绿色植物的光合作用，可转化为常规的固态、液态和气态燃料，取之不尽、用之不竭，是一种可再生能源，同时也是唯一一种可再生的能源。

生物质包括植物、动物及其排泄物、垃圾及有机废水等几大类。从广义上讲，生物质是植物通过光合作用生成的有机物，它的能量最初来源于太阳能，所以生物质能是太阳能的一种，每个叶绿素都是一个神奇的化工厂，它以太阳光作动力，把 CO_2 和水合成有机物。它的合成机理目前人类仍未清楚，研究并揭示光合作用的机理，模仿叶绿素的结构，生产出人工合成的叶绿素，建成工业化的光合作用工厂，是人类的梦想。如果这一梦想能实现，它将从根本上改变人类的生产活动和生活方式。

生物质是太阳能最主要的吸收器和储存器。太阳能照射到地球后，一部分转化为热能，一部分被植物吸收，转化为生物质能；由于转化为热能的太阳能能量密度很低，不容易收集，只有少量能被人类所利用，其他大部分存于大气和地球中的其他物质中；生物质通过光合作用，能够把太阳能富集起来，储存在有机物中，这些能量是人类发展所需能源的源泉和基础。基于这一独特的形成过程，生物质能既不同于常规的矿物能源，又有别于其他新能源，兼有两者的特点和优势，是人类最主要的可再生能源之一。

二、生物质能种类

生物质的种类很多。广义概念：生物质包括所有的植物、微生物以及以植物、微生物为食物的动物及其生产的废弃物，有代表性的生物质如农作物、木材和动物粪便。狭义概念：生物质主要是指农林业生产过程中除粮食、果实以外的秸秆、树木等木质纤维素（简称木质素）、农产品加工业下脚料、农林废弃物及畜牧业生产过程中的禽畜粪便和废弃物等物质。特点：可再生、低污染、分布广泛。由于地球上生物数量巨大，由这些生命物质排泄和代谢出许多有机质，这些物质所蕴藏的能量是相当惊人的。根据生物学家估算，地球上每年生长的生物能总量约为 1400～1800 亿 t（干重），相当于目前世界总能耗的 10 倍。我国的生物质能也极为丰富，现在每年农村中的秸秆量约为 6.5 亿 t，到 2010 年将达到 7.26 亿 t ，相当于 5 亿 t 标准煤。柴薪和林业废弃物数量也很大，林业废弃物（不包括炭薪林）每年约达 3700m^3，相当于 2000 万 t 标准煤。

三、生物质能的特点

生物质能的载体是有机物，所以这种能源是以实物形式存在的，是唯一一种可储存和可运输的可再生能源。而且它分布最广，不受天气和自然条件的限制，只要有生命的地方就有生物质能存在。

从化学的角度上看，生物质的组成是 C—H 化合物，它与常规的矿物燃料，如石油、煤等是同类。由于煤和石油都是生物质经过长期转换而来的，所以生物质是矿物燃料的始祖。正因为这样，生物质的特性和利用方式与矿物燃料有很大的相似性，可以充分利用已经发展起来的常规能源技术开发利用生物质能。但与矿物燃料相比，它的挥发组分高，炭活性高，含硫量和灰分都比煤低，因此，生物质利用过程中，造成空气污染和酸雨现象会降低，这也是开发利用生物质能的主要优势之一。

四、生物质能的利用与前景

从利用方式上看，生物质能与煤、石油内部结构和特性相似，可以采用相同或相近的技术进行处理和利用，利用技术的开发与推广难度比较低。另外，生物质可以通过一定的先进技术进行转换，除了转化为电力外，还可生成油料、燃气或固体燃料，直接应用于汽车等运输机械或用于柴油机、燃气轮机、锅炉等常规热力设备，几乎可以应用于目前人类工业生产或社会生活的各个方面，所以在所有新能源中，生物质能与现代的工业化技术和目前的现代化生活有最大的兼容性，它在不必对已有的工业技术做任何改进的前提下即可以替代常规能源，对常规能源有很大的替代能力，这些都是今后生物质能发挥重要作用的依据。

当前生物能源的主要形式有沼气、生物制氢、生物柴油和燃料乙醇。

沼气是微生物发酵秸秆、禽畜粪便等有机物产生的混合气体。主要成分是可燃的甲烷。生物氢可以通过微生物发酵得到。由于氢气燃烧生成水，因此是最洁净的能源。生物柴油是利用生物酶将植物油或其他油脂分解后得到的液体燃料，作为柴油的替代品更加环保。燃料乙醇是植物发酵时产生的酒精，能以一定比例掺入汽油，使排放的尾气更清洁。虽然生物能源的开发利用处于起步阶段，在整个能源结构中所占的比例还很小，但是其发展潜力不可估量。根据我国《可再生能源中长期发展规划》（发改能源〔2007〕2174 号）统计，目前我国生物质资源可转换为能源的潜力约 5 亿 t 标准煤。

生物能源的开发利用，可带来以可持续发展为目标的循环经济。全球生物质能是取之不尽、用之不竭的资源。因此，生物能源在将来大有可为，尤其是在石油供应紧张的时候，生物能源将大显身手。

【思考与练习】

1. 简述生物质的定义和种类。
2. 生物质能源有哪些特点？
3. 当前生物能源的主要形式有哪些？

第十八章

铁合金产业节能

模块1　我国铁合金产业概况（Z32H2001Ⅱ）

【模块描述】本模块介绍铁合金的用途、分类、能效状况及产业结构调整的目标，通过概念描述，使节能服务工作人员掌握铁合金产业概况。

【模块内容】

一、铁合金的用途及分类

铁合金是铁和另外一种或几种金属或非金属元素组成的合金，它主要用作炼钢的脱氧剂，是钢铁工业的重要原料之一。铁合金还可作为合金剂用于调整钢中合金元素的含量，使钢具有不同的性能；还可作为还原剂用来生产金属镁、钼铁、钛铁；还可广泛应用于铸造工业，以改善铸造工艺和铸件性能。

铁合金的品种繁多，按元素种类可划分为硅铁、锰铁、铬铁、钒铁、钛铁、钨铁等；按含碳量品种可划分为高碳、中碳、低碳、微碳、超微碳等品种。

二、我国铁合金生产规模

根据国家统计局的数据，2013 年我国铁合金的产量达到了 3775.87 万 t。从 2011 年到现在虽然铁合金产量增速呈现逐步下滑态势，但是依然保持了两位数的增速。中国铁合金产量的持续快速增长，使得中国已经成为世界第一铁合金生产大国和消费大国。我国的铁合金产量约占世界产量的 40%。

三、铁合金行业能效状况及产业调整目标

铁合金在生产过程中需要消耗大量的能源，目前我国铁合金平均电耗普遍比发达国家高 10%～20%，全国年生产耗电 900 亿 kW・h 以上。钢铁工业是我国的耗能大户，总耗能约占全国总量的 15%左右。随着铁合金冶炼技术的不断发展，虽然电耗已大幅下降，但由于铁合金冶炼技术的限制，大量的中、低温废气余热仍不能充分利用，由其所造成的能源浪费仍很大，大约为总输入热量的 50%。若将生产设备在生产过程中产生的大量废气余热，通过余热利用技术转化为电能，再用于生产过程或其他用途，既可节约能源，又可缓解企业电力供应不足的矛盾，随着能源价格的上涨，节能减排

压力日益增加，采取有效的能源转换途径，提高余热资源的回收利用效率，加大污染治理力度，大力发展循环经济，是满足国民经济发展需求，确保钢铁工业可持续发展的重要措施。

【思考与练习】

1. 铁合金的用途是什么？
2. 铁合金的分类是什么？
3. 简述我国铁合金生产规模。

模块2 铁合金冶炼及其用电（Z32H2002Ⅱ）

【模块描述】本模块介绍铁合金的生产设备、生产方法和流程，通过概念描述，使节能服务工作人员掌握铁合金冶炼工艺及用电情况。

【模块内容】

一、铁合金主要生产设备及生产方法

用来生产铁合金的主要设备有铁合金电炉、铁合金高炉、真空电阻炉和氧气转炉等。铁合金电炉又分为矿热炉和电弧炉。其中矿热炉是矿石电热还原炉的简称，又叫埋弧炉，以其电弧深埋于炉料之中而得名。它是一种电阻电弧电炉。

铁合金的主要生产方法有电炉法、高炉法、真空电阻炉法和氧气转炉法等。其中高炉法只能用来生产易还原元素的铁合金和低品位铁合金，真空电阻炉法主要用来生产超微碳铬铁，氧气转炉法主要用来生产中碳铬铁和中碳锰铁。这三种方法生产的比较单一，且数量较少，大多数铁合金产品主要是用电炉法来冶炼的。电炉法是铁合金生产的主要方法。铁合金电炉是生产铁合金的主要设备。

铁合金电炉又分为矿热炉和电弧炉。矿热炉的电气设备主要包括矿热炉变压器、短网、铜瓦、电极四大部分。

二、冶炼原理及生产流程

铁合金的冶炼，从根本上来说就是一个利用适当的还原剂，从含有所需氧化物的矿石还原出所需元素的氧化还原过程。

本章以矿热炉冶炼硅铁为例来说明铁合金冶炼的基本原理及生产流程。

冶炼硅铁过程中进行的基本反应如下

$$SiO_2 + 2C = Si + 2CO$$

$$Si + Fe = SiFe$$

SiO_2为矿石中的有用氧化物，C为还原剂，Si是从氧化物SiO_2中还原出来的元素。它与Fe反应生成硅铁合金，称为硅铁。

由于氧化物SiO_2的稳定性随温度的升高而降低，因此只能在足够高的温度（大于或等于1800℃）下以上反应才能进行。在原料具备的情况下，生产必须提供具有以上温度的场合。矿炉内的物料反应区是通过电弧加热来达到此温度的。

为达到以上温度，矿热炉必须消耗大量的电能。不少铁合金产品，电费占其成本的一半上。例如75号硅铁的电费占其成本的60%～70%。因此在铁合金行业推广节电措施，降低其冶炼电耗具有重要意义。

【思考与练习】

1. 用来生产铁合金的主要设备有哪些？
2. 铁合金的主要生产方法是什么？
3. 简述铁合金冶炼的基本原理及生产流程。

模块3 降低铁合金冶炼电耗主要途径（Z32H2003Ⅱ）

【模块描述】本模块介绍降低铁合金冶炼电耗的主要途径，通过原理及案例分析，使节能服务工作人员掌握降低铁合金冶炼电耗的几种方法。

【模块内容】

一、铁合金冶炼生产工艺及特点

铁合金的冶炼过程是将炉料、还原剂、渣料及相关调节剂，置于冶炼炉内，在高温下经复杂的物理、化学变化生产出合金、炉渣及炉气的过程。

铁合金的冶炼过程需要冶炼原料、水、电与蒸汽，其中电力消耗尤为突出。

二、铁合金冶炼降耗途径

降低铁合金产品冶炼电耗的途径主要有改进生产工艺，提高冶炼设备效率，开展余热利用。

生产工艺方面，要配料恰当、操作合理，确保冶炼工作在正常的工艺条件下进行。设备方面，在保证供电和设备运行的连续性、稳定性的前提下，关键是要提高整个矿热炉系统的功率因数、电效率及热效率。

矿热炉是目前主要的铁合金冶炼设备，其实际生产能力，可以用变压器容量与矿热炉系统的功率因数、电效率及热效率的乘积来表示。这几个因素都能左右矿热炉的实际生产能力。

矿热炉的节能问题，就是在保证正常生产工艺的前提下，提高系统的功率因数、电效率和热效率，其途径可归结为以下几个方面：

1. 提高操作电阻

矿热炉的热量主要来自炉内产生的电阻热和电弧热。电阻热是电流流过炉料时由炉料电阻产生的。电弧热是电流流过熔池时由熔池电阻产生的。

炉料电阻是指未融化的炉料区的电阻，其大小主要决定于炉料的组成、电极插入炉料的深浅和电极距离的远近，以及该区内的温度。

熔池电阻是指电极下端反应区的电阻，它是电弧电阻和熔液电阻的串联，电弧电阻是电极下端与金属溶液或熔渣之间气态空间的电阻；熔液电阻是气态空间下面金属溶液或熔渣的电阻。熔池电阻的大小主要决定于电极下端对炉底的距离、反应区直径的大小及反应区的温度。

炉内的炉料电阻和熔池电阻呈并联结构，它们并联后的等效值被称为操作电阻。

操作电阻是矿热炉的重要参数，它控制着矿热炉有效相电压的大小、炉内热能在炉料区和熔池区的分配情况。影响操作电阻的因素主要有炉料比电阻、高炉功率因数、电极插深等。

要想提高系统的电效率有两条途径：一是降低设备电阻，二是提高操作电阻值。

提高操作电阻有利于提高系统的功率因数和电效率，但过高的操作电阻会影响炉料配热系数（改变炉内的热分配）和电极的合理插深，从而影响矿热炉的热效率。所以在生产中必须在炉料和操作工艺上狠下功夫，在不影响炉料区和熔池区热能分配和电极合理插深的前提下，提高矿热炉的运行操作电阻。

提高操作电阻值有两个办法：一是提高炉子的电极中心距和电极直径的比值，二是提高炉料的比电阻。可是提高炉子的电极中心距和电极直径的比值不能取得过高，否则三根电极之下的三个熔池将不能沟通，影响炉况和冶炼效果。所以在这种情况下，提高操作电阻值最合理的办法就是提高炉料的比电阻。

2. 采用高效大型矿热炉

在国家铁合金行业的结构调整中，明令禁止新建 12 500kVA 以下的矿热炉项目。矿热炉已朝着大型化方向发展。大型矿热炉具有热效率高、产品质量稳定、劳动力少、单位产品投资低的优点，因而产品电耗和成本都比小炉子低。

但是，矿热炉也不是越大越好，因为炉子越大，功率因数越低，电能损失严重。而且炉子越大自培电极直径越大，难以维护，给高效率的正常生产带来困难。因此，大型矿热炉容量最好应在 70 000kVA 以下，并且要有改善功率因数的措施。

3. 合理选用变压器

对于矿热炉变压器，不仅要适应不同品种铁合金的冶炼，而且还要满足冶炼过程中不同阶段和不同炉况的需要，另外还要注意降低变压器在使用过程中的铜损、涡流损失和磁滞损失。

矿热炉变压器二次应具有多级分接电压（常用电压在中段），并且在所有的电压等级下，变压器的额定容量不变；矿热炉变压器应具有一定的过载能力；为保证系统的功率因数，变压器的短路阻抗不能太大，一般应在保持在5%～10%之间；空载损耗和负载损耗要低；矿热炉变压器在使用过程中要加强冷却。

4. 降低短网损耗

短网的电能损失由下式公式决定

$$P=3I^2R$$

式中 I——流过短网的电流值；

R——短网部分的电阻值。

由上式可知，要想降低此部分的电能损失，有两种办法：一是降低短网部分的电阻；二是保证功率不变的前提下，降低流过短网的电流值。

降低短网电阻的方法主要有缩短短网长度、减少短网周围铁磁物质、选取适当的导电材料、减少连接处接触电阻、使用水冷短网（降温）、短网无功补偿（提高功率因数）等。

5. 直流矿热炉与低频矿热炉的开发应用

长年来，人们一直用交流矿热炉冶炼铁合金。由于交流矿热炉，特别是大型炉子的电抗大、功率因数低、短网等电流传输部分存在严重的集肤效应和临近效应，导致变压器利用率下降，系统回路电能损失较大。于是就有了直流矿热炉的开发，并投入了工业应用。

直流矿热炉一般采用单电极结构，由一台大功率的直流电源供电。由于直流矿热炉系统（除变压器和交流短网外）不存在功率因数和集肤效应、临近效应的问题，所以其电效率比较高，设备有功功率损耗较小，电极消耗也大大减少。但在运行过程中，直流炉经常出现严重的偏弧现象，使得冶炼工艺难以把握，而且其底电极的处理比较困难，不易维护，故难以推广使用。

低频矿热炉的炉体结构和交流炉完全一样，因此它不存在直流炉的偏弧和底电极问题。交流炉改造成低频炉，只需在变压器和短网之间加入一个低频电源变频装置，然后把变压器、低频电源变频装置和短网连接起来即可。低频矿热炉的工作频率极低，一般都在0.05Hz左右。这样电源的频率降低了1000倍，根据矿热炉系统总电抗的公式 $X=W(L\pm M)=2\pi f(L\pm M)$ 得出，矿热炉系统的电抗值也大大降低（约为原来的1/1000）。于是其功率因数也大幅度提高（自然功率因数都在0.9以上），从根本上解决了功率因数的问题，同时也消除了交流电炉存在的集肤效应和临近效应。

6. 炉体维护与绝热

影响矿热炉热效率的因素：一是炉型的大小（大型炉子的热效率比小型炉子的高），二是炉子的炉料配热系数和电极的插深。另外，炉体的绝热能力也会影响热效率。

在建造炉的时候，应尽量缩小炉体的散热面积，炉墙和炉底要采用绝热能力良好的保温材料，并有足够的厚度。尽量采用密闭型炉，防止料面的热量大量散失。在炉子的运行过程中，要加强对炉体（炉墙、炉底、出炉口等）的维护，要特别注意电弧对炉底的伤害，应尽量避免二次电压过高、电极过深和超载运行对炉底的损坏。

7. 余热利用

目前矿热炉均采用管短网供电，管短网中循环水温可达到50℃以上，可利用这部分热量进行集中供暖或供职工淋浴之用。

此外还可以在矿热炉和除尘设备之间加装余热锅炉，利用烟气的温度对锅炉进行加热再利用。而且烟气经过余热锅炉降温后，也便于除尘器除尘，不再需要增加空冷器，节省了除尘器的投资。采用封闭炉使车间空气净化和利用余热及煤气成为可能，这种煤气的热值为 10 500～11 340kJ/m^3，是很好的燃料和化工原料。它们可回收的能量分别相当于电炉输入电能的 20%，例如，硅铁电炉当采用炉气余热发电装置时，产品回收电能约 1800～2500kW・h/t。

余热发电是当前提高二次能源利用率，节约能源的一项有效措施。冶炼过程中产生的烟气，通过余热锅炉生产蒸汽再带动汽轮发电机组发电，能有效提高二次能源的综合利用率，并且能降低排气的温度，是节能减排、降低企业生产成本比较有效的途径之一。

【思考与练习】

1. 降低铁合金冶炼电耗的主要途径有哪些？
2. 矿热炉变压器的选用应注意哪些问题？
3. 提高铁合金冶炼功率因数的方法有哪些？

第十九章

水 泥 产 业 节 能

模块 1　我国水泥产业现状（Z32H3001Ⅱ）

【模块描述】本模块介绍水泥产业的生产工艺、能耗及结构调控情况，通过概念和情况描述，使节能服务工作人员了解我国水泥产业现状。

【模块内容】

水泥是国民经济建设所需的基础原材料。目前我国已经成为世界上最大的水泥生产国与消费国。

一、水泥生产工艺和生产过程

水泥生产过程包括石灰石等原料的开采、破碎、配料、均化，生料制备，再经分解锻烧成熟料，最后复合其他材料磨制成水泥。通常，按生料制备和入窑生料含水情况可分为湿法工艺、干法工艺和半干法工艺，从煅烧设备的形式上又可分为回转窑工艺和立窑工艺。

由于能耗高、污染大，湿法生产、半干法生产工艺已基本淘汰。传统机立窑生产过程和产品性能难以与先进的新型干法水泥生产媲美。而以悬浮预热和窑外分解技术为核心的新型干法水泥生产，已成为现代水泥生产的主流工艺。

二、水泥工业能耗

水泥是建材工业的耗能大户，能源消费占全国能源消费总量的 7%～8%，主要消费的能源品种是煤炭（占 70%）和电力（占 30%）。煤炭主要用于原材料烘干、熟料煅烧、混合材料烘干；电力用于破碎、粉磨等生料制备、水泥粉磨及其他生产装备运转。

水泥生产对能源的依赖度很高。其能源消费费用占生产成本费用比例平均达到 40%～60%，部分产品达到 60%以上。随着能源价格的快速上升和资源的短缺，能源、资源已成为水泥工业发展的重要制约因素。减少能源消耗已成为水泥企业自身降低生产成本、提高经济效益的迫切需要。大力提高能源资源利用效率，以节能降耗、优质、环保、提高劳动生产率逐步实现清洁化、高效集约化改变传统的水泥粗放型发展模式，已成为水泥工业转变经济增长方式的重要内容。

三、水泥工业结构调控政策

国家发展改革委等八部委颁布了《关于加快水泥工业结构调整的若干意见》（发改运行〔2006〕609 号）明确提出 2010 年新型干法比重达到 70%，累计淘汰后生产能力 2.5 亿 t，企业平均生产规模由 20 万 t 提高到 40 万 t，企业户数减少到 3500 家左右，前 50 名企业生产集中度提高到 50%以上，采用余热发电生产线达 40%。

为落实《国务院关于化解产能过剩矛盾的指导意见》（国发〔2013〕41 号）有关要求，促进水泥行业技术进步，提高能源资源利用效率，改善环境。2014 年国家发展和改革委、工业和信息化部、质检总局下发《关于运用价格手段促进水泥行业产业结构调整有关事项的通知》（发改价格〔2014〕880 号）。通知要求，① 对淘汰类水泥熟料企业生产用电实行更加严格的差别电价政策。② 对其他水泥企业生产用电实行基于能耗标准的阶梯电价政策。③ 完善差别电价执行程序。④ 严格生产许可证管理和行政执法。各级质检部门要进一步加强水泥生产线生产许可证管理。充分发挥生产许可证制度对淘汰落后产能的作用，凡不符合国家产业政策的水泥生产线，一律不予以换（发）生产许可证。⑤ 严格管理和规范使用加价电费资金。因实施差别电价政策而增加的加价电费，10%留电网企业用于弥补执行差别电价增加的成本，90%归地方政府使用，主要用于支持水泥行业节能技术改造、淘汰落后和转型升级。具体办法由省级人民政府有关部门制定。⑥ 加大监督检查力度。省级价格主管部门要会同有关部门加强对水泥熟料生产线（企业）用电差别电价政策落实情况的监督检查，督促电网企业及时足额上缴加价电费资金。各级质检部门要加大执法监管力度，严厉打击无证生产违法行为。

【思考与练习】

1. 水泥生产过程包括哪些？
2. 水泥生产的主要能耗是什么？分别用于哪些工艺？
3. 简述我国水泥工业结构调控政策。

模块 2　新型干法水泥厂主要用电设备（Z32H3002Ⅱ）

【模块描述】本模块介绍水泥企业的破碎系统、生料粉磨、煤粉制备、烧成系统设备等设备情况，通过讲解设备的组成及原理，使节能服务工作人员掌握新型干法水泥厂的主要用电设备情况。

【模块内容】

水泥是一个耗能较大的行业，主要能耗一部分是生料制备和分解煅烧成熟料，另一部分是将熟料负荷其他材料磨制成水泥。平均每生产 1t 水泥需搬运 3t 的物料，生产设备主要为原料破碎机、生料磨、煤粉磨、窑、熟料磨、风机和输送设备等，均为动、重载设备，装机容量大，且都是三班制连续生产，耗电量较大。

湿法生产、半干法生产工艺因其能耗高、污染大，已基本淘汰。传统机立窑生产过程和产品性能难以与先进的新型干法水泥生产媲美。而以悬浮预热和窑外分解技术为核心的新型干法水泥生产，已成为现代水泥生产的主流工艺。

一、破碎与粉磨系统

水泥生产的主要原料有钙质原料（如石灰石、大理石、泥灰岩、白垩等）、硅铝质原料（如黏土、砂岩、叶岩、粉砂岩等）和铁质原料（如铁矿石尾矿、硫酸渣等）；主要燃料是燃煤。这些矿山开采下来或外购的原燃材料，一般都需进行破碎到一定粒度，才能进行粉磨处理。

水泥生产原料的破碎常用破碎机，一般要根据物料的物理机械性质如物料强度、硬度、密度、脆性或韧性、含水量、含泥量、黏塑性及磨蚀性等，来选择合适的破碎机类型和规格。

生料粉磨是把经破碎后按合适比例混合的块状原料，磨细到粉末状生料的过程，同时还往往伴有原料的烘干过程。生料粉磨过程是水泥生产耗能较大的一个过程，耗电量约占到水泥生产总耗电量的 1/5。

传统的水泥生料粉磨设备主要是球磨机，使用条件不同或要求不同时，球磨机的结构形式、磨机长径比和布置流程也不一样。

新型干法水泥生产线采用的主要生料粉磨设备是立式磨和辊压机。世界上第一台立式磨诞生于 20 世纪 20 年代。与球磨机相比，立式磨具有粉碎比大、粉磨效率高、系统电耗节省多；烘干能力大，可适应含水分高的原料；单机粉磨能力大，最大单台设备能力可达球磨机最大设备能力的 3 倍以上；工艺流程简单，建筑占地面积小；噪声低、扬尘小等一系列优点。GB 50443—2007《水泥工厂节能设计规范》中提出：石灰石破碎宜采用单段破碎系统；原料粉磨应采用辊式磨系统；煤粉制备宜采用辊式磨系统；水泥粉磨系统应采用带辊压机的联合粉磨系统或辊式磨终粉磨系统。当采用球磨系统时，宜采用带高效选粉机的圈流系统，不得采用开流系统。在相同产能的情况下，辊压机系统比立磨系统配置功率约小 870kW，单位产品电耗低。但辊压机的单台处理能力有限，对于 4000t/d 以上规模的生产线，须配置两台或三台以上才能满足能力平衡要求，由此导致系统复杂，可靠性降低，而立磨单台能力较大，系统配置 1～2 台，即可满足 5000～10 000t/d 烧成系统要求。

二、熟料烧成系统

新型干法水泥生产的技术核心是新型的干法煅烧技术，即预分解煅烧技术。它是采用新型悬浮余热器加分解炉组成烧成窑尾，加上回转窑、窑头箅式冷却机及一系列附属设备如风机、输送设备、除尘设备、燃烧器等组成新型干法生产的烧成系统。现代水泥烧成技术的变革，都是根据物料的预热、分解、固相反应、出现液相和形成水泥矿物及熟料冷却过程不同阶段的反应特性配置不同设备单元，并注意系统各单体设备之间的匹配和平衡，在稳定的基础上达到系统效率的最大化。目前所推广的高效节能烧成技术是指以悬浮预热和预分解技术为核心的新型干法水泥熟料生产技术，主要包括高效预热器和分解炉、回转窑、新型多通道燃烧器、新型箅式冷却机等，使用该技术进行水泥熟料生产的优点是高效、优质、节能、节约资源，符合环保和可持续发展要求，与其他几种主要的烧成窑相比，新型干法比机立窑的单位热耗低 28%，比湿法窑的单位热耗低 44.7%，比干法中空窑的单位热耗低 91.7%。

烧成系统的主要用电设备有回转窑的传动、箅式冷却机各部分和各附属设备的工作动力，表 19–2–1 列出目前新型干法水泥生产主流规模生产线回转窑、箅式冷却机的装机功率情况，附属设备的装机功率情况下面分节叙述。

表 19–2–1 目前新型干法水泥主流规模生产线回转窑、箅式冷却机的装机功率

主流规模（熟料产量）/t	1000	2500	5000
窑主电机装机功率/kW	160	315	630
箅式冷却机装机功率/kW	约 130	130～180	180～400

三、水泥粉磨

水泥粉磨是水泥生产的一个重要环节，它是将窑里煅烧的熟料配以不同混合材料，磨制成成品水泥的过程。近 20 年来，随着新型干法水泥生产技术的发展，水泥粉磨工艺和装备技术也有了飞跃发展。主要表现为：一是粉磨装备向大型化发展，对提高生产能力和粉磨效率、降低建设投资和运行能耗起到了很大作用；二是粉磨新工艺、新装备的广泛应用，如辊压机技术、高细磨技术、高效选粉机装备等，为水泥粉磨过程的节能降耗、优质高效创造了条件；三是发挥了各单机设备的最大技术优势，各种粉磨装备的组合互补，组成了各种流程和流派的水泥粉磨系统，来实现生产不同品种水泥和高效节能的目的。目前国内新型干法水泥生产线较多使用的部分水泥管磨主要技术参数见表 19–2–2。目前国内使用较多的部分国产辊压机设备主要技术参数见表 19–2–3。由辊压机和管磨，配以分级、打散、选粉、除尘、输送等设备，可以组合成各种流程的水泥粉磨系统。

表 19–2–2　　水泥管磨主要技术参数

水泥球磨机规格/m	ϕ3.2×11	ϕ3.8×13	ϕ4.2×12.5
装机功率/kW	1400	2500	3150
生产能力/（t/h）	约 45（约 320m^2/kg）	70～75（约 360m^2/kg）	约 90（约 360m^2/kg）

表 19–2–3　　国产辊压机设备主要技术参数

辊压机型	RP120-80	CLF140-65	CLF140-80	HFCG140-65	RP140-110
装机功率/kW	2×500	2×500	2×630	2×500	2×800
通过量/（t/h）	180～230	266～362	327～446	180～260	460～500

四、输送设备

水泥生产中有大量的块状或粉状物料需进行水平、垂直或倾斜输送，输送方式由气力输送和机械输送两大类。气力输送仅适用于粉状物料，其优点是布置简单灵活、检修维护工作量小、设备重量轻、土建工程量小等，但气力输送耗电量较大。因此，在新型干法生产中，除煤粉输送等极少情况下用气力输送外，大量的块状、粉状物料都采用机械输送。机械设备主要有胶带输送机、斗式提升机、螺旋输送机等，表 19–2–4 列举了部分新型干法水泥生产中常用的输送设备技术参数和装机功率。

表 19–2–4　　部分新型干法水产中常用输送设备技术参数和装机功率

项目	1000t/d 熟料线配套		2500t/d 熟料线配套	5000t/d 熟料线配套	10 000t/d 熟料线配套
生料入窑	斗式提升机	气力提升泵	斗式提升机	斗式提升机	斗式提升机（2台）
	N-TDG400，输送高度 63m，输送量 168m^3/h	风量 80m^3/min，输送高度 63m，输送量 80m^3/h	BM-G630/320/4 或 N-TGD630，输送高度 85～89m，输送量 220～250t/h	N-TGD1000 或 H-GBW1000，输送高度约 100m，输送量 400～500t/h	BWG-1250/360/5，输送高度约 135m，输送量 400～680t/h
	装机功率 37kW	罗茨风机电机功率 132kW	装机功率 90～110kW	装机功率 132～160kW	装机功率 200kW
熟料链斗机	SDBF630	DS630	SCD800	KZB250-1000/350/5	KZB250-1600/350/6
	长度约 70m，倾角 45°，输送量 45～60t/h	长度约 81m，倾角 32°，输送量 65～100t/h	倾角 45°，输送量 105～160t/h	输送量 230～380t/h，斗速约 0.28m/s	输送量 500～700t/h，斗速约 0.292m/s
	装机功率 22kW	装机功率 30kW	装机功率 45kW	装机功率 75kW	装机功率 132kW
煤粉气力输送	输送量 1～10t/h		1～10t/h	至窑头 1～17t/h，至窑尾 16～25t/h	至窑头 2.2～22t/h，至窑尾 3.5～35t/h

续表

项目	1000t/d 熟料线配套		2500t/d 熟料线配套	5000t/d 熟料线配套	10 000t/d 熟料线配套
煤粉气力输送	至窑头罗茨风机电机 55kW	至窑尾罗茨风机电机 75kW	至窑头罗茨风机电机 75kW；至窑尾罗茨风机电机 90～110kW	至窑头罗茨风机电机 132kW；至窑尾罗茨风机电机 250kW	至窑头罗茨风机电机 220kW；至窑尾罗茨风机电机 220kW
石灰石胶带输送机	—	—	TD75 B1000	DT-11 糟型 B1200	DT-11 糟型 B1200
	—	—	水平中心距约 309m，带速 1.6m/s，输送能力 800t/h	水平中心距约 8200m，带速 3.5m/s，输送能力 1800t/h	水平中心距约 1750m，带速 2.5m/s，输送能力 1800t/h
	—	—	装机功率 90kW	装机功率 545kW	装机功率 280kW

五、风机

风机是新型干法水泥生产过程中的重要附属设备，生产线的每个子系统中都要用到的不同的风机，一条新型干法水泥生产线中，要配备几十台风机，功率小的仅几千瓦或更小，功率大的则要达到几千千瓦。不同规模新型干法水泥生产线配置的几台大型风机参数和装机功率举例见表 19–2–5。

表 19–2–5 不同规模新型干法水泥生产线配置的几台大型风机参数和装机功率

风机名称	技术参数	1000t/d 燃料线配套	2500t/d 熟料线配套	5000t/d 熟料线配套	10 000t/d 熟料线配套
窑头排风机	流量/（m^3/h）	180 000	300 000	620 000	1 150 000
	全压/Pa	2000	2000	2000	2000
	装机功率/kW	160	250	710	1250
高温风机	流量/（m^3/h）	210 000	450 000	860 000	850 000
	全压/Pa	7500	7600	7700	7500
	装机功率/kW	710	1250	2500	2500（2 套）
循环风机	流量/（m^3/h）	220 000	400 000	860 000	
	全压/Pa	10 000	10 000	10 000	
	装机功率/kW	800	1000～1700	3550	
尾排风机	流量/（m^3/h）	210 000	450 000	920 000	1 000 000
	全压/Pa	2000	2000	2000	11 000
	装机功率/kW	185	450	710～800	3800（2 套）
冷却机风机	数量/台	8	12	15	24
	装机功率/kW	457	800	1672	2994

新型干法水泥生产线的机械化、自动化程度很高，一条生产线含有几百甚至上千台设备。上述仅介绍了新型干法水泥生产的部分主机设备主要技术参数和电力装机功率情况。此外，新型干法水泥生产线还有大量的除尘设备、喂料设备、计量设备、分选设备及许多不同规格、类型的输送设备、风机等，由这些设备组成各生产系统，实现水泥生产的正常进行，本章不再一一介绍。

【思考与练习】

1. 水泥产业的生产设备主要有哪些？

2. 水泥生产的主要原料有哪些？

模块3　水泥厂主要节电技术（Z32H3003Ⅱ）

【模块描述】本模块介绍水泥生产工艺节电相关技术，通过原理讲解和分析，使节能服务工作人员掌握水泥产业主要节电技术的原理和方法。

【模块内容】

水泥生产过程中，原燃料制备、熟料煅烧和水泥粉磨均要消耗电能，所消耗的电能大小与生产线的工艺布局、装备形式、熟料的煅烧方法、自动化程度、原燃料的性能、水泥的质量有关，不同的生产线生产的熟料和水泥单位电耗差别很大。

水泥生产的节电措施除了应用通用节电技术外，还采用了较先进的新型干法生产技术。本章仅就工艺节电相关技术进行简要介绍。

一、采用高效节能的烧成系统

自2000年以来，新型干法水泥生产方式盛行，其技术指标与排放标准都基本达到国内外先进水平，但是由于更换设备费用较高，部分水泥企业未进行更换，各地市必须按照国家发改委与省市签订的责任书，逐步淘汰立窑、湿法窑、干法中空窑等落后的生产方式，全面排查，重点监督，确保新型干法水泥技术得到落实。在水泥生产总量不变的前提下，干法水泥生产可比立窑生产节省约25%的能耗，这两种方法是有天壤区别的，所以要积极推进新型干法水泥生产方式在企业中的利用。

烧成系统是新型干法水泥生产技术的核心部分，生料粉磨系统制备好的生料，经烧成系统煅烧即成为水泥熟料。新型干法水泥生产线的烧成系统可分为四部分，即预热器部分、预分解部分、回转窑部分、冷却机部分。

二、生料制备采用立式磨技术

立磨的发展已经历了几十年漫长历程，由于其粉磨原理不同于管磨，使其粉磨效率远远高于球磨，特别是立式磨比球磨机制备粉料的电耗低得多，得到世界各国水泥工业的青睐。但采用立磨方案建设的一次性投资较高，操作管理技术要求也高一些，且国内一些水泥对其的认识也有一个过程，因此，较广泛地认可用立式磨制备生料在国内也就是近几年的事情。目前，国内的新型干法水泥线 5000t/d 规模的主要以立磨为主，而 2500t/d 规模的线，立磨方案还不到 50%。以 5000t/d 熟料生产线生料制备系统为例，其球磨系统方案和立磨系统方案装机功率比较见表 19–3–1。

表 19–3–1　5000t/d 熟料生产线生料制备球磨方案和立磨方案装机功率比较

生料磨方案	生产能力/（t/h）	总装机功率/kW	系统中各设备的装机功率/kW					
			磨机	斗提机	选粉机	高温风机	循环风机	尾排风机
立式磨	420	11 262	3700	55	250	2500	3550	710
中卸管磨 ϕ4.6m×（9.5+3.5）m	2×200	2×6564	2×3350	2×132	2×160	2×1250	2×1000	2×400

由表 19–3–1 可见，磨制每吨生料，立磨系统比管磨系统装机功率要小 6.0kW。折算成粉磨电耗，差值约 4.2kW·h/t 生料；烧成熟料的料耗按 1.5t 生料/t 熟料计算。则熟料的电耗要差 6.3kW·h/t，仅此一项，差不多就是熟料生产电耗的 10%还多。这是一个很可观的数值。

三、大宗物料的输送采用机械方式

水泥生产中须对大量的块状、粉状物料进行输送，主要的输送方式由机械输送和气力输送。气力输送有空气输送斜槽、螺旋泵、仓式泵和气力提升泵等，只能用于粉状物料的输送。其中空气输送斜槽一般有离心风机供风，经过透气层进入槽体，把进料口落入的物料吹松，呈流态化的物料受重力作用顺倾斜的槽体以 1～1.5m/s 的速度由高处向低处流动。从卸料口卸出。而螺旋泵、仓式泵和气力提升泵的输送都需由罗茨风机或空压机提供气源吹动物料沿管道以较高速度输送，耗能量较大。

四、水泥生产纯低温余热发电技术

余热主要来源于窑尾预热器和窑头冷却机的废气，就目前国内最先进的生产线工艺而言，窑头和窑尾的废气除满足原燃材料的烘干外，仍有大量的 350℃以下的余热不能完全被利用，其浪费的热量约占系统总热量的 30%。国内水泥企业余热利用的主要方式是进行余热发电，以生产过程中从窑头冷却机和窑尾预热器抽出的废气为热源，可建立单压、双压、闪蒸循环系统。

双压系统能实现能量的梯级利用，各换热器的换热温差较单压和闪蒸更为合理且系统输出功率最大。但是与单压相比，增加了高压省煤器，使得系统较为复杂，增加初投资。闪蒸系统的主蒸汽压力、流量等与单压系统基本相等，输出功率比双压系统略小。双压循环具有最大输出功，闪蒸系统输出功略小，但有系统较为简单灵活等优点。由于水泥工业余热基本在 350℃以下，以水为工质的朗肯循环不能有效地回收余热，一般用有机朗肯循环（Organic Rankine Cycle，ORC）余热发电技术，即以低沸点的有机物代替水为工质来吸收废气余热。

五、选取合理的生产参数和采用正确的操作方式

新型干法水泥生产线是现代化和自动化程度很高的生产方法，一般都由中央控制室进行生产监控和操作，需要管理人员和操作人员具有较高的素质和技术水平。其生产参数的合理与否及操作管理水平的高低不仅影响生产的产量、产品品质，还会较大地影响生产电耗。生产管理、技术人员要根据工厂具体条件合理制定各项生产操作指标和规程，比如熟料的率值控制范围、配料方案、混合材的品种和掺量、生产岗位各点的温度压力值、各中间环节物料特性的控制等。

【思考与练习】

1. 水泥生产过程中消耗电能的大小与哪些因素有关？
2. 水泥厂主要节电技术有哪些？

模块 4　DSM 在水泥产业中的应用（Z32H3004Ⅱ）

【模块描述】本模块介绍优化用电方式和提高终端能源利用效率两种水泥产业节电方式，通过原理和概念描述，使节能服务工作人员掌握 DSM 在水泥产业中的主要应用。

【模块内容】

一、移峰填谷，优化用电方式

掌握用电特点，了解用户需求是电力需求侧管理（DSM）的重要内容。水泥工业是耗能的行业重要用户，其负荷变化有规律可循。其中熟料粉磨电耗约占 35%～40%，一般而言，磨比窑的设计生产能力富余 1.2～1.3 倍，因此形成窑磨主机不同的运转率，熟料粉磨的用电负荷可以作为电网高峰期转移用电负荷，但同时必须考虑熟料库的库容和实际料位。供电部门应与水泥企业及时沟通。

纯熟料生产线由于连续作业的要求，不可作为峰值转移时的可调控用电负荷，而粉磨站恰恰相反。

供电紧张、实施分时电价的地区，应鼓励粉磨采用谷电，对用电者而言，可以有效降低成本；对电网而言则平衡负荷、提高机组发电效率。

二、挖掘潜力，提高终端能源利用效率

节电的宗旨是提高终端能效的潜力。通过分析全厂的用电设备运行情况，掌握负荷的分布，找出优化改进的方向，结合工艺优化，逐步落实。

首先合理布局生产工艺，相近工艺，生产成本主要决定于物流成本，早些年国内一家 2000t 生产线，因为水泥库设置距离过长，输送时需多配一台滑片压缩机，仅此一项每吨水泥增加 1.5 元成本；其次针对粉磨用电大的特点多做文章，根据物料特点选择高细磨、挤压磨、立磨及不同的组合工艺，选择助磨剂；再次工序间的能力配置，避免大马拉小车；第四选择能效高的设备；采用液力启动、变频、相控节电技术；第五在实行峰谷电价、用电紧张的地区可以经过技术经济分析，在技术经济比较可行的基础上适当增加粉磨能力，多利用谷电。

对于现有立窑企业，尽管不得以任何名义进行以立窑扩径为内容的改建、扩建。但可以借鉴新型干法窑的理念，强化原燃料的均化，优化各设备的工艺衔接，部分采用工业智能控制技术，选用节电技术，节能降耗，使生产技术经济指标能接近新型干法水泥生产指标。

【思考与练习】

1. 水泥产业中应用 DSM 主要有哪几种方式？简述各自原理。
2. 水泥产业中哪些工艺可以应用 DSM？

第二十章

电炉钢产业节能

模块1　电炉钢概述（Z32H4001Ⅲ）

【模块描述】本模块介绍电炉钢技术演进、生产能力、用电特点及工艺特性、能耗情况，通过概念和原理描述，使节能服务工作人员了解电炉钢产业的基本情况。

【模块内容】

电炉钢生产是现代钢的主要生产流程之一。与转炉炼钢相比，具有投资少、建设周期短、见效快及生产流程短、生产调度灵活、优特钢冶炼比例高等优点，特别是合金钢、高合金钢等高附加值、高强度、高韧性等高性能的特殊钢品种的冶炼，现在基本依靠电炉。

现代的电炉流程为：电炉冶炼→二次精炼→连铸→热送热装→轧制。电和废钢是电炉钢生产的两个必备条件。特钢企业电炉钢成本的55%来自废钢。特钢企业电耗成本占总成本的15%。

一、电炉钢技术演进

采用吹氧熔炼技术，使电弧炉炼钢技术进入了快速发展的时期，以废钢为原料的电弧炉炼钢→小方坯连铸→线材轧机为代表的“小钢厂”逐渐占领了区域性的长型材钢铁产品市场。20世纪70年代，在美国以纽柯公司为代表的一批高生产率的电炉短流程钢厂的兴起，标志着电弧炉炼钢已成为与高炉→转炉流程相呼应的另一重要的生产工艺流程。80年代中期以后，电弧炉炼钢技术的发展又进入另一个大变革时期，具有标志性意义的是电弧炉炼钢企业进入了扁平材市场，特别是社会废钢资源的大规模再生利用，以及提高质量、缩短冶炼周期、降低能耗、环境友好的各种电弧炉系统化技术的出现。

二、电炉钢生产能力

2010年世界粗钢产旦为14.14亿t，中同粗钢产量达到了6.267亿 t，同比增长了9.3%，占世界粗钢产量的44.3%，创人类历史上单个国家粗钢年产量的新纪录。2003年以后，因房地产业的高速发展、建筑钢产需求大幅度增加、粗钢产量的猛增（这也是世界电炉钢比例回落的原因之一），电炉钢产比例降低。

目前电炉钢不但在传统的特殊钢和高合金钢领域继续保持其相对优势，而且正在普钢领域表现出强劲的竞争态势。在产品结构上，电炉钢几乎覆盖了整个长材领域，诸如团钢、钢筋、线材、小型钢、无缝管、甚至部分中型钢材等，并且正在与转炉钢争夺板材（热轧板）市场。

三、电炉钢用电特点及工艺特性

1. 高功率连续供电是电炉炼钢用电的主要特点

由于特殊钢生产和产品结构的特点，决定了特殊钢企业的能源消耗以电力为主的特性。特殊钢企业与电力企业之间的关系是密切而不可分离的。电炉炼钢是依靠电能感应的物理热进行冶炼的，可在炉内熔化大量合金和废钢铁，电炉炼钢在合金化等方面较转炉炼钢有一定的优越性。但其缺点是冶炼周期长、生产效率低、电价昂贵、成本高等。由于特殊钢产品有合金含量高、品种多、批量小和附加值高等特点，因此主要用电炉冶炼特殊钢。

2. 电炉炼钢配以 LF/VD 二次精炼优势

电炉炼钢配以LF/VD二次精炼生产特殊钢的优势在于使用化学性质为中性的电弧作为热源，冶炼过程中加热与化学反应相互独立，从而保证了工艺的灵活性；又由于允许加入多数量的合金，因而在生产高合金钢方面具有更明显的优势。电炉炼钢工艺适合于生产批量小、品种多、合金含量较高的钢种。

3. 电弧加热电能感应的物理热及优势钢类

电弧加热炉料时，产生的物理热大部分被包围在炉料中，而且带走的热损失少，所以热效率比转炉炼钢法要高。

由于电炉加热钢液时会使熔池增碳，而电炉冶炼过程成分控制较为容易，故其优势钢类为中、高碳钢和高合金钢。由于电弧区钢液吸氮，因而难以生产氮含量低的产品。

4. 电炉炼钢节电（能）降耗

电炉炼钢与电解铝、铁合金等行业一样，同属于用电负荷高、耗电量大的行业。电炉炼钢生产以废钢为主要原料、电力为主要能源，是耗电大户。电炉炼钢素有“电老虎”之称，其工序能耗和生产成本要高于转炉炼钢。因而电炉炼钢的节电（能）降耗工作，一直是电炉钢生产企业和电炉科技工作者十分关注的一个重要课题。现代大型超高功率电炉技术的完善，可在一定程度上缓解电炉炼钢消耗高、生产成本高。

电弧炉的电气运行理论和操作技术的不断进步，近期采用“高电压、长电弧、高功率系数”的操作制度；炉衬的热负荷大幅度增加，相应的技术发展有提高耐材质量、水冷炉壁、泡沫渣等；二次回路的电流强度大大增加，降低回路阻抗和进一步改善三相平衡成了重要问题；熔炼工艺的变化，为了充分利用变压器的能力，传统的电弧炉三期操作消亡，电弧炉变成了一台高效的熔化炉；电弧炉机械结构、自动化系统不断进步，促进了高效、优质、低成本三方面综合发展，如底出钢技术，过程计算机控制；熔炼周期缩短，物料输送和试样化验等负担大大增加，为降低电耗及能耗成本，提高能量输入强度以缩短冶炼周期，采用了多种形式的能量利用技术，如大流量机械式碳–氧枪、二次燃烧技术、氧–油烧嘴、底吹燃料和氧气（底吹的另一作用是熔池搅拌）等技术。另外，为利用炉气中的余热，各种废钢预热手段也相继出现。

【思考与练习】

1. 现代的电炉流程是什么？

2. 简述电炉钢用电特点及工艺特性。

模块 2　电炉钢节电技术（Z32H4002Ⅲ）

【模块描述】本模块介绍电弧炉废钢预热技术、强化用氧技术、集束射流氧枪技术、铁液热装应用等节电技术，通过概念、数据和原理描述，使节能服务工作人员掌握电炉钢产业的主要节电技术。

【模块内容】

一、电弧炉废钢预热技术

电炉采用超高功率、氧–燃烧嘴助熔、泡沫渣、二次燃烧及底吹技术等强化用氧后，废气大大增加，废气温度达 1200～1500℃。为降低能耗、回收能量，废钢入炉前，利用高温废气进行废钢预热，并利用这些废气的能量开发了各种废钢预热方式。迄今为止，采用废钢预热方法主要有料篮（分体）法、双壳电炉、竖窑电炉及康斯迪电炉预热法等。

二、强化用氧技术

近代电炉炼钢大量使用氧气（达 $44m^3/t$）。电炉强化用氧技术主要包括氧–燃烧嘴助熔、水冷碳氧枪及二次燃烧技术等。

1. 氧–燃烧嘴

西欧、日本及北美几乎所有的电弧炉都采用氧–燃烧嘴强化冶炼。因价格、来源及操作等原因，目前氧–燃烧嘴用油燃料的较多。我国氧–煤烧嘴技术较成熟，已用于 30t 以下小电炉上，大型电弧炉采用氧–煤烧嘴技术较少。

2. 炉门氧枪

炉门氧枪有消耗式与非消耗式，我国多数用前者，缺点是消耗大量吹氧管。德国福克斯等公司开发的水冷氧枪与美国 Berry 公司、德国 BSE 工程公司等开发的水冷碳–

氧枪，在强化用氧、促进炉渣泡沫化以及缩短熔氧期冶炼时间等方面取得了较好的效果。舞阳钢铁公司、成都无缝钢管公司、张家港润忠公司、南京钢铁公司及宝山钢铁公司等引进水冷氧枪，效果较好。

3. 二次燃烧氧枪

因超高功率电炉冶炼过程的氧–燃烧嘴助熔、强化吹氧及泡沫渣操作等产生大量高温一氧化碳。这既增加废气处理系统的负担，又浪费大量化学能。故此，可在熔池上方适当供氧使一氧化碳在炉内产生二次燃烧，使化学余热得以利用。据理论计算，采用二次燃烧技术，每使用 $1m^3$ 氧气，可节电 5.8kW·h，缩短冶炼时间 30s。

三、集束射流氧枪技术

集束射流氧枪是在拉瓦尔喷管周围增加烧嘴，使拉瓦尔喷管氧气射流被高温低密度介质所包围，减缓了氧气射流速度的衰减，可在较长距离内保持氧气射流的初始直径和速度，能够向熔池提供较长距离的超音速集束射流。该射流在氧枪喷头与溶池间距离大于普通氧枪喷头与溶池间距离的条件下，氧气流股能够射入溶池，形成较大的穿透深度，与底吹气体搅拌的效果相同，改善了对溶池的搅拌效果。同时射入溶池的流股最终分散为气泡，明显增加了氧气与溶池的接触面积，改善了炼钢化学反应的动力学条件，提高了氧气利用率。

四、铁液热装应用及工艺特点

1. 铁液热装在国内外应用情况

基于降低成本和钢中残余元素的需要，国内外对电炉热装铁液工艺都进行了研究。

该工艺在我国也得到重视并展开应用，如安钢、淮钢、浦钢、石钢、苏钢、宝钢、太钢等炼钢企业成功地使用了电弧炉热装工艺。尤其是江苏淮钢的铁液热装及二次燃烧和低纯度氧三项新技术的应用技术开发项目获国家科技部科技进步二等奖和江苏省科技进步一等奖，并申请了国家专利。

2. 热装铁液工艺特点

（1）配料特点：根据铁液供应量和供氧强度的不同，铁液配入量一般在 15%～50% 之间。

（2）脱氧工艺及造渣制度：铁液中的碳、硅、硫、磷含量较高，需要增大供氧强度和供氧量，同时为保证炉渣碱度须增加石灰用量。由于配碳量较高，脱碳速度增加，可以很好地利用泡沫渣工艺，加快脱磷、升温、去气和去夹杂过程。

（3）供电操作：如果加入 30%的铁液，其带入的热量相当于电弧炉输入能量的 40%左右，故电能输入可以相应减少。节约电能多少的关键是供电制度与炉前操作的优化。要根据冶炼时间、铁液比、终点温度和成分等多种因素来综合考虑，以降低在熔炼过程的热量损失。

（4）铁液热装及合适配比：① 采用较高温度的铁液以加速熔化过程，铁液温度≥1200℃；② 铁液中硅、锰可增大铁液的化学能，但导致渣量增加，而且由于硅、锰氧化放热，导致升温加快且渣中（FeO）含量降低和渣碱度降低，对脱磷不利，所以要求 Si≤1.25%，Mn≤0.70%；③ 铁液合适兑入量宜在 20%～40%之间，这样既可以节能降耗，又不致对冶炼和供氧制度产生大的影响。

（5）脱碳与脱磷：炉料中配入铁液后，钢液中的碳、磷和硫含量增加，因此脱碳升温和脱磷存在矛盾。为促进熔化后期脱磷，在控制氧化渣碱度为 2～3 的基础上，强化流渣操作，保证渣中 FeO 为 25%～30%。除此之外，在熔化后期应控制好炉中温度，采用较低功率输入以防止升温过快，脱磷困难。一旦脱磷任务结束，增大吹氧量并调整吹氧管深度及角度以尽快脱碳。

（6）脱硫：尽管加入铁液后导致硫含量增加，但经过 LF 精炼，能够满足优质钢生产需要。

（7）铁液比例与生产效率：一般控制铁液兑入比例为 10%～50%之间，随着铁液比例的增加，冶炼电耗和冶炼时间缩短，但当铁液比例超过临界值后，脱碳将成为限制性环节，此时随着铁液比例增加冶炼时间反而增加，因此根据铁液成分和冶炼工艺特点确定合适的铁液比是工艺的关键。

（8）兑铁液方式：① 先加废钢，然后通电穿井约 9～10min，停电并开启炉盖，将铁液用铁液包从炉顶倒入炉内，在通电冶炼，这种方法最普遍，有利于防止喷溅和冲刷炉底；② 通电前将废钢和铁液加入炉内后再通电冶炼，这种方法可减少热停工时间缩短冶炼周期，此加入方法的关键是解决兑铁液时不发生严重喷溅；③ 在炉前设专门的铁液包车，需兑铁液时，将小车开至炉门前，通过包底出铁槽将铁液从炉门流入炉内。

（9）经济效益：采用兑铁液工艺可降低电耗（电极消耗）和缩短冶炼时间。高炉铁液温度一般在 1250～1350℃，含物理热在 300～335kW · h/t，同时含有较高的硅、碳元素，与氧反应产生约 180～200kW · h/t 的热量，因此，每吨铁液约有 500kW · h/t 的热量，具体降低电耗的多少与炉料组成、铁液加入方式、电炉容量及供氧强度等有关。

五、其他节能降耗的技术措施

在电炉炼钢生产过程中，围绕降低冶炼电耗，各企业除了采取从搞好废钢前处理、废钢预热、热装铁液、强化用氧等措施外，还从提高单炉产量、提高连铸坯合格率、减少流渣热损等方面，改革冶炼工艺，不断提高操作水平。

（1）合理布料，选择最佳装料量。合理布料有利于废钢熔化，缩短冶炼时间，并合理超装，以提高单炉产量。

（2）坚持实行埋弧操作的冶炼工艺。

（3）合理控制渣量，减少流渣热损。避免流渣过量而造成的热损，降低冶炼电耗。

（4）在电炉供电系统设置 SVC 静止无功补偿装置，提高电炉变压器的输出功率，降低冶炼电耗。

（5）搞好小改小革，不断采取多项节能降耗措施。

（6）完善各项节能管理措施。如实施节电目标管理，制定先进合理的电耗考核指标，狠抓炼钢设备管理等。

【思考与练习】

1. 电弧炉节电技术有哪些？其他还有哪些节能降耗的技术措施？

2. 废钢预热方法主要有几种？

模块 3　电炉钢产业存在问题及对策（Z32H4003Ⅲ）

【模块描述】本模块介绍我国电炉钢产业存在的问题及对策，通过概念描述，使节能服务工作人员了解我国电炉钢产业存在的详细问题及发展建议。

【模块内容】

综上所述，进入 20 世纪 90 年代以来，我国相继引进约 40 台 50t 以上的超高功率电炉，改变了我国电炉容量小、功率水平低、生产率低的落后局面，整体装备水平已与国际接轨。但是，我国电炉钢厂仍面临很大困难，与世界先进水平比有很大差距，表现在以下几方面：

（1）高水平装备，低水平运行。如废钢预热效率低，炉衬寿命低，偏心底出钢自然开浇率低，连续浇注炉数低及钢坏热送比例低。

（2）重视工艺不够。因对超高功率电炉短流程生产线认识不足，匆忙投产后形成一流装备、二流工艺、三流原料及四流人员素质等局面，不能达到高产、优质、低耗效果。如装料次数多、时间长，熔氧结合操作跟不上 UHP 电炉的节奏，泡沫渣不稳定，发泡厚度低、维持时间短，难以实现长弧操作。

（3）配套技术不完善。表现在强化用氧上，如氧–燃烧嘴、机械手超音速氧枪及二次燃烧等，国内多数没采用，即便有少数采用，效果也不理想。

（4）废钢质量差且杂质多、量不足。我国是世界上钢铁积累量最少的国家，钢铁产品报废周期长，加上近年电炉炼钢发展快、废钢供应严重不足、加工能力不足，造成冶炼时电耗增加、电炉钢成本提高。

（5）环境污染严重，废物回收利用差。多数电炉污染严重、大部分电炉无排烟除尘设施，有排烟设备的但没有除尘设备或除尘设备不好用，少部分电炉有排烟除尘设备不理想。随电炉强化用氧，产生的高温烟气增加，大量热量浪费，有废钢预热的电炉少，废钢预热有待进一步提高。废渣回用几乎为空白。

针对电炉钢厂的实际问题，对我国电炉炼钢技术发展建议如下：

（1）加强超高功率电炉冶炼工艺软件开发。优化操作工艺，挖掘现有设备潜力，缩短冶炼周期，减少消耗，降低成本。如配料优化与合理布料，合理供电制度与合理用氧制度研究，熔氧结合工艺及熔氧期全程造泡沫渣工艺研究，铁液热装与强化用氧技术，钢液温度预报与控制等。

（2）利用其他能源代替电能。如采用废钢预热技术，提高废钢预热效果；强化用氧技术，包括氧-燃烧嘴、炉门氧枪、碳氧枪及集束射流氧枪的深入开发和应用；二次燃烧技术，包括氧枪的设计及布置、炉气成分测定及合理二次燃烧工艺制度的确定等。

（3）开发废钢代用品。如直接还原铁、海绵铁、碳化铁等，解决废钢质量差、数量少问题；并根据各自铁源的情况，发展电炉兑铁液技术，生产高质量纯净钢液，降低电耗。

（4）强化电炉排烟除尘。加强对电炉排烟除尘工艺设备研究，积极开发推广利用电炉高温废气进行废钢预热技术。开发粉尘回收利用技术，包括锌、铅等有色金属元素的回收。降低电弧炉噪声。在电弧炉和精炼造渣工艺中尽量不用萤石。

（5）形成高质量洁净钢生产线。目前，我国电炉钢产量已突破 2000 万 t，而优钢产量有 1366 万 t。还有很大一部分品种是普碳钢，在成本上很难与转炉厂竞争。因此，优化电炉＋炉外精炼＋连铸＋连轧四位一体流程生产线，通过工艺和装备创新，形成高质量洁净钢生产线是电炉厂发展的主要方向。

【思考与练习】

1. 我国电炉钢厂与世界先进水平相比有哪些差距？

2. 针对电炉钢厂的实际问题，对我国电炉炼钢技术发展提出一些建议。

第二十一章

合成氨产业节能

模块1　我国合成氨生产现状（Z32H5001Ⅲ）

【模块描述】本模块介绍合成氨产业现状、存在的问题、主要工艺类型、能效状况及节能措施，通过概念和原理描述，使节能服务工作人员了解合成氨产业的生产现状。

【模块内容】

一、合成氨产业现状

1. 世界合成氨生产现状及发展状况

2010 年世界合成氨生产能力为 192.5Mt，全球合成氨装置平均开工率约为 82%，产量 157Mt。其中天然气为原料占全球合成氨产能的 66%，煤炭和油焦占 30%。预计 2015 年天然气原料增长至 68%，煤为原料至 29%，其他原料约为 3%。据统计，2010～2015 年期间全球将有 67 套新建大型合成氨装置投产，如果这些项目按计划实施，2015 年全球合成氨产能将达到 229.6Mt，增幅达 19%。产能增长幅度较大的地区主要集中在原料资源丰富的地区，东亚、非洲、西亚、拉丁美洲，以及南亚等。

2. 中国合成氨生产现状及发展状况

我国能源结构的特点是煤炭资源相对丰富，石油、天然气资源不足。这就决定了我国氮肥生产原料以煤为主。新中国成立前我国只有两家规模不大的合成氨厂，新中国成立后合成氨工业有了迅速发展。1949 年全国氮肥产量仅 6kt，而 1982 年达到 10 219kt，成为世界上产量最高的国家之一。中国合成氨工业产量已跃居世界第 1 位，已掌握了以焦炭、无烟煤、褐煤、焦炉气、天然气及油田伴生气和液态烃等气固液多种原料生产合成氨的技术，形成中国大陆特有的煤、石油、天然气原料并存和大、中、小生产规模并存的合成氨生产格局。我国合成氨工业稳步发展，产量逐年增加，国内自给率迅速提高，初步形成了以大中型企业为主的格局。

二、合成氨生产主要工艺类型

目前世界上合成氨主要流程有托普索、凯洛格、布朗、卡萨里等。各流程的主要区别在于热量的回收方式不同及合成塔的内件形式有所区别。合成塔是合成氨生产的关键设备之一，性能优越的氨合成塔对提高氨的产率、降低系统能耗等方面发挥了关键的作用。合成塔大致分为连续换热式、多段间接换热式和多段冷激式 3 种塔型。

三、我国合成氨存在的问题

1. 合成氨生产原料

目前合成氨的原料主要是天然气、煤和油。2010 年，天然气原料占全球合成氨产能的 66%，预计 2015 年天然气原料增长至 68%，主要是拉美、西亚和南亚等新项目；煤为原料接近 29%，主要是中国、越南、澳大利亚和印度，其他原料占 3%。但根据我国能源结构的特点：煤炭资源丰富，石油、天然气资源不足，决定了我国氮肥生产原料以煤为主。2010 年我国以煤、天然气、油和焦炉气为原料的合成氨产量比例分别为 76.2%、21.9%、1.3%和 0.3%。预计 2015 年天然气原料比例产量为 18%、煤原料 80%、其他原料比例为 2%。

2. 能耗和清洁

2010 年全国成合氨单位产平均能耗 41.08GJ/t NH_3。天然气蒸汽转化制氨工艺耗能最低 30GJ/t NH_3，煤气化制合成氨工艺综合能耗逐年有所降低，最低在 47.5GJ/t NH_3。以天然气为原料的合成氨能耗低，能效高，污染物排放少，而煤炭合成氨则相对能耗高、工艺复杂、污染物排放多，占有一定劣势。但我国煤多气少，天然气价格高，生产成本高，我国国情决定煤制合成氨仍是目前的主要形式。

3. 污染物排放和水资源消耗

根据现有煤制合成氨企业的参考，建设年产 300kt 规模的合成氨，水资源年需求量约 6500kt、CO_2 排放量 1200kt。合成氨行业属“两高一资”产业，尤其是耗水量较大，其发展必然受到水资源（我国人均水资源量 2151m^3，仅为世界平均水平的 1/4，为缺水国家）、生态环境保护和产业政策等内外部条件制约。

四、节能措施

1. 提高产业集中度

国内可借鉴国外发展战略，实现强强联合、兼并重组，培育大型化和集约化的企业集团，提高产业集中度。建议在合成氨产能较为集中的中西部地区建设合成氨产业园区；采取有效调控手段严格新建项目的审批，提高准入门槛，遏制产能盲目扩张势头；同时建立健全退出机制，淘汰落后产能，等量置换出部分产能，供需方能基本平衡，从而减小能源消耗。

2. 提高原料利用效率

现有以天然气为原料的，要保证原料供应，有条件的要进行挖潜改造，提高装置规模；以煤为原料的企业，要加快推广富氧连续气化、碎煤或煤粉加压气化技术。完善和提高水煤浆气化、加压粉煤气化等技术的研发、应用，煤头企业减少无烟煤的原料比重，提高加压连续气化合成氨装置产能的比重；积极发展以焦炉气为原料生产合成氨，以提高原料的利用效率。

3. 加强技术创新、推动产学研结合

掌控具有自主知识产权的关键技术和装备制造技术（降低投资和运营成本），目前在煤气化、变换、净化、硫回收及合成技术方面取得较大进展。加快开发环境治理技术，走与环境友好型技术路线。要十分重视节能减排技术改造，提高企业节能减排管理水平，树立节能减排先进企业的样板，推广先进经验加强技术创新，推动产学研结合。

【思考与练习】

1. 我国合成氨生产存在哪些主要问题？
2. 大型合成氨装置的节能改造技术措施有哪些？

模块2 天然气制氨工艺技术改造及节能控制措施（Z32H5002Ⅲ）

【模块描述】本模块介绍换热式转化系统、氨热吸收制冷工艺、中低压合成技术等节能控制措施，通过原理描述，使节能服务工作人员掌握天然气制氨工艺的技术改造及节能控制措施。

【模块内容】

一、采用换热式转系统改造合成氨工艺

传统的天然气蒸汽转化工艺是分两段进行的，其中一段转化是采用方箱式转化炉。一段转化所需要的热量是由燃料天然气在辐射段燃烧提供的，燃料天然气的量占合成氨总天然气消耗的1/3～1/2。对于任何一种合成氨工艺来讲，原料天然气的消耗几乎是一致的，所不同的是燃料天然气的消耗。

节省燃料天然气最有效的途径就是采用换热式转化炉代替一段转化炉，其热量由二段转化炉出口的高温气体（约100℃）提供。由于二段转化炉的工艺空气加入量受氢氮比的限制，不能加入足够的空气与H_2燃烧为换热式转化炉提供足够的热量。解决此问题的方法之一是增加空分装置。同时为了预热天然气和富氧空气，还要设置加热炉。增加空分装置的缺点：一是投资高，二是空分装置在流程的最前端，空分每出故障都会造成全厂停车。加热炉的缺点是：一般采用圆桶炉型，热效率低。国际知名化工公司即美国的KBR公司推出的就是该工艺，辽通公司就是采用美国KBR公司的换热式转化工艺。中国成达工程有限公司的双一段转化工艺是将以上两种工艺

巧妙地组合在一块，取两者的优点，克服其缺点，而且还达到了投资最省，节气效果最佳。

二、采用氨热吸收制冷工艺替代冰机制冷系统

以氨为制冷介质的制冷方法有氨吸收制冷和氨压缩制冷两种方法。压缩制冷主要是消耗电能，而吸收制冷主要消耗是低位能余热。氨吸收制冷总能耗虽比压缩制冷能耗稍要高，在有低位能余热的合成氨厂有效利用了低位热能，同时节省了大量的冷却水，因此该方法比压缩制冷要经济得多。特别是节电效果显著。另外，氨吸收制冷具有以下特点：① 设备简单，除氨水泵均为静止设备，可露天安装，维修工作量小；② 操作弹性大，可在设计负荷 30%～115%范围操作。

三、氨合成回路采用中低压合成技术

氨合成过程为体积减小的放热反应，提高反应力对氨的合成反应是有利的。因此传统的中、小型氨厂都是在高压下操作的。一般是在 28.5～31.5MPa 范围。

近年来，随着氨合成催化剂的性能改进，氨合成压力正逐渐向低压的方向发展。在大型氨厂，配有大型汽轮机驱动的离心式压缩机，使其合成氨生产的总能耗下降。氨合成生产规模大于 15 万 t/年的能力，在 15.0MPa 合成压力下均有成熟可靠的生产经验。国内外目前新上的合成氨皆采用中低压合成技术，一些老厂也在采用中低压合成技术对现有装置进行改造。合成气压缩机的功耗大幅度降低。

四、采用先进的控制策略对生产系统实施优化控制

DCS（计算机集散控制系统）在合成氨领域的使用及推广，对合成氨生产装置优化、安全、连续、稳定运行起到了至关重要的作用。正是由于采用了 DCS 系统后，先进的控制策略或智能控制策略才得以实现。如一段转化炉烟气的氧含量优化控制，一段转化炉的水碳比优化控制，锅炉给水优化控制，脱碳系统的微量优化控制，合成系统的氢氮比优化控制等，可使能耗大大降低。

【思考与练习】

1. 天然气制氨有哪些节能措施？
2. 氨吸收制冷具有哪些特点？

模块 3 通用节电技术在合成氨产业中的应用（Z32H5003Ⅲ）

【模块描述】本模块介绍绿色照明、节能变压器、无功自动补偿器、高效变频调速技术的应用情况，通过原理讲解，使节能服务工作人员掌握通用节电技术在合成氨产业中的应用。

【模块内容】

一、绿色照明

1. 采用节能灯源和灯具

大多氨厂工艺较长，设备较多，占地较大，照明较多，照明时间较长。生产现场及装置区采用节能灯源和灯具，节电潜力较大。

2. 路灯自动控制器

将声控、光控、触控等先进的自控技术应用于路灯控制，会有明显节电作用。

二、推广高效节能型变压器更新老旧高能耗变压器

选择高效节能型变压器，不仅对节约能源有重要意义，而且还可以大大降低变压器的运行成本，是企业改善经济效益的重要途径。自从 S7 系列配电变压器逐步走向淘汰后，S11、SC(B)10、非晶合金铁心变压器等低能耗节能变压器得到广泛应用，S11 系列配电变压器较 S9 型变压器空载损耗平均降低 30%，空载电流平均下降 70%，且 S11、S9 系列配电变压器负载损耗比淘汰型 S7 系列下降约 10%。SH11 非晶合金铁心变压器空载损耗仅为 S9 系列同容量配变的 30%左右。

三、采用无功补偿自动控制装置

采用无功补偿自动控制装置，结合有载调压变压器、合理分组补偿电容器，实现对电压的自动调节、无功的合理补偿。无功补偿原则，应分层（按电压等级）和分区（按地区）补偿，实现就地平衡，避免无功电力长途输送和越级传输。合理的无功补偿可节省现有动力配电设备容量，节省配电系统损耗，其稳定作用还能提高设备的运行寿命。

四、应用电机高效变频调速技术

1. 应用电机变频调速技术

最初尿素合成塔原料气氨和 CO_2 比值控制原设计为手动调整 NH_3/CO_2，靠人工分析。误差大，而且系统难以稳定，容易造成超温超压，增加氨耗，降低装置的生产能力。氨碳比值调节系统是一套气相氨碳比与系统配料合一的先进控制系统，通过改变氨泵转速实现氨泵流量控制，从而实现调节氨流量保证氨碳比恒定。

2. 给排水调节

（1）水泵调速的节能原理。由离心泵的基本方程式可知，水流通过水泵时，比能（扬程）的增值与叶轮的转速和外径有关。降低转速和减小轮径，都可以降低水泵的扬程。这一原理是水泵调速的理论基础。

（2）由于水泵对应扬程没有改变，输出压力稳定，输出功率适应过程负荷，减少了无功功率，节约了电能。

3. 一段炉风量控制

采用变速变风量恒风压控制原理，改变以往传统的通过调节挡板来调节风量的方法，使用高性能传感器测量风机出口风压，利用变频器内置 PID 调节软件，直接调节风机的转速保持风压恒定来调节风量，从而满足系统要求的风量。

特点：① 高效，采用变频调速，直接调节风量，使用权无用功减少，提高系统工作效率；② 节能，变频调速后风机一般以 30～45Hz 运行，节能达 5%～70%以上，频率越低，节电率越高；③ 延长系统寿命，实现真正变频软启动，减少电机启动对电网的冲击和对电机本身的危害，提高电机的寿命和系统的寿命；④ 提高风机运行质量。采用变频调速后，随风量适时调节频率以调节转速，风机的运行质量大大提高。

4. 造粒喷头熔融尿液量调节

生产负荷变化，就要及时调节熔融尿液量，用以往调节阀控制，流量改变的同时压力也产生波动，这对造粒喷头的工作十分不利，喷洒密度分布不均匀，塔断面易现喷洒驼峰，粘塔壁及塔底，喷洒线交错等现象，影响尿素产品的外观和内在质量。实现变频控制电机转速后，恒定出口压力，有利于喷头确定喷孔液柱的直径和速度，有效地扩展了喷洒区域，优化了颗粒的形成条件，改善了颗粒的冷却环境，进一步提高了尿素产品的外观和内在质量。同时由于减少了压力的波动，也节省了电能。

【思考与练习】

1. 路灯省电器有哪些特点？
2. 水泵调速的节能原理是什么？
3. 一段炉风量控制有哪些特点？

参 考 文 献

[1]《电力需求侧管理工作指南》编委会. 电力需求侧管理工作指南[M]. 北京：中国电力出版社，2007.

[2] 北京市发展和改革委员会. 节能减排培训教材. 节能技术篇[M]. 北京：中国环境科学出版社，2010.

[3] 天津市节能协会. 天津市能源管理职业培训学校. 电气节能技术[M]. 北京：中国电力出版社，2013.

[4] 中国电力企业联合会环保与资源节约部. 电力行业节能减排法规政策选编[M]. 北京：中国电力出版社，2011.

[5] 杨志荣. 节能与能效管理[M]. 北京：中国电力出版社，2009.

[6] 赵伟. 电力需求侧节能技术[M]. 北京：中国电力出版社，2013.